JN080064

まちづくりのコーディネーション

日本の商業と
中心市街地
活性化法制

角谷嘉則 著

晃洋書房

年２月に守山市のバルイベントに参加し，偶然だが伊丹市の綾野昌幸さん，村上有紀子さん，中脇健児さんの紹介を受けるご縁に恵まれた．その後，村上さんに荒木宏之さんの紹介を受け，函館市の調査で深谷宏治さん，加納諄治さんからは函館市民にむけたまちづくりのお話を聞いて感銘を受けたからでもある．当初の構想から内容を大きく変更することになったが，第Ⅱ部が本書の核であることに変わりはない．

本書は次の論文を各章のもとにして構成している．なお，序章，第１章，第２章に該当する論文は構成を大きく組み替え，大幅に加筆修正した．３章，５章，６章，７章も一部修正の上，掲載している．４章，終章は書下ろしである．

序　章　角谷嘉則・石原武政［2018］「6章 まちづくりの主体と事業を支える仕組み」石原武政・渡辺達朗編『小売業起点のまちづくり』碩学舎，102-120ページ．

第Ⅰ部

第１章　角谷嘉則［2021］「中心市街地活性化法における政策実施過程とコーディネーションの分析――長浜市の株式会社黒壁を事例として――」『桃山学院大学経済経営論集』62(4)，291-325ページ．

第２章　角谷嘉則［2011］「まちづくりにおける中小小売商の役割――コーディネーションの分析視角――」『流通』29，13-20ページ．

第Ⅱ部

第３章　角谷嘉則［2015］「商店街におけるコーディネーションの分析――飲食店の増加とバル街による変化――」『流通』36，31-45ページ．

第５章　角谷嘉則［2016］「『函館西部地区バル街』から『伊丹まちなかバル』への情報提供とその経路」『流通研究』19(1)，67-82ページ．

第Ⅲ部

第６章　角谷嘉則［2020］「商店街における再々開発の困難性――和泉市の防災建築街区造成事業を事例として――」『桃山学院大学経済経営論集』61(4)，191-224ページ．

第７章　角谷嘉則［2019］「BIDによるエリアマネジメントの効果――イギリス・シェフィールド市を事例として――」『桃山学院大学総合研究所紀要』44(3)，11-30ページ．

はしがき

まちづくりは商業だけでなく，都市計画，建築・土木，福祉，環境，文化，スポーツ，国際交流など非常に幅広い分野で用いられている概念である．まちづくりという活動は，地域の課題や問題を解決する手段であり，解決までいたらない場合でも継続する取り組みであることが多いのではないだろうか．私は，まちづくりで何が重要かと問われたとき，人づくりであると答えてきた．それは，まちづくりが絶えずおこなわれる活動であるためにもっとも必要なことだからである．そして，人に着目することでまちづくりの目的や方法が鮮明になると感じてきた．

コーディネーション概念は，まさに人に着目し，まちづくりを可視化するモデルとして考えた．なぜ，そこまでコーディネーションに拘ってきたかを自問すると，前著『株式会社黒壁の起源とまちづくりの精神』にあることに気づかされた．前著は，まちづくり会社設立にいたる勉強会を組織した人物に着目し，その「つなぎ役」としての役割や機能を解き明かそうとしたが論理的な説明が不十分であった．これまで，20年近くにわたって長浜市で開催される勉強会「光友クラブ」に参加しながら，「つなぎ役」という機能を分析する手法を模索し続けてきたことになる．

コーディネーション概念を用いたのは，立命館大学びわこ・くさつキャンパスでボランティアコーディネーター養成講座を担当したことが最大の要因であった．授業では受講生とボランティア活動に参加することが増え，自らコーディネーターとしても活動した経験から形式知と暗黙知の両方を身につけていたからだろうか．2011年にタウンマネージャーとして活動する商業者の分析にコーディネーション概念を応用した論文を執筆できた．

それからちょうど10年が経ち，本書『まちづくりのコーディネーション――日本の商業と中心市街地活性化法制――』を２冊目の単著として上梓できたことに安堵している．当初に考えていたのは，飲食店街化する商店街とバルイベントの広がりについて研究を進めることであった．それは2011年４月に石上僚さん（株式会社みらい守山21）が大学と協働しようと訪ねてきたところ，思いがけずバルイベントなど中心市街地活性化事業の展開を聞いたことに始まる．翌振り返ると，本書をまとめるまでには学会や研究会で多くの先生方から指摘を受け，軌道修正してきた．特に，研究チームに参加したことで，研究の範囲と視野が広がったと実感している．

立命館大学の公務研究会は，2009年から2014年まで水口憲人先生，加茂利男先生，鵜養幸雄先生，森道哉先生，宇ノ木建太先生，尾形清一先生，宮浦崇先生のメンバーで政治学，行政学，公務の視点から中心市街地活性化法制を共同研究してきた．この調査で青森市，富山市，長浜市の自治体を調査したほか，鵜養先生の紹介によって経済産業省，中小企業庁，国土交通省，内閣府で中心市街活性化法の担当官にも聞き取り調査を広げることができた．

石原武政先生には研究環境全般にわたって大変お世話になってきた．2012年からショッピングタウン研究会（藤岡里圭先生，佐藤善信先生，堤成光さんほか），2015年から科研費のプロジェクト，2018年に『小売業起点のまちづくり』の執筆にも加えていただいた．大阪商工会議所，百貨店，商店街など現場からの情報を吟味し，研究会終了後の懇親会まで多くの学びを得たと実感している．また，石原先生のつながりで発足した商業研究会にも松田温郎先生のご紹介で参加し，横山斉理先生，畢滔滔先生，小宮一高先生，濱満久先生，柳到亨先生，山口信夫先生，渡邉孝一郎先生，そのほかの先生方からも多くの刺激をいただいた．

2016年度から科研費による調査で商店街のまちづくりを歴史的に学びなおすとともに，渡辺達朗先生をはじめ，石淵順也先生，高室裕史先生，新島裕基先生，山﨑万緋さんには大変お世話になってきた．

まちづくり会社の現場は，芦田英機先生に誘われて2007年から研究会（赤澤明さん，長濱隆一郎さん，小林和久さん，馬場正哲さんほか）に参加し，その後に有限会社豊中駅前まちづくり会社の監査役についた．2021年５月末で残念ながら会社は解散したが，まちづくりは今も続いており，「継続は力なり」の重要性を知る機会になった．そして，中心市街地活性化を目指したボトムアップ型の取組みを内側から確認できたと思っている．矢本憲久さん（堺まちクリエイト株式会社）には商店街で開催するガシ横マーケット（フリーマーケット）で学生がボランティア体験する場として協力いただいてきた．高田昇先生にはコンサルタントの実務面からさまざまなアドバイスをいただいてきた．COM 計画研究所は残念ながら2021年６月に閉鎖されたが，これからも相談にのっていただけると伺っている．

ケンブリッジ大学での研修では，Peter Tyler 先生，足立基浩先生，斎藤修先生，軽部恵子先生，Philip Chen 先生に研究環境の提供や訪問調査などさまざまなご支援をいただいた．高村学人先生，石原一彦先生，木下明浩先生，小沢道紀先生，金昌桂先生，佐々木保幸先生，樫原正澄先生には研究方法から学会運営にいたるまで多くの助言をいただいてきた．また，桃山学院大学経済学部の先生方，日本流通学会関西中四国部会の理事幹事の先生方，日本流通学会，日本商業学会の研究会や論文投稿で司会者やレフェリーの先生方から貴重なご意見をいただいた．聞き取り調査は，青森市，長浜市，高松市，伊丹市，和泉市，シェフィールド市をはじめ大変多くの方々にお世話になった．みなさまにはこの場を借りて心よりお礼を申し上げたい．

本書の刊行で晃洋書房の丸井清泰さん，徳重伸さんには格別のご配慮をいただいた．ここに記してお礼を申し上げる．

最後に，研究，教育，学内行政，地域活動を優先してこられたのも家族の支えによるものであった．ここに家族への感謝を述べることをご容赦いただきたい．

2021年 9 月

角 谷 嘉 則

本書は，JSPS 科研費　JP25780278，JP 20K01980，JP 16H03674，JP 20H01553 ならびに桃山学院大学特定個人研究費，立命館大学大学院公務研究科研究推進強化予算の助成を受けた成果である．また，2021年度桃山学院大学学術出版助成を受けて刊行された．

目　　次

第Ⅱ部　バルイベントにおけるコーディネーション

第Ⅲ部　商店街における再開発とエリアマネジメントの可能性

序　章

まちづくり会社の発展的な広がりと政策的な課題の顕在化

1　商店街におけるまちづくり

日本の小売業は小規模または零細の事業所数を減少させてきた．小売業の事業所数は，1982年の172万をピークに減少して2016年に99万となった．事業所の内訳をみると法人経営は43万から59万に増加し，個人経営は128万から39万に大きく減少した．また，事業所を従業者規模別でみても1－2人は103万（1982年）から50万（2007年）へ，3－4人は41万（1982年）から25万（2007年）へと減少した．このように，個人経営で小規模または零細の事業所が目立って減少したのである（以上，1万人未満は切り捨て）．

逆に，大規模の事業所数は増加し，同時に小売業全体の売場面積も増加してきた．1980年代から2000年代にかけ，流通政策は経済的調整から社会的調整へと軌道修正したからである．政府は大規模小売店舗の出店規制を徐々に緩和して2000年に廃止した．この時に廃止した経済的調整は大規模小売店舗の新規出店よりも中小小売業の事業機会を優先する規制であった[1)]．同時に，新たな社会的調整は新規出店を抑止するものではなく，交通や環境問題など地域社会との調和を目的としていた．その結果，郊外のロードサイドには専門店が軒を連ね，都市郊外のインターチェンジ付近にショッピングセンターなどの広域的な商業集積の開発が進んだのである．

このような商業の変化は，都市における中心市街地と郊外の競争とも捉えられてきた［原田 1999；佐々木 2004；宇野 2012；安倉 2021］．中心市街地は小規模零細の小売店が多く，特に地方都市の駅周辺にある商店街などの商業集積は，次第に客足が離れたことを示唆している．ただし，中心市街地の小売業の減少は大規模小売店舗も例外ではなく，地域で唯一の百貨店が撤退する例も珍しくなかった．そのため，地域における「社会的品揃え」が収縮することで徐々に商業機能が失われていったといえる．さらに，都市の人口減少，電子商取引の拡大など商業構造も大きく変化していることから，今後も小規模零細の小売店の減少による地域商業の機能低下が懸念されている．

商業者の機能は，流通機構における小売（経済的側面），地域社会における主体（地域的側面）に大別できる．経済的側面は，毛細血管をはりめぐらすように生産者と消費者を架橋する機能を担う点にある[2)] [保田 1988；番場 2003；加藤 2003]．特に，中小零細の商業者は個々に独立しているが，商店街やショッピングセンターなど商業集積としても品揃えとサービスを形成し，組織形成を含めて社会性を担っている．

地域的側面は，商業者が個々に，商店街組織としても，福祉・環境・都市再開発・自治（祭事を含む）など，まちづくりをおこなうような社会性を担っている点にある［石原 2006；出家 2008；角谷・石原 2018］．特に，中小零細の商業者は職住一致で生業性が高く，家族従業が主で，地域社会とも密接で不可分な存在である［石井 1996；柳 2013］．そのため，地域活動への参加も必然となるケースが多かった．

このように商店街におけるまちづくりは，商業者の機能における経済的側面と地域的側面を一体として捉えなければみえないものである．さらに，商店街のまちづくりと流通政策は，1970年代からコミュニティ・マート構想と中小小売商業振興法，1990年代から特定商業集積整備法と中心市街地活性化法による整備によって大きな影響を受けてきた．そのなかで，商店街組織は法人化し，まちづくり会社に出資するケースも増加してきた．そこで，本章ではまちづくり会社がなぜ増加してきたか分析していきたい．

まず，商店街組織がまちづくりの主体となるとき，活動に向けた組織を企図し，多様な主体と連携して活動するとすれば，どのような役割を果たしているかについて検討を始めていこう．

2　商店街組織によるまちづくりの特徴

（1）所縁型組織と仲間型組織の分類

商店街組織は，集積した店舗が形成するのだが，意図的に集められるケースを除くと，その多くは自然発生的に生成する．このような自然発生的に形成される商店街組織は所縁型[3)]と呼ばれており，地縁で形成し，多様な業種や業態が無計画に線状や面状に集積する．会費や負担金（賦課金）を集めて組織的な活動をおこなうが，アーケードやカラー舗装などのハード事業，恒例的な販促事業などのソフト事業など，全会員が合意して共同事業をおこなう．

ただし，所縁型組織は，全会員による合意形成を前提とするため，臨機応変に新たな事業に取り組むことが困難であった．石原［1986］によると所縁型は同時に地縁で形成しているため，構成員の入れ替えをおこなうことはほとんど禁止的であり，店舗配置の変更さえ不可能なことが多いという．このように，商店街組織は所縁型で形成しても，定例の活動に終始し，組織運営が形骸化しやすいという問題を含んでいる．

いっぽう，商店街組織の一部の会員が全体の合意を得なくても事業を実施し，賛同者を増やしていくような形態で活動する場合もある．それが仲間型組織である．仲間型組織は，所縁型と同様に多種多様な業種や業態で形成するとしても，一部の有志がゲリラ的に活動を始めるなど時間をかけて合意形成する必要がなく，事業の新規性や機動性が高い[4)]．その際，仲間型組織は，町並みを整備し，業種構成をサービスや医療，福祉にも広げ，顧客を共有する仕組みを導入するが，その際には行政や民間企業など外部組織と連携していくことも求められる．

さらに，仲間型組織は商店街組織の枠を超え，まちづくり会社を設立する場合がある．まちづくり会社は第三セクターであることが一般的ではあるが，同様の機能を担う機関は商店街組織やそのメンバーが出資する純粋な民間法人として設立される場合もある．商店街組織になじまない収益事業をおこなう場合や，商店街活動の範囲を超える社会活動，広告代理店のような本格的なイベントなど取り組むためである．

例えば，1990年に東京都足立区の東和銀座商店街振興組合の組合員の有志で設立した株式会社アモールトーワは，都立の地域拠点病院の売店とレストラン事業に参入したのを手始めに，地元住民のニーズに応えるお弁当の宅配サービス，商業施設の清掃，学校・保育園への給食サービス，商店街での学童保育，よろず相談所の設置など事業を拡げてきた．当初，アモールトーワは商店街振興組合が営利を目的とした事業に適さないために商店街組合員だけが出資できる会社として設立された．実際に利益がでた期は出資者に上限50万円を配当している．しかし，アモールトーワは利益の追求や配当より，商店街の事業主が会社を中心とした共同事業で地域社会に尽くそうとする構想をもとに地域のニーズにあわせて事業を創造してきた．このことから，コミュニティビジネスの象徴と捉えられている．

そのほかにも，大阪府堺市の堺まちクリエイト株式会社（前身：特定非営利活動法人商業まちづくりネット）は，街の美化活動（清掃活動）や南海堺東駅前の3つの商店街（堺銀座南商店街，堺東駅前商店街振興組合，堺東商店街商業協同組合）が主催するフリーマーケット，バル街などのイベント事務局を担っている．また，まちづくり会社には社団法人もある．大阪市の一般社団法人京橋地域活性化機構は，古民家再生の「がもよんにぎわいプロジェクト」の影響を受け，京橋駅周辺の商店街の若手が中心となって，「京橋しゃべり場！」，「こどもカレー食堂（京橋，都島）」，音楽ライブなど多彩なイベントを運営している．また，事業収入，協賛，募金，広告収入を得て収支が赤字にならない工夫をしている．

（2） まちづくりにおける商店街組織の役割

前項では，商店街組織には，その特徴から所縁型組織と仲間型組織に大別できることを述べてきた．このような商店街組織の特徴は，Granovetter［1973］がネットワーク論で述べた「強い紐帯」と「弱い紐帯」の分類で捉えられるのではないだろうか．例えば，所縁型組織は全員合意を前提とした地縁的なつながりに依拠するため，「強い紐帯」が閉鎖的なネットワークを構築する点と類似している．いっぽう，仲間型組織は外部のネットワークと連携できる開放的な側面があり，「弱い紐帯」による凝集性の高いネットワーク間を橋渡しする機能を持つ点と類似している．仲間型組織は，「弱い紐帯」が組織間で「橋渡し（局所ブリッジ）」の役割を果たすのを生かして「自分の交際範囲では手に入らないような情報や資源に近接することが可能となる」など，多様な主体と連携しやすいのではないかと考えられる．

このように，商店街組織がまちづくりにおいて多様な主体間で連携する場合には，分断された組織間を結合させるような「弱い紐帯」を必然的に用いると捉えられる．商店街組織が事業を構想して計画を策定する際には，自治体や商工会議所，企業と連携することが多く，むしろ事業を単独で完結させることの方が少ないからである．いずれにしても，商店街組織がまちづくりを発展させるには，仲間型組織の要素が必要不可欠であるといえよう．

石原・石井［1992］は，商店街組織が事業を拡張・拡大させながら，まちづくりを発展させる過程を「商店街ライフサイクル[5)]」としてモデル化した．石

表1　多様な主体による事業の主従関係

	高松市	高知市	新庄市	長浜市
事業の概要	市街地再開発事業を核とする再開発	エスコーターズ設立と持続的な活動	在庫セール百円商店街イベント	黒壁銀行の保存と店舗の設置
事業の狙い	ショッピングモールの形成と町並み景観の整備による魅力向上	商店街の既存サービス向上と新たなサービス創出	個店と商店街の活性化のためのイベント創出	建物保存と商店街の活性化による町の文化の維持
主導した組織	高松丸亀町まちづくり株式会社	高知 TMO（高知商工会議所）	AMP（任意団体）	株式会社黒壁
従属した組織	高松市，高松商工会議所，商店街組織，高松丸亀町一番街株式会社	高知市，高知女子大学，商店街組織	新庄 TCM，商店街組織	長浜市，長浜商工会議所，商店街組織

出所：筆者作成.

原・石井［1992］のモデルはエポックメイキングな存在であり，商業集積が革新する条件として，商店街組織における発展段階ごとの要因や固有な特徴を示した．しかし，このモデルは加藤［2003］が指摘するように商店街の店舗が増加して品揃えが豊富になると顧客が増え，さらに新たな店舗が集まってくる好循環をもたらすような「拡大均衡モード」という条件下を想定したモデルであった．さらに，このモデルでは公共政策や外部諸機関の重要性を指摘しながら，商店街組織が事業を計画・実施することが前提のモデルであったため，多様な主体間の連携においても商店街組織が事業を主導するケースを想定していた［角谷 2007；2009］．そのため，モデルは商店街組織と多様な主体との連携を分析しきれないという課題を抱えていた．

石原・石井［1992］のモデルの課題を補うためには，商業集積としての商店街の発展は商店街組織による主導的なまちづくりだけでなく，従属的なまちづくりの存在を示す必要があった．そこで，角谷［2007］では，商店街のまちづくりは商店街組織が必要不可欠なサポートを従属的におこなう事例が存在していることを明らかにしている（表1参照）．これによって，商店街組織と多様な主体との連携は，事業ごとに主従関係が異なるという前提のもとでその実態を分析する必要性が示された．

商店街のまちづくりにおいて商店街組織（商業者）と多様な主体（非商業者）との連携を分析した研究はその後も増加している．例えば，商店街組織と中間支援組織など外部との連携によって商店街組織に内的な変化をもたらした研究

［福田 2009］，商店街組織とNPOとのパートナーシップ［菅原 2010］，商店街組織によるまちづくりの限界を補うためコミュニティサービスを担うNPOのプラットフォームとしての機能を商店街にもたせる可能性［李 2010］，パーソナルネットワークを用いた連携の可視化［依藤 2015］，商店街組織と外部組織の連携についてフォーマル／インフォーマルとリジット／フレキシブルで4象限に分類［新島 2018］などである．

以上のように，商店街組織と多様な主体の連携における役割について分析が進んでいる．本研究も商店街組織と多様な主体の連携に着目していくが，特に「まちづくり会社」に焦点をあてていきたい．次節では，商店街組織が法人化し，商業政策の法制度によってそれが促され，さらにまちづくり会社の設立が増えていく過程について振り返っていこう．

3　商店街組織におけるまちづくり会社の設立

（1）　商店街組織の法人化

戦後，日本の中小企業政策や流通政策は，商店街の近代化，共同経済事業など経済的地位の向上を強く推進できるように組織の法人化を促した[6)]．この目的となる共同経済事業とは，セールなど集客目的のイベントや，来街客の調査，スタンプシールやポイントカードなど顧客のロイヤルティを高める取り組みが一般的である．商店街組織の法人化は1949年に施行された中小企業等協同組合法に始まる．この法律は主として同業種の中小企業者の共同事業を想定したものであったが，商店街でもこの法律の下で協同組合が設立された．

さらに，1959年に発生した伊勢湾台風をきっかけに，1962年に商店街振興組合法[7)]が施行され，商店街振興組合や商店街振興組合連合会が設立されるようになった．協同組合が中小業者による共同事業の組合であるのに対して，振興組合は基本的には地域組織であり，一定の条件の下で大企業や非事業者をも含むことができる．商店街振興組合は市区に限定されるが，共同経済事業に加えてアーケード，カラー舗装，街路灯，駐車場，休憩施設などの環境整備事業をおこなうものとされた．2015年時点の商店街組織数はおよそ1万4000あるとされ，そのうち事業協同組合1081，商店街振興組合2303で，法人格を持たない任意団体約1万であるとされている[8)]．なお，この中にはショッピングセンターや総合スーパーのテナント会も含まれるが，日本ショッピングセンター協会に加盟する団体が約3200であることから，路面に展開する商店街は1万強程度と考えることができる.

加えて，日本の流通政策は伝統的に商店街組織によるまちづくりの支援を打ち出してきた．1984年の『80年代の流通産業ビジョン』は，中小零細店を地域でまとめ商店街組織として機能させ，商店街振興組合への移行を促すと共に，中小小売業者の自主的なまちづくりを支援する「コミュニティ・マート構想」を掲げ，商店街を地域住民が集い交流する「暮らしの広場」とすることを提唱した．例えば，コミュニティ・ホール，ポケット・パークの設置，まちづくりの視野をもつリーダーの育成などである．商店街は買い物の場であるだけでなく，通学路，祭りの会場としても用いられ，地域の生活と密着しているからであった．このように，商店街は行政と共に都市商業政策におけるまちづくりの主体として期待されてきたのである.

コミュニティ・マート構想は旭川市の平和通買物公園の整備をモデルとして全国に水平展開するための補助事業（中小企業庁）であった．旭川市の平和通買物公園は，1972年に整備されたJR旭川駅前から直線で1kmにおよぶ歩行者専用道路であり，ショッピングモールのように商店街の店舗が軒を連ねている．嶋津［1989］によると，この整備は2つの商店街組織（旭川平和通商店街振興組合と旭川平和通三和商店街振興組合）と自治体が開発主体となった．その後の管理は，自治体，商工会議所，商店街組織の管理協定に基づくジョイント・ベンチャー方式によって進められてきた．これによって3者が管理組織（旭川平和通買物公園企画委員会）を共同で運営し，経費も折半している．なお，平和通買物公園の構想の背景には，当時でも1万3000台／日の自動車が通る幹線道路であったが，札幌圏の商業集積の集客力が高まり相対的に地盤沈下傾向があった点，消費構造の高度化にともなう生活環境・自然・アミューズメントなどの充実が不可欠になった点，自動車社会の発達が街の機能や施設を大きく変化させてきた点をあげている．整備までの過程では，1969年に国道を遮断した遊歩道化の実験を12日間実施し，恒常的な歩行者天国としての整備を推進することになった．事業総額8000万円は，2000万円の補助金を得ているが，そのほかの費用は自治体と商店街の折半であり，商店街組織による造成物も自治体に寄付採納したという[9].

その後，1989年の『90年代の流通ビジョン』は「街づくり会社」構想を打ち出し，コミュニティ・マート構想のいっそうの実現を目指した[10]．まちづくり会社を設立することは，商店街組織がそれまでの活動の枠組みを超え，さまざまな組織を仲介する機能を果たすなど，地域のまちづくりに取り組めるきっかけとなった．まちづくり会社の設立は，市区町村など地方公共団体と商店街組織等が出資（または拠出，出えん）して設立した公益法人，または株式会社（第三セクター，1990年以降）を想定していた．法人格をもったまちづくり会社は，地域が一体となって商店街の公共的共同施設等の整備を進める主体になると共に，費用の助成や融資といった支援の受け皿機関となることができる．また，まちづくり会社は公共性を持つ第三者機関として，空き店舗に出店の希望者を斡旋するなど，商店街の新陳代謝を促すことも期待された．このモデルとなったのが川越市であった．

川越市は1985年に構想計画を策定し，1987年にまちづくりの仕組みを生み出した．すなわち，「町づくり規範」と「町づくり会社構想」である．「町づくり規範」は，デザインコードを定め，まちづくり協定や景観条例制定につながっていく．その成果は，観光客の増加，伝統的建造物群保存地区の指定（1999年）としてもたらされた．「町づくり会社構想」は，1983年に設立された川越蔵の会（現：NPO 法人）が発展的に事業を継続させるために計画したものであった．川越蔵の会は，住民主体で歴史的な街なみや景観を保全し，観光資源となる建造物も保存することを目指す活動である．しかし，川越一番街商業協同組合は後継ぎ問題を抱えており，多くの蔵を保全するためには不動産の賃貸借が欠かすことができなかった．そのため，持続的なタウンマネジメントを担う機関となる会社が必要となったのである．当時，まちづくり会社の設立には至らなかったが，この構想は長浜市商業近代化地域計画など他の自治体が計画を策定する際にも用いられていくことになった．

（2） 流通政策におけるまちづくり会社の活用

1990年代初頭に始まったまちづくり会社は，民間組織も含めて，その後急速に普及し，今日ではごく一般的な組織となっている[11)]．その発端となったのは，第三セクターによるまちづくり会社の設立が増加したこと，流通政策のなかで事業主体として設立されたことにある．そこで，まちづくり会社が増加した理由について確認していきたい．

まちづくり会社の多くが採用している第三セクターについて簡単に確認していく．第三セクターは中央政府の公式文書では，1973（昭和48）年の「経済社会基本計画」の中で初めて登場し，「目標達成のための政策体系」として地方都市の整備，公害防除投資の促進，社会資本の充実，民間による住宅供給の促進，財政効率化について，その導入・活用が提言された[12]．行政のもつ情報力，資金力，信用力と，民間企業のもつ効率的な組織運営と意思決定を統合した組織として期待がかけられたのである．その結果，地方公営企業法（1952年施行）では当初に想定していなかった分野にも第三セクターが用いられてきた[13]．

その後，「民活法（民間事業者の能力の活用による特定施設の整備促進に関する臨時措置法，1986年施行）」や「リゾート法（総合保養地域整備法，1987年施行）」などの国の法律が後押しした[14]．開発の一部に補助金，低利融資や無利子融資，税制減免措置の助成が設けられることで，第三セクターの活用が一層進められたのである．流通政策の中で第三セクターを用いたのは，「中小小売商業振興法」と「特定商業集積整備法」が最初であり，流通政策におけるまちづくり会社の役割が拡張されてきた．そこで，1990年代以降の流通政策におけるまちづくり会社の活用を確認していく．

中小小売商業振興法は，商店街に集積する中小零細の事業者を支援するための制度（いわゆる高度化事業）として1973年に施行された．この高度化事業はアーケードの設置・カラー舗装・街路灯整備・集中レジ・ポイントカードの導入など商店街のインフラ整備や組織基盤の整備などを補助金や低利子 / 無利子融資を用いて支援するものであった．当初は，商店街振興組合など商店街組織を想定した支援策であったが，1991年に同法を改正して，支援策を拡充するとともに街づくり会社を支援対象に加えた．それは，まちづくりの主体を第三セクターとすることによって，行政との連携を深め，地域の活性化に貢献するような商店街，共同店舗等及び関連する公共施設の整備をおこなおうとしたからである．そして，商店街整備等支援計画は街づくり会社による事業を支援するものであり，2003年までに43団体が認定を受けている[15]．また，改正前後を比較すると改正後の方が事業の認定数が多いことが分かる．これは大規模小売店舗法の規制緩和によって大型店と商店街との競争が激化して商店街活動が活発化した結果であったとも考えられる［佐々木 1996］．

次に，「特定商業集積整備法（1991年施行）」は商業施設と商業基盤施設（コミュニティ・ホール，イベント広場，駐車場など）と公共施設（道路，公園など）を含む複合型ショッピングセンターの開発・運営の主体に第三セクターを活用した点である．特定商業集積整備法では，高度商業集積型14事業，中心市街地活性化型１事業，地域商業活性化型38事業が認定を受けており，その多くが第三セクターでまちづくり会社を設立した［渡辺 2014；新島・濵・渡邉ほか 2015］.

最後に，流通政策におけるまちづくり会社の役割は商店街活性化を大きく超える内容に変化した点である.『21世紀の流通ビジョン』は「まちづくり」に関して小売業と飲食店を含めた商業に期待する役割として，① まちの核としての商業，② 多様な小売業態の提供――中小小売商，商店街と大型店の共生――，③ 魅力ある個店の創出・育成，④ レジャー志向・余暇時間の増加への対応，⑤ 高齢化社会等への対応，⑥ 環境問題・景観保全への対応，⑦ 地域の伝統文化の保持・振興，⑧ 地場産業との連動，⑨ 新たな技術に対応した地域社会の情報提供の場としての役割，⑩ 災害への機動的な対応の10点をあげている［通商産業省産業政策局・中小企業庁編 1995：115-18］. このように，まちづくりの範囲は非常に広範囲に及ぶため，まちづくり会社は商業の活性化を核にしながらも多様な目的を実現する主体として位置づけられていくことになった.

以上のように，流通政策はまちづくり会社に自治体の出資を促し，役割を拡張させてきた. なお，中小小売商業振興法と特定商業集積整備法は中心市街地活性化法の支援に組み込まれて継承されることになった. 次に，中心市街地活性化法におけるまちづくり会社についてみていくことにしよう.

4　中心市街地活性化法におけるまちづくり会社

（1）　中心市街地活性化法における TMO

中心市街地活性化法（1998年施行）では，TMO（Town Management Organization）を設立する際にまちづくり会社を用いる自治体が増えた. そこで，中心市街地活性化法について振り返っていきたい.

中心市街地活性化法は，市町村が策定した中心市街地活性化基本計画に従って事業をおこなう組織とし TMO を位置づけた. TMO は中小小売商業高度化事業構想の主体でもあり，TMO になろうとする組織は「TMO 構想」を策定して国の認定を受けることとなるが，2005年末までに認定された団体の内訳は，商工会議所・商工会281，特定会社115，財団法人２，特定非営利活動法人１であり，商工会議所・商工会による設置が最も多かった. 特定会社の115法人は株式会社か有限会社であり，すべて第三セクターとして設立されており，商店街関係者だけでなく，行政，商工会議所，民間企業，個人なども幅広く出資するまちづくり会社となっていた．例えば，2004年時点で，103法人のうち54法人で出資者が50人以上となっており，これまでの第三セクターと比較して出資者数が圧倒的に多い［角谷 2009］.[16)]

多くの自治体がまちづくり会社を設立したのは，TMO のモデルとなった事例があったからである．そこで，その代表的な事例の 1 つである長浜市の株式会社黒壁（以下：黒壁）についてみていこう．黒壁は民間企業が中心となった第三セクターで，中心市街地の空き家・空き店舗をリノベーションやコンバージョンして主にガラスの販売で出店し，加えて商店街の観光地化への誘導，外部からテナントの誘致をおこなう不動産事業も手掛けるなど，タウンマネジメント機能を果たして注目を浴びた組織である．中心市街地活性化法が制定される以前の1988年に設立されており，TMO のモデルとされ，2000年前後には年間300団体程の視察を受け入れていた．黒壁がまちづくり会社として注目された理由は，第三セクターでありながらも，中小企業の経営者達が自ら出資して役員として経営に携わり，黒字経営を実現した点にある．また，黒壁は，行政からの財務的な支援や出向等を最小限に止め，商店街組織の活動からも完全に独立していた．そして最も特筆すべきは，黒壁が出資や協力して新たなまちづくり会社を設立して活動を広げた点である．黒壁が中心的出資者である株式会社新長浜計画は，商店街の有志が運営していた中心市街地の空きビルと駐車場の管理を代行し，プラチナプラザの運営を強力にサポートし，商店街の空き家・空き店舗も借り受けてテナントリーシングやホテル経営も手掛けている．特定非営利活動法人まちづくり役場は，黒壁が視察対応や黒壁グループ協議会の運営などの業務を委嘱して設立に協力した組織であり，イベント「北近江秀吉博覧会」で使用した事務所を利用している．そのほかにも，ラジオ放送や観光マップの制作を主な収益源とし，長浜市外からの行政職員等の研修出向受け入れや大学との連携なども手掛けている．また，黒壁グループ協議会は，イベントや黒壁スクエア散策マップの制作をおこなう任意団体であり，黒壁のコンセプトに共感した中心市街地の店舗も加盟している．つまり，黒壁はこれまでにないサービスを提供すべく，まちづくり会社を次々と設立するなど，長浜市中心市街地のタウンマネジメント体制の核となってきたのである．

株式会社黒壁は商業者も出資しているが，商店街組織は出資しておらず，むしろ自治体だけでもなく，市民や民間企業などさまざまな出資者が集まってできた．このように，まちづくり会社は商店街組織が直接的に関わらなくても設立され，商店街や商業集積の活性化を目指す事例が増えたといえる．次に，中心市街地活性化法の改正後をみていこう．

（2） 中心市街地活性化基本計画の主体としてのまちづくり会社

中心市街地活性化法は2006年に改正後，中心市街地活性化協議会を新たに設置してそのなかに「都市機能の増進を担う組織」の設置を義務づけた．この都市機能の増進を担う組織を設立する際にまちづくり会社が用いられるようになった．ただし，まちづくり会社は既存のTMOが担うケースや，新たに第三セクターで設立するだけでなく，中心市街地活性化機構（社団法人，財団法人，特定非営利活動法人）で設立されるケースが増えている[17]．そこで多様なまちづくり会社が事業を担うことになった背景を述べておこう．

2006年の中心市街地活性化法の改正後，自治体が計画する事業は大きく4区分となった．この4区分で具体的な事業名，内容，実施期間，実施主体，具体的な説明，用いる支援措置についても記載することになっている（中心市街地活性化基本計画認定申請マニュアルを参照）．4区分とは，① 市街地の整備改善（土地区画整理事業，市街地再開発事業，道路，公園，駐車場等の公共の用に供する施設の整備そのほかの市街地の整備改善のための事業に関する事項），② 都市福利施設の整備（都市福利施設を整備する事業に関する事項），③ 街なか居住の推進（公営住宅等を整備する事業，中心市街地共同住宅供給事業そのほか住宅の供給のための事業及び当該事業と一体としておこなう居住環境の向上のための事業等に関する事項），④ 経済活力の向上（中小小売商業高度化事業，特定商業施設等整備事業，民間中心市街地商業活性化事業，そのほかの経済活力の向上のための事業及び措置に関する事項）である．

2007年2月に富山市と青森市が基本計画の認定されたのを始まりとして，2020年10月30日時点では250の基本計画が認定を受けている．これまでに認定された250の基本計画では，218の計画でまちづくり会社が主体となった事業を確認した[18]．実に，まちづくり会社を用いる比率は87.2％にのぼっている．ただし，まちづくり会社が主体となる事業には特徴がみられる．そこで，上述の4区分における主体の特徴を確認しておきたい．

まず，① 市街地の整備改善では，市や都道府県などの自治体が主体となっているケースが多く，一部に再開発に関わる民間企業の記載もあった．② 都市福利施設の整備では，自治体が主体となるケースが多く，高齢者の居住施設や福祉サービスも多いことから特定非営利活動法人の活動も多い．③ 街なか居住の推進の主体は，自治体がもっとも多く，ディベロッパーとなる民間企業，再開発組合の例も多数あった．④ 経済活力の向上については，もっとも事業数が多く，商店街組織や自治体，商工会議所・商工会，中心市街地活性化協議会の事業がもっとも多い．まちづくり会社の事業がもっとも多かったのもこの事業群であった．さらに，実施主体は多様であり，住民が中心となったイベント組織（委員会を含む），公社や民間企業とのコラボレーションなど，多彩な連携がおこなわれていた．このように④の事業においてまちづくり会社が主体となる事業が多く，場合によっては①，②，③においても連携して主体となるケースがみられた．

また，旧中心市街地活性化法のまちづくり会社は自治体が出資する特定会社の TMO を想定していた[19]．いっぽう，改正法は，公社，財団法人，社団法人，特定非営利活動法人，民間企業などさまざまな出資形態のまちづくり会社が各地で活動している．さらに，事業主体は中心市街地活性化協議会や商店街組織だけでなく，自治体，商工会議所，民間企業，委員会，住民組織など事業の幅とともに関わる主体も広がり，事業計画にも明記されるようになった．さらに，基本計画では事業ごとに主体が異なっており，自治体とまちづくり会社が連携する事業も多数みられる．この点は，旧法の事業計画と変わらない．だが，複数のまちづくり会社が連携して実施する事業が多数みられる点は，TMO を中心に据えていた旧法とは大きく異なる点であるだろう．

以上のように，中心市街地活性化法では商店街の枠を超えてまちづくり会社の活用が進んできたといえる．ただし，まちづくり会社が期待通りの成果をあげるためには，いうまでもなく，事業の計画性とそれを実現するための体制づくり，さらに魅力ある商店街づくりを運営できる人材，行政機関等との連携の緊密化をはかれる人材が必要であった．そこで，次節ではまちづくり会社の事業とタウンマネージャーについてみていくことにしよう．

5　中心市街地活性化におけるまちづくり会社の特徴

（1）　まちづくり会社の事業

まちづくり会社の主な事業は，ソフト事業（イベント，広報，防災，防犯など），ハード事業（施設整備，施設管理運営など）に分けられる[20]．ただし，まちづくり会社の取り組みは，中心市街地活性化基本計画などの事業を連携しながら遂行するものなので，必然的に行政の計画と結びついている．そこで，まちづくり会社を行政主導の事例，行政と商業者の連携の事例，ボトムアップの運動体の事例に分けて説明していく．

まず，行政主導の事例について述べていこう．株式会社まちづくりとやまは，富山市が50％出資する法人であり，その取り組みにも富山市の意向が強く反映されている．例えば，市街地再開発事業[21)]で完成したイベント広場「グランドプラザ（百貨店を含む複合商業施設「総曲輪 FERIO」と立体駐車場と商業の複合施設「総曲輪 CUBY」の間）」の指定管理者となっている．また，そのほかの事業内容をみても，サロンの運営，買い物駐車券，コミュニティバス，チャレンジショップ，大学との連携などソフト事業など，いずれも事業単位で行政からの補助金を受けている．つまり，行政による公的なサービスに近い事業だといっても過言ではない．

富山市の中心市街地活性化基本計画は，公共交通を整備して人口集積を結ぶ「串と団子型」を目指しており，その中核となる LRT の導入（北陸新幹線の開通を契機に一部の JR 路線や路面電車を切り替え）でも行政主導の第三セクターである富山ライトレール株式会社が運営している．また，行政は中心市街地の住居人口を増やすべく居住者を支援する助成金を設けて，商店街で高層マンションの建設が次々と進む誘因をつくるなど，基本計画全体が行政主導のものとなっており，まちづくり会社の事業もその姿勢を反映したものとなっている．

次に，行政と商業者の連携の事例である．長野県飯田市の株式会社飯田まちづくりカンパニーは，市街地再開発事業を手掛けるために設立された TMO であり，住宅・商業・公益の複合施設「トップヒルズ本町」，「トップヒルズ第二」，「銀座堀端ビル」のディベロッパーとして分譲住宅販売とテナントや駐車場管理の業務を担っている．「トップヒルズ本町」は，1階に商業施設，2～3階に業務施設と公共施設（行政の出張所），4階以上に分譲マンション，さらに市営駐車場も隣接している．「トップヒルズ第二」は，A から D 棟まで商業施設，住居，オフィス，行政の美術館や市民プラザを組み合わせた複合型のビル群である．「銀座堀端ビル」は再開発手法ではないが，商業施設，デイサービス，ケア付き高齢者賃貸住宅（特別養護老人ホームとケアハウスの中間），分譲住宅の複合ビルである．これらはいずれも隣接して整備されており，このエリア内および周辺を中心に「三連蔵」や駐車場整備などミニ再開発，朝市やフリーマーケットなどのイベントを実施している．

飯田市はもともと大規模な再開発を計画していたが，バブル崩壊後の市況悪化に合わせるために地権者が全員同意できたところから順に再開発を連鎖的におこなう方法に改めた．そして，再開発事業の目的として地域経済への波及効果を考えて，できるだけ地元企業で再開発を行えるようにしたという．まちづくり会社もテナントリーシングでは地元出身者にこだわり，優良企業や優秀な若手経営者を募った．また，まちづくり会社は地元のNPOなどでまちづくりに対する新企画を持った組織を支援しており，次々と新しい組織を生みだしてきた．特に，多くの組織がりんご並木という高い理想を持った資源を中心に据え，それに磨きをかけて地域全体の価値を高めるような取り組みが増えている．

北海道富良野市のふらのまちづくり株式会社は，市民が掲げた「ルーバンふらの」構想を基に，中心市街地の病院跡地（富良野市所有）に2010年に地元食材を生かした観光集客施設「フラノマルシェ」を開設して管理している［西本 2013；湯浅 2013］[22)]．2006年に増資を募った際にも，行政と商工会議所には追加出資を要請せず，民間企業と個人で資金を調達した．さらに，病院跡地周辺では，商業施設「フラノマルシェ２（管理運営：コミュニティマネジメント株式会社）」，集合住宅，交流施設，福祉施設を整備する市街地再開発事業「ネーブルタウン」を同時並行で進めて2015年に開設した．そのほか，富良野市から駅前再開発事業で開設された健康増進施設「ふらっと」の指定管理を委任されている．

富良野市は，駅前再開発の失敗によって活気を失い，病院の移転後の跡地利用も定まらない中で，中心市街地がさらなる空洞化に陥ろうとしていた．そこで，民間企業の経営者を中心としたチームが，行政所有の病院跡地を利用した計画を策定し，まちづくり会社の運営をはじめて成功した．行政からの支援は，安い賃料で病院跡地を借りることや，計画の策定や補助金の申請で書類を作成してもらうことだったという．

最後に，ボトムアップで行政に新たな提案をおこなう運動体の事例を紹介していこう．愛知県岡崎市の株式会社まちづくり岡崎は，商店街の関係者が出資して設立した民間企業であるが，コミュニティスペースの管理をはじめイベントを多数企画している．それは市民活動センターさながらの機能である．また，同メンバーは，岡崎まちゼミの会を運営して全国にまちゼミの仕組みを伝え，特定非営利活動法人岡崎都心再生協議会でバル街も開催している．

大阪府豊中市の有限会社豊中駅前まちづくり会社は，商店街の有志が豊中市のサポートを受けて協議会を運営しながら地区計画を構想し，その計画を実施する段階へ移行するために設立した民間企業である．当初の計画では，幹線道路の導線を改良し，商店街の車道を歩行者天国にし，バスなど公共交通の利便性を高める目的であったが，現在まで実現されてはいない．行政と協力して交通社会実験の実施やフォーラムを開催していたが，独自の事業として企画旅行，落語寄席などのほか，研究会，独自のフォーラム，新聞折り込みのフリーペーパーの発行などまちづくり研究所としての機能も担っている．

（2） まちづくり会社におけるタウンマネージャーの役割

タウンマネージャーは，商店街の範囲を超えたまち全体（中心市街地活性化）をマネジメント（管理・運営）する者としてTMOと共に誕生した．現在，想定されるタウンマネージャーとは，まちづくりを実践する重要人物であり（1人とは限らない），TMO以外にも複数の組織に関わる者で，事務職のプロから資格を持った専門家までさまざまなタイプに分かれる．行政職員や商店街の商業者がタウンマネージャーを兼ねることもある．ただし，特定の資格ではないためにアドバイザーのような別の呼称が用いられる場合もある．

タウンマネージャーの業務は，関連団体の意見調整，空き店舗・空き地対策，販促・イベント，広報・情報発信，駐車場整備・運営など多岐に渡る．また，タウンマネージャーには，まちづくり会社の日常業務だけでなく，中心市街地活性化協議会や行政が策定する計画への参画，商店街や青年会議所等との連携など，コミュニケーションが豊かな幅広い活動が求められている．そこで，タウンマネージャーの活動について具体的に紹介しよう［石原編 2013］．

滋賀県守山市の株式会社みらいもりやま21に所属するタウンマネージャーは，中心市街地活性化事業を担当しており，守山市の主要な業務である古民家をギャラリー・カフェ・レストランに改装した「うの家」，地域交流プラザ「あまが池プラザ」の指定管理など，飲食やサービス施設の運営を日常業務として行っている．それに加え，商店街内外の若手経営者と貸し借りをつくって活動に巻き込み，「100円商店街」，「バル街」，「まちゼミ[23)]」などの新たなイベントを次々と導入した．例えば，バル街は伊丹市からノウハウを吸収し，NPO法人と行政で主催していたホタル観賞のイベント「守山ほたるパーク＆ウォーク」に飲食店探しの要素を加えて始まった．また，宇都宮市で始まった街コンを関西で初めて導入し，情報交流会などを通じて他の地域に広める役割も果たした．タウンマネージャーが短期間にこれほどの役割を果たせたのは，地元出身者ではなく，しがらみのない自由な発想を持って地域に入ることができたこと，そして地域の有力者がそれを理解し，支持したからであった．

和歌山県田辺市の南紀みらい株式会社では，当初商工会議所の職員がタウンマネージャーとして活動していた．職員は商工会議所からの出向でまちづくり会社の事務局を務めており，複合商業施設「ぽぽら銀座」の開設，古民家を改装した宿泊施設，田辺市駐車場の管理運営など，行政と連携して補助金を活用した業務を期待されていた．大きな転機は，行政職員が国庫助成の人材育成支援メニューを用意したのをきっかけに，若手グループ「あがら☆たなべぇ調査隊」を設立したことにあった．若手グループの会議を重ねる中で，職員達は裏方となって研修や交流会を通じて得たノウハウや情報を提供し，マップの制作，和歌山県で初となるバル街の開催，100円商店街，朝市など，新たなイベントを次々と生みだしていった．

タウンマネージャーを一般市民が担ったケースもある．伊丹市のタウンマネージャーは行政や元団体職員など複数存在するが，伊丹市の特定非営利活動法人いたみタウンセンターで実質的にタウンマネージャーの役割を果たした女性は，市内のさまざまなイベントにボランティアとして参加していた一般市民であった．転機となったのは第１回の伊丹まちなかバルの企画時にボランティアとして参加し，人一倍の行動力でイベント実行委員会の意識を変えさせてからである．彼女は参加に難色を示していた飲食店に，客として訪問しながら説得を行った．その数は50店以上にも及び，それを見たほかのメンバーも彼女と行動を共にし始めたのである．当初，行政は20～30店程の参加店を想定していたが，予定を大幅に上回る50店で開催することになった．その後，彼女は同NPO 法人の副理事長，最終的には理事長に就任し，行政と商店街との関係調整までも担ってきた．

まちづくり会社が活発に活動し，成果をあげるところには決まって優れたタウンマンメージャーや彼らを支えるスタッフがいる．となれば，そのタウンマネージャーを育成することが重要な政策課題となり，経済産業省の中心市街地活性化室では2004年度から「街元気プロジェクト」として人材養成講座，現地研修，情報交流会などの取り組みを続けている．また，独立行政法人中小企業基盤整備機構でも同様に「中心市街地活性化ネットワーク研究会」を立ち上げ，地域の実践内容を報告しあってタンマネージャー同士の情報交流の場をつくっており，それによってイベントのノウハウ等も提供されて急速な広がりをみせてきた.

6　中心市街地活性化におけるまちづくり会社の課題

まちづくり会社が適切に機能するためには，会社を運営する適切な人材が確保されると共に，運営に必要な資金が確保され，事業が適切に計画され，管理されなければならない．以下では，資金面（事業収入，補助金），人材面（スタッフ，タウンマネージャー）についてみていくことにしよう．

（1）資金繰り

これまでも繰り返し述べてきたように，まちづくり会社の事業は決して収益性の高い事業ではない．まちづくり会社は，事業の収益性を二の次にしてでもミッションの達成を求められるので，厳しい財務状況に陥った場合に行政等からの支援がなければ資金繰りに行き詰まってしまう．そこで，まちづくり会社の資金繰りに関する課題とその対応について述べていこう．

まず，まちづくり会社が大規模な投資を行った場合についてであるが，大規模な投資は多額の債務を返済する必要があるため，資金繰りが急速に悪化することも少なくない．特にまちづくり会社が第三セクターである場合，会社がもともと公共性を有しているうえに行政も出資していることから，追加補助金や増資，行政施設の管理委託などを通して支援をおこなうケースも増えている．

愛知県豊田市の豊田まちづくり株式会社は，豊田市（60%以上）・豊田商工会議所（10%以上）の出資で，豊田市駅西口市街地再開発ビルのテナント管理業務を担っている．そのほかの業務は，商業ビル内のイベントに加え，中心市街地全体に及び，周辺地域へフリーパーキングの導入，チャレンジショップ，レンタルサイクルなど幅広く多彩である．もともと，まちづくり会社は倒産したそごうから不動産を購入するのを目的に2001年に設立されており，行政と金融機関から多額の借入金をおこなった．このときに，核テナントのフロア減少部分は，専門店街「T-FACE」の管理フロアの増床でまかなっている．しかし，買い取ったビルの運営だけでは採算が合わず，行政もまちづくり会社を支援しようと豊田都市開発株式会社（第三セクター）と統合させ，ビルの一体管理と市営駐車場の運営を任せるなど財務面の梃入れをはかってきた．その後も，まちづくり会社は計画的に返済する必要があるため，テナントリーシングから直営店舗の出店まで手掛けて収益事業を強化している．

青森県青森市の青森駅前再開発ビル株式会社は，青森市が60％以上出資し，市街地再開発事業によって図書館など公的施設と生鮮市場および商業施設の複合施設「アウガ」を管理運営している．商業部分の保留床は取得済でテナントリーシングし，市が取得した保留床の指定管理者となった．アウガは2001年の開業以来，商業保留床の採算性が厳しかったため，青森市も経営改善プランを作成して貸付や増資など支援を続けており，2018年に青森市が公有化して庁舎を移転する予定である．

次に，開発による借金を抱えた訳ではないが，維持費をねん出するために法人を事業統合した例もある．特定非営利活動法人いたみタウンセンターは，商工会議所に代わるTMOとして設立され，行政から補助を受けながら，中心市街地活性化協議会や「伊丹まちなかバル」をはじめ，「イタミ朝マルシェ」などさまざまなイベントの事務局を担ってきた．中心市街地活性化協議会やイベント事務局として必要不可欠な存在であるため，行政も事業収入を増やして自立できないか模索してきたが，同法人は2016年４月から第三セクター伊丹都市開発株式会社と統合され，その事業部となっている．伊丹都市開発株式会社は伊丹市が70％以上を出資する第三セクターであり，市街地再開発事業による保留床の運用や市営駐車場の管理を主な事業としている．

（2）　人材不足

まちづくり会社がタウンマネージャーを雇用している状況を確認しよう．「タウンマネージャーに関する調査・研究事業報告書（2010年）」では，1798市区町村のまちづくり会社254法人にタウンマネージャーについてアンケートを行っている．タウンマネージャーは59法人が配置している．その勤務形態は，常勤の比率が44.8％（N＝58：非常勤39.7％，その他10.3％，未回答5.2％）であり，勤務日数も月６日以上が68.2％となっている．報酬原資は，約2/3の団体が行政や企業等からの補助でまかなっている．

まちづくり会社ではタウンマネージャーを任期制で採用するか，コンサルタント会社へ委託するケースが多い．それは，まちづくり会社が中心市街地活性化基本計画と同様に５年間の時限的な事業展開を前提にするために，長期的な見通しが立たないからであろう．なお，この状況は中心市街地活性化法の制定当時から抱える課題であるため，まずタウンマネージャーの制度について振り返っておきたい.

中心市街地活性化法の制定当時，政府はタウンマネージャーの重要性を認め，1998年に商店街活性化登録指導員の制度を TMO 向けに修正して，「タウンマネージャー養成・派遣制度」が創設した．独立行政法人中小企業基盤整備機構（当時，中小企業総合事業団）が窓口になり，専門家と TMO を橋渡しする仕組みである．この当時，タウンマネージャーとは都市計画や商業活性化等に関する知見を活かし，TMO 等に対して指導・助言をおこなう者や，TMO で実際の業務をおこなう者の総称であった．タウンマネージャーは前職に行政，商工会・商工会議所，流通企業，民間企業，コンサルタント（建築士や中小企業診断士），大学関係者など実に多様なバックグラウンドを持つ専門家らであった．ただし，当初はタウンマネージャーの派遣日数に制限があったため，制度の利用実績が少なく，利用した団体の過半数は利用日数が年間30日以下であった[24]．

タウンマネージャーが常駐できるのが望ましいことはいうまでもなだろう．しかし，TMO は厳しい予算制約のもとで運営するケースも多く，タウンマネージャーどころかスタッフを揃えられない地域も多数あった．日本商工会議所［2003］のアンケート結果[25]によると，まちづくり会社の TMO では，常勤職員数３人以下が半数以上であり，０人のまちづくり会社も18.2％存在していた．会計検査院［2004］[26]では，TMO 167団体の専任従業者を調査しており，専任従業者０人61％，１人20％，２－３人14％，４人以上５％の結果であった．そのうち，まちづくり会社は51団体で，０人31％，１人29％，２－３人24％，４人以上16％と全体平均を上回るもののほぼ同様だといえよう．さらに，全体で83％の TMO が高度な専門知識等を所有する人材が不足していた．このように，TMO は一部の地域を除いて運営上に多くの課題を抱えていた．そのため，多くの地域では行政職員や商工会・商工会議所職員が TMO のスタッフを務め，中にはタウンマネージャーを兼任する場合もあった．

山形県新庄市の新庄 TCM 株式会社は，市の出資比率３％強で出資者（団体，市民）が200以上と多く，事務局職員を行政と商工会議所からの出向で担っていた．当初は市庁舎を含む大規模な再開発を計画したが行政の財政悪化によって断念したため，商工会議所の職員がタウンマネージャーを務め，専門家の知恵を借りつつ，空き店舗対策や高校生の出店体験，2006年から岡崎市の「得する街のゼミナール」の仕組みに倣って「新庄まちなか楽校」を導入した．富山県富山市の株式会社まちづくりとやまは，緊急雇用や任期制のタウンマネージャー（まちなかコーディネーター）を雇用しているものの，プロパーの職員を置かない方針をとっていたため（2014年まで），現在でも10人以上いる事務局スタッフのほとんどを富山市と富山商工会議所，民間企業からの出向でまかなっている．ただし，施設運営には臨時嘱託社員やパート社員を採用している．

また，コンサルタント会社に業務委託してスタッフが駐在する地域もある．兵庫県丹波市の株式会社まちづくり柏原では，当初駅前の廃屋を公園と商業施設として整備し，古民家をレストランに改装して直営する事業を行っており，その際にまちづくり会社の事務局スタッフをコンサルタント会社が派遣していた．

7　本書の構成

商店街組織は法人化することでまちづくりの活動を広げてきた．商店街は自然発生的に集積し，互恵的な関係のなかで商売を営んでいる．そして販売促進やインフラ整備を協力してすすめるべく，商店街組織を設立するとその過程で事業協同組合や振興組合など法人化していくことになる．さらに，商店街組織として活動する範疇を超えてコミュニティ・マート構想の実現や近代化・高度化のために「まちづくり会社」を設立した．

まちづくり会社は，商店街組織やその会員も出資するが，事業計画に参画するために市町村などの自治体も出資している．それは中小小売商業振興法，特定商業集積整備法など流通政策による支援事業が切っ掛けとなり，中心市街地活性化法はTMOの設立にまちづくり会社を用いるなどその流れを加速させた．このように流通政策では政策形成過程においてまちづくり会社が活用されてきたといえる．

中心市街地活性化法の成立過程は，流通政策における政策形成過程として多数の既往研究があり，分析方法もいくつかのモデルが開発されている．特に，中心市街地活性化法は，まちづくり3法の1つとして注目され，改正法の施行もあったため，政策形成過程に注目が集まってきたといえる．中心市街地活性化法における政策実施過程の分析も学際的に多数の分析がある．中心市街地活性化法は，自治体や商工会・商工会議所だけでなく，商店街組織や商業者，民間企業などが連携して事業の企画および実施主体となったからである．しかし，流通政策における政策実施過程において事業主体となった団体やキーパーソンとなった個人の分析は依然として方法が定まっているとはいえない.

そこで，第Ⅰ部では，流通政策のなかでも中心市街地活性化法に焦点を絞り，その政策実施過程に限定して分析を進めていく.

第1章は，中心市街地活性化法の政策実施過程を分析するモデルとしてコーディネーション概念を紹介していく．コーディネーション概念は，これまでのリーダー論やリーダーシップ論とは異なり，多様な主体間の連携をより分析できる概念であることを確認する．そして，政策実施過程において公的部門と民間部門の間で政策意図が変容したかどうかを検証するツールとしてコーディネーション概念を用いたモデルを提案する.

第2章は，中心市街地活性化法の政策実施過程の事例を分析していく．事例は，高松市，長浜市，青森市の3市である．いずれも中心市街地活性化のモデルとなった都市であり，知名度が高く，多くの研究者が分析しているからである．キーパーソンとなった人物の分析方法は後述するコーディネーションの概念を用いる．コーディネーターとなったキーパーソンの行為を結果から判断し，コーディネーションの切っ掛け，情報の経路を分析していくことを想定している.

また，まちづくり会社は発展的に用いられてきたものの，課題が多いことも述べてきた．特に，人材や運転資金の不足は，まちづくり会社が公的な役割を担うがゆえに避けられない問題であった．当初，まちづくり会社は商店街組織から独立しても，商店街の中心メンバーが役割を重複するケースも多い．さらに，中心市街地活性化法のまちづくり会社は，自治体や商工会・商工会議所が出資し，人材や運営経費を負担する仕組みも必要不可欠になっている面があった．今日では，商店街組織の内外にタウンマネジメント，エリアマネジメントを目的とするまちづくり会社もみられるが，そこには決まってタウンマネージャー（呼称は異なるかもしれない）が存在している.

そこで，第Ⅱ部では，バルイベントにおいてタウンマネージャーとして機能するキーパーソンに焦点をあて，商店街の構造が変化しながらも，商店街組織が発展的に変化しようとするとき，キーパーソンによるコーディネーションがどのようにおこなわれたか検討していく.

第3章は，伊丹市中心市街地活性化基本計画のソフト事業である「伊丹まちなかバル」を対象としてキーパーソン4人の裁量の違いから政策実施過程のコーディネーションを分析していく．そして，商店街組織内で改革（若手役員の台頭，イベント増加）を促進する切っ掛けとなったイベント開催への働きかけに加え，キーパーソンによる裁量（個人的，組織的）が商店街組織の内外で利いていることの重要性を明らかにする．

第4章は，伊丹郷町商業会の加盟店が伊丹まちなかバルに参加する際にどのような動機であったか，または，その際にコーディネーションに影響を受けたか検討していく．なお，コーディネーションの有無は，イベントに参加した店舗側の視点から把握する必要があるため，アンケート調査を用いて参加の動機を明らかにする．

第5章は，函館市で開催する「BĀR-GĀI」から「伊丹まちなかバル」への情報伝達経路を聞き取り調査によって解明し，情報伝達の過程に関わったキーパーソンのコーディネーションを分析していく．そして，BĀR-GĀIと伊丹まちなかバルの共通点や相違点を比較しつつ，伊丹まちなかバルが近畿圏でバル街を広めるような模倣可能なモデルへ変容したことを明らかにしていく．

第Ⅲ部では，中心市街地活性化法以前から計画されてきた都市再開発および再々開発の課題と中心市街地活性化制度の将来について事例調査をもとに考察をすすめていく．1960年代の自治体の都市再開発と政策実施過程に焦点をあてながら，商店街組織の取組や再々開発をおこなうための課題を分析する．さらに，中心市街地活性化法制の将来像を検討するためにイギリスのBID制度とその政策実施過程を明らかにしていく．いったん，コーディネーション概念を用いた分析からは離れ，中心市街地活性化法に関連した商店街の再々開発やまちづくり会社の課題を掘り下げて検討していきたい．

第6章は，都市政策の視点から商店街の外部環境の変化や商店街組織の課題を分析する狙いがある．和泉市の和泉府中駅前地区に焦点をあて1960年代に都市再開発をおこなった後，1980年代に駅前の都市再開発計画を策定したものの実現できず，2000年代に中心市街地活性化基本計画を策定して一体的な事業推進を検討したが，最終的には「都市再生整備計画事業」を用いた過程を分析する．そのなかで，再開発で完成した商店街は再々開発が実施しにくい理由を内的要因と外的要因に分けて明らかにしていく．

第7章は，流通政策における中心市街地活性化法制の今後の展開や方向性を考えるうえで都市政策の視点から捉えなおす狙いがある．日本が中心市街地活性化法を導入するときにモデルの1つとしたイギリスの都市再生に焦点をあてたい．イギリスの都市は中心市街地にTCMを設立して都市再生をおこなっており，日本がTMOのモデルとしたことはよく知られている．現在，イギリスの中心市街地はBIDによるエリアマネジメントへと移行している．そこで，イギリスにおけるBID制度の導入とシェフィールド市の政策実施過程からBIDによるエリアマネジメントの特徴を明らかにしていく．

注

1） 大規模小売店舗法の目的は「消費者の利益の保護に配慮しつつ，大規模小売店舗における小売業の事業活動を調整することにより，その周辺の中小小売業の事業活動の機会を適正に確保し，小売業の正常な発達を図り，もって国民経済の健全な進展に資すること」であった．

2） 加藤［2003］は，中小小売商が経済的側面から住民を捉えると消費者となり，地域的側面から住民を捉えるとコミュニティとなると述べている．

3） この定義は石原［1986］による．石原［1986］は所縁型組織を「対象となりうる小売商全員をメンバーとすることを原則として，最大限の拡がりを期待する組織化」とした．

4） 石原［1989］は，具体的な例として並木道通り商店街（広島市），烏山駅前商店街（東京都世田谷区）などの商店街を紹介している．また，石原［1989］では所縁型では前提となる「負担の平等」，「成果の均等配分」などの議論が活動の足かせになると指摘している．さらに，仲間型組織は，一部の有志から始まって徐々に拡大し，商店街組織の中心的な存在になっていく．ただし，そうなると所縁型組織と同様に組織運営の形骸化や合意形成の困難に直面する可能性があると指摘している．

5） 商店街ライフサイクルを用いた分析はほかにも存在している．角谷［2009］参照．

6） 濵［2005］によると戦前の法人化は商店街商業組合の設立に遡る．1932年９月に公布された商業組合法によって法人化が促されたが，当初は共同仕入れなどをおこなうために同業種で構成した業種別組合を想定しており，異業種組合を予定していな法律であった．その後，商店街商業組合は，1935年から始まる小売業改善調査委員会，1938年に同法の改正によって1936年20団体，1937年56団体，1938年111団体へと大幅に増加していく．石原［2013］によると，当時の商店街は買回り中心の広域型・超広域型商店街に相当し，慰安的な要素を含む「商店街盛り場」であった．いっぽう，商店街商業組合はそれを主導した中村金治郎が主張するように小売業の専門店化（商機能の純化）を目指したという．

7） 商店街振興組合法は，商店街が形成されている地域において小売商業又はサービス業に属する事業そのほかの事業を営む者等が協同して経済事業を行なうとともに当該地域の環境の整備改善を図るための事業を行なうのに必要な組織等について定めることにより，これらの事業者の事業の健全な発展に寄与し，あわせて公共の福祉の増進に資することを目的とする．総務省「商店街振興組合法」参照（https://elaws.e-gov.go.jp，2021年９月７日閲覧）．

8） 中小企業庁［2016］『平成27年度商店街実態調査報告書』を参照（http://www.chusho.meti.go.jp/shogyo/shogyo/2016/160322shoutengai.htm，2021年９月７日閲

覧).

9) 旭川平和通商店街振興組合のホームページを参照した (https://www.kaimonokouen.com/about, 2021年5月12日閲覧).

10) 石原 [2011] によると, 当初の「街づくり会社」制度は民法第34条に規定する公益法人に限定され, 構成員も地方公共団体, 商店街組合 (事業協同組合, 商店街振興組合), 中小小売業者, 中小サービス業者に限定するなど, 既存商店街にコミュニティ施設を整備するものであった. その後, 街づくり会社は, 第三セクターとして株式会社が条件付きで認められるようになるなど紆余曲折を経て, 1991年に「商店街整備等支援事業」の実施主体に一本化された.「第三セクターである公益法人又は株式会社が, 中小企業振興法の認定を受けた計画に基づいて, 商店街あるいは新商業集積に, コミュニティ施設若しくはコミュニティ施設を併せ持つ共同店舗を整備する事業」と表現されている.『通商産業政策史1980-2000第4巻商務流通政策』231-234ページ.

11) 全国エリアマネジメントネットワーク, エリア・イノベーション・アライアンスなど, まちづくり会社の連絡協議会も存在している (http://areamanagementnetwork.jp, 2021年9月7日閲覧) (http://areaia.jp/company.php#company, 2021年9月7日閲覧).

12) 今村 [1991]「第三セクターの概念と国会審議」『「第三セクター」の研究』中央法規出版. ただし, 第三セクターは, 第一セクター (100%公的出資) や第二セクター (100%民間出資) 以外の第三の部門・領域 (セクター) に属する事業主体, すなわち官民共同の出資によって設立された事業主体を漠然とさす俗称であり, 学問的あるいは法律的な概念ではない [三辺 1990].

13) 地方公共団体が経営する企業のうち水道事業 (簡易水道事業を除く), 工業用水道事業, 軌道事業, 自動車運送事業, 鉄道事業, 電気事業, ガス事業に該当するものを地方公営企業と呼んでいる (地方公営企業法第二条). 観光施設, 駐車場整備, 有料道路などは公営企業会計を自主的に運用することができることから法非適用事業として区別している. 総務省自治財政局公営企業課 [2019]「地方公営企業法の概要及び経営改革の推進に係るこれまでの取組」によると2017年時点でその内訳は法適用事業3301, 法非適用事業5097と非適用事業の方が多い.

14) ただし, 1990年代後半から第三セクターの破綻や住民による監査請求および訴訟が発生して社会問題となったことで, 1997年に自治省 (現：総務省) は「地方自治・新時代に対応した地方公共団体の行政改革推進のための指針」のなかで第三セクターの赤字の累積等による経営悪化の事例に対して点検評価をおこないつつ, 運営改善や統廃合等にも取り組むことを示している. そして2003年から総務省は「第三セクター」の状況に関する調査を実施し, 地方公共団体が出資・出えんする株式会社, 合名会社, 合資会社, 有限会社, 社団法人, 財団法人, および地方三公社 (地方住宅供給公社, 地方道路公社, 土地開発公社) の経営状況等の把握に務めている.

15) まちづくり会社のほかにも財団法人が主体となったケースも含まれている (中小企業庁への聞き取り).

16) 内訳は, 出資者100人以上が27, 50人以上100人未満が27, 30人以上50人未満が21であった.

17) 中心市街地活性化協議会を設立した特定非営利活動法人 (2011年1月時点) は14団

体あり，大規模な開発をおこなうケースがなく，ハード事業も歴史的環境保全を目的としていた．また，ハード事業をおこなう場合は，収入に占める行政への依存度が82%以上と高かった［間舘・岡崎・梅宮 2011］.

18） ただし，4区分のうち1つでも該当すればまちづくり会社があるとしてカウントしている．なお，28計画にはまちづくり会社の記載がなく，4計画は基本計画が公開されておらず，未確認である．さらに，堺市など，まちづくり会社が実施主体ではなくても関わっている自治体があると考えられるが，基本計画に記載がないため記載なしとした．NPO 法人が実施主体となったケースも多数あるが，高齢者や子供へのサービスに限定している場合はカウントしていない．再開発組合も多数記載があるが，コミュニティビジネスやイベント等のコモンズとして利用検討がないケースは削除している.

19） 旧法の改正を検討する際に TMO の設立に NPO 法人を用いることができるようになるなど，組織形態の規制緩和も同時に進められてきた結果であるともいえる.

20） 国土交通省都市局まちづくり推進課によると，団体数261（複数回答）の主な事業分類の内訳は次のとおりであった．施設整備事業5（1.9%），公共公益施設の活用・管理運営事業76（29.1%），民間施設の管理運営事業84（32.2%），地域交通サービス関連事業9（3.4%），店舗運営事業（直営）64（24.5%），イベント企画・運営事業83（31.8%），情報発信・提供・広告事業57（21.8%），人材育成・中間支援事業27（10.3%），地域まちづくり・まちづくり関連事業44（16.9%），その他事業6（2.3%）（http://www.mlit.go.jp/crd/index/case/pdf/120405ninaite_jireishuh.pdf，2021年9月7日閲覧）.

21） 市街地再開発事業は，都市計画決定を受ける必要があるため市や都道府県が必ず介入する．第一種市街地再開発事業は商店街などで民間がおこなう事業であり，第二種市街地再開発事業は駅前再開発などで行政が用地を所有しておこなう事業である.

22） 西本氏（企業経営者），湯浅氏（商業者），大玉氏（当時：行政職員）の3人で夜な夜な集まって企画を練ったという．彼らは自らを責任世代と称して，ちょっと便利でおしゃれな田舎をイメージした「ルーバン」のキャッチコピーをつくり，地元の食にこだわった施設を展開するべく，商工会議所会頭と共に民間だけでの増資を実施した.

23） 100円商店街は，商店街全体を100円ショップに見立て100円の商品を販売するイベントであり，2004年に山形県新庄市で始まった．バル街は，梯子酒のように飲み歩き食べ歩きするイベントであり，2004年に北海道函館市で始まった．得する街のゼミナール（まちゼミ）は，店主が講師となって商品やサービスのノウハウを体験するイベントであり，2003年に愛知県岡崎市で始まった.

24） 日本商工会議所流通・地域振興部［2003］「平成14年度街づくりの推進に関する総合調査」を参照（http://www.jcci.or.jp/machi/h030131tyousa.html，2021年9月7日閲覧）.

25） 2002年10月28日～11月12日に日本商工会議所が全国527商工会議所（内：回答数433商工会議所）に実施した平成14年度街づくりの推進に関する総合調査」集計結果である．中心市街地活性化基本計画の策定状況は，策定済み66.7%，策定予定が13.2%であった．ただし，TMO の認定状況は，認定済み38.3%，認定予定17.3%とかなり低い．TMO の形態は，商工会議所61.0%，特定会社22.4%，公益法人0.4%であった.

特定会社および公益法人と回答した55団体の常勤社員の合計が83人，派遣社員の合計が23人であった．さらに，団体の内訳をみると，常勤社員0人18.2%，1人16.4%，2人10.9%，3人9.1%，4人以上16.3%，無回答29.1%であった．

26）さらに，特定会社TMOであるまちづくり会社の財務状況の調査も行っている．その結果，41団体が自主財源を確保するために収益事業を実施していた．損益が1億円以上の赤字になっている団体も4団体含まれており，財源不足が懸念されていた．いっぽう，それにも関わらずTMOの自主支援事業補助金の予算額に占める執行率が低く，2001年度0.7%，2002年度4.0%であり，補助事業を活用できていない課題も浮かび上がっている．会計検査院［2004］「平成15年度決算検査報告」，1003-1020ページを参照（https://report.jbaudit.go.jp/org/pdf/H15kensahoukoku.pdf，2021年9月7日閲覧）．

第 I 部

中心市街地活性化法の政策実施過程

第 1 章

商業論における射程
――流通政策の政策実施過程を分析する新しいアプローチ――

1　商業機能の分析手法

商業論においてまちづくりのマーケティングは，小売業の「社会的品揃え」の概念を核にしながら，公共政策とマーケティングの関係性や公共政策へのマーケティングの適用へと広がってきた．そこで，「品揃え物（assortment）」の概念を提唱した Alderson［1957；1965］の議論から振り返っていきたい．

Alderson［1957：邦訳 17］は，マーケティングを「一方の供給集団と他方の消費集団との交換である」と定義し，機能主義の手法からマーケティング行動の体系を定義した．交換における品揃え形成過程は，多様で異質な供給と多様で異質な需要が斉合（matching）するマーケティング過程でおこなわれる．なお，マーケティング過程は，生産物を最終的な品揃え物の一要素とする点で消費者の欲求充足に向かって進む不可逆な連続的過程からなるとする［樫原 2002b：30］．最終的に，消費者は消費行為を通じて必要とする物やサービス（品揃え物）を手に入れることになる．品揃え物が形成される段階では，卸売業や小売業が中間品揃え物を形成する．

小売業の役割は，生産者と消費者の中間に位置し，小売業全体で取揃え（品揃え）して消費者との斉合をおこなう点にある．この小売業の機能は社会的品揃えであり，翻訳者の田村［1980］は品揃え物の形成過程を「情報縮約・整合の原理」として整理している[1)]．そして，社会的品揃えの定義は，資本主義社会の商業において商業資本が「売買を集中」することによって売買の社会化を二様に達成する点とも類似する［森下 1977；1993][2)]．ただし，オルダースンの定義は，品揃え形成を通じて規模の経済性と範囲の経済性の両面からその有効性を論じている点で森下の定義よりも微細に富んでいるという［石原 2000］．

また，Alderson［1965］は社会における企業のマーケティング行動を公共政策との関わりという視角から整理している．オルダースンは公共政策を組織型とは異なる行動体系と指摘しつつ，家計・企業・政治の相互行為から，政府の税制や市場を規制する範囲が設定される現象とした．それは流通政策が独占禁止法を基底に企業の競争の発展を妨げるような市場の失敗を検討しているのと同様であった．また，公共政策は企業のマーケティング行動に制限を与えるため，当然ながら小売企業の行動も制限する．

このように，オルダースン理論[3)]の特徴は，マーケティングを経済現象に止まらず，人間行動としての社会現象をその対象とし，集塊物を品揃え物として斉合する点にあった．そして，公共政策はマーケティング行動に影響を与えるという視点である．

一方，Kotler〔1980〕はオルダースンと異なり，公共政策にマーケティングを取り入れることが可能であると述べている[4)]．特に，Kotler and Lee〔2006〕はマーケティング手法を用いてパブリックセクターにおける組織活動のパフォーマンスを改善できるという．そこで，Kotler and Lee〔2006〕の特徴を述べていきたい．

Kotler and Lee〔2006〕はマーケティングの分析手法を５つの原理（顧客中心主義，市場細分化・ターゲティング，競争相手の特定，マーケティングミックスの4P，モニタリング）に分類し，各事例を課題，戦略，成果に分けて記述している．その範囲は政府や自治体に加え，環境保護庁，郵政公社，電力公社，警察署，消防署などが含まれ，組織活動をつうじて市民の価値や満足を実現する．具体的な例として，国際的省エネルギー制度である「国際エネルギースタープログラム」は環境保護庁とエネルギー省が企業に省エネ製品の製造を働きかけるべく，プロモーション活動をおこない，成果として認知度が高まったと指摘している．その過程ではキャンペーンを実施し，提携先の公益事業会社や小売業者が啓発活動をおこなってブランド価値を高めたという．このように，Kotler and Lee〔2006〕は市民満足を向上させるための手段としてマーケティングを拡張した点で評価できる．

しかし，Kotler and Lee〔2006〕はマーケティングの概念全体で５つの原理のどこかに焦点をあてて事例を分析するため，事例を網羅的に分析できない点は考慮しても，マーケティング調査と戦略，プロセス管理を部分的に取り入れ，限定合理的に事例をあてはめているのに近い．さらに，アメリカだけでなく世界各国の公共政策の課題に言及し，マーケティング戦略を用いた成果を強調するものの，公共政策の形成過程と実施過程の区別がなく，それぞれに該当する内容も具体性が乏しい．もしくは，消費者中心主義のバイアスが分析方法を限定させたからなのかもしれない．この点については，起業論でも類似した指摘がある．Sarasvathy［2008］は起業家的行動における判断やプロセスがコトラーのマーケティングマネジメントの理論と異なると指摘している[5]．熟練した起業家の視点ではマーケティング戦略を作成するよりも先に実験的に行動を起こすのだという．

このように商業論において流通政策に関わる政策形成過程と政策実施過程の分析は，そのプロセスの分析を含め多くの課題が残されている．本章では，流通政策の政策実施過程を分析するための新たなアプローチとしてコーディネーションの概念を用いていく．そのために，まずは商業者のリーダーとフォロワーの必要性に関する議論から整理したい．

2　流通政策の政策実施過程におけるコーディネーションモデル

（1）　商業者におけるリーダーとフォロワー

全国各地の中心市街地活性化が停滞してきた要因の1つにリーダー及び人材不足の指摘があった［中小企業庁 2003］．そこで，経済産業省は人材育成事業として「街元気プロジェクト」を立ち上げ，先駆者を「街元気リーダー」と名づけて講師とした座学や現地研修を実施し，WEB教材の提供もおこなってきた．そして，中心市街地活性化の中核的推進者の育成を目的に，プロジェクトリーダー層とそれを支えるフォロワー層の育成に注力している．

例えば，街元気リーダーに登録されたメンバーには土居年樹（当時：天神橋筋商店街振興組合理事長），加藤博（当時：青森市新町商店街振興組合常務理事）らがいる．土居［2002］は自らを「街商人（まちあきんど）」と名乗り，商売で立身出世する心得よりも，街に住み，街を愛することや，伝統文化を大切にすること，地域の子供達を守り育て住民とふれあい，地域に必要とされる商人像を説いている．また，土居［2011］は商業者のリーダーとして大阪商工会議所，自治会，神社などと共に活動した経験から，リーダーが10年かかって「ほんま者」となり，それを支える役員「支え者」，専門家など「知恵者」，新聞記者や芸能人など「伝え者」と恩返しを通じてつながっていく必要性や理事長としての心得も述べていた[6]．加藤［2006］も商店街で実施してきたさまざまな事業企画や早朝の勉強会，まちづくり会社の設立などのノウハウを著書にまとめており，その中でリーダーとして心得を説いている．加藤は「リーダーとして周囲を引っ張っていくには，誰より勉強し活動に時間を費やさねばならない．そして皆の意見を良く聞き，楽しい雰囲気を作ることが大事になる」と述べている[7)]．

このように商店街のリーダーが中心となってまちづくりにフォロワーを巻き込んでいくことが想定されているのである．リーダーがリーダーシップを発揮することで地域のモチベーションを上げ，人材を巻き込み，事業を成功させていくようなイメージである．それは，リーダーシップ論〔田尾 1993；金井 2005〕に見られるようなリーダーによるフォロワーへの作用といいかえることもできる．それゆえ，まちづくりにおいてリーダーという存在が第一義的に希求されやすいのだろう．

しかし，商店街組織はオーナーの集合であり，中心市街地活性化協議会も多様な主体の集合であることから，民間企業や行政のような組織とは運用も異なることが容易に想像できる．そして，組織が異なればリーダーとフォロワーの関係性も異なるので，フォロワーがリーダーに求める作用も異なるだろう．三隅〔1986〕のアンケート調査でも，そのことが示されている．「期待される指導者像」の調査結果では，リーダーシップの指標として「目標設定と課題解決」，「集団の維持」の有無について要望を尋ねたところ（4 類型），被験者の回答は予想に反してバラバラであった．さらに，2 割程の被験者は，両方の指標に無しと回答しており，価値観についても職場より地域社会の活動を重視する傾向にあったという[8)]．

そのほかにも，中心市街地活性化の体制づくりでは，その過程で求められる作用が変化していくことも想定される．例えば，早急に解決すべき問題が明確にあるかどうかで状況が大きく異なるからである．このように，まちづくりのリーダー像やリーダーシップを類型化する必要性は認められるものの，リーダー像が組織ごとに異なると想定し，中心市街地活性化の体制や発展段階に応じたリーダーシップを発揮できる人材が求められる．

これまで述べてきたように，まちづくりの人材育成はリーダーとフォロワーであったが，とりわけリーダーを中心に考えられてきたといえる．ただし，まちづくりにおけるリーダーの育成や役割の解明だけでは，事業の推進にとって必然的に限界性をもたらすだろう．

なぜなら，中心市街地活性化協議会は多数の組織が話し合いに参画し，民間企業や行政だけで解決できない課題と向き合うからである．例えば，再開発事業では複数の権利者が参加し，具体的な方針や未来像が明確になることは当然だとしても，利害関係の中で合意形成をはかることは困難を伴う場合が多い．そのとき，リーダーだけでなく，行政，地域住民，専門家も含め，多様な主体が合意形成に向けて調整活動をおこなっていくのであり，長い年月をかけて話しあうことで当事者間にも理解が生まれていくのである．すなわち，多様な主体間を調整する機能とそれを実践できる人材こそが求められているのではないだろうか．

（2） コーディネーション機能という視角

商店街では，商店街組織による活動だけでなく，行政，商工会・商工会議所，民間企業，NPO，自治会など多様な主体が活動している．商店街を含む旧市街地では，地域の祭りやイベントなどの行事が開催されており，自治会や実行委員会が主催するケースでも共催・協力などで，商店街組織を含む多様な主体と連携を図りながら開催される．そのほか，中心市街地活性化法制の関連事業や商店街の補助事業も商店街で多様な主体が連携している例に該当するだろう．商店街組織の側からこの点を捉えれば，商店街組織が主催者となるだけでなく，共催や協力によって必要不可欠な存在ともなっている．このような，商店街組織と多様な主体間の連携から新たな取り組みが始まる場合の組織間の連絡状況に着目した分析が進められている［角谷 2009；2011；福田 2009；菅原 2010；李 2010］．

しかし，この分野の研究は事例も少なく，組織間の連携を分析するための手法が開発されていない．そこで，商店街組織と行政や商工会議所等の多様な主体間の連携の機能を分析するべく，コーディネーションという概念に着目したい．まず，コーディネーション概念について述べ，その適用について触れておきたい．

コーディネーションの概念は，制度派経済学もしくは比較制度分析で重要なキーワードとされている［Milgrom and Roberts 1992；Chavance 2007；青木 2008］．青木［2008］は，「各個人が企業活動に関連して収集する情報は，組織内で交換され，集団的に使用される」ような情報共有について，その組織的仕組みをコーディネーションと定義し，企業組織内の情報効率性を高める働きを類型化した．また，企業内部のコーディネーションの違いが，企業の競争力や生産性の違いを生み出していることを示している．定義の中では，市場におけるコーディネーターとしての企業を前提している．そのため，個々人の間でおこなわれる情報収集，交換と使用の過程で，個人としてのコーディネーターは想定されていない．

一方，ボランティアのコーディネーターによるコーディネーション機能を細分化した定義がある．早瀬・筒井［2009］は，その機能を「① モノ・サービスをよりよく組み合わせるはたらき，② 役割や特徴を調整して全体の調和をつくるはたらき，③ 人々の間につながりを生み出すはたらき，④ 異質な存在の間に対等な関係を創り出すはたらき，⑤ 活動や組織への参加・参画を促すはたらき，⑥ 組織やセクター間の協働を実現するはたらき，⑦ 異なる取り組みをつなぎ，総合力や新たな解決力を生み出すはたらき」としている．

早瀬・筒井［2009］に依拠しつつ，コーディネーションの定義は「現状において解決が困難な問題に対して，新たな解決策を生み出すための話しあいを持つべく，対等な関係を構築できるような調整（つなぐ）機能」としておく．第三者的な立場で事業推進の関係調整の機能を果たす人物を「つなぎ役（コーディネーター）」と位置づけ，その機能を「コーディネーション」と定義しておく．なお，事業推進の関係調整は，個人間，個人と組織，組織間，セクター間にも及ぶことが想定される．

商店街で多様な主体が連携して事業を企画・実施する際にも，実行委員会のような組織で対等な関係を構築しつつ，そのプロセスの中で主体間の調整をおこなう機能は欠かせないだろう．また，商業者がキーパーソンとなったコーディネーションを想定すると，その目的は商売で直接的な利益を求めるよりも地域の計画を優先し，後から間接的に自らの商売にも利く様なケースが多いだろう．

中心市街地活性化協議会においても，多様な主体が対等な関係のもとで，新たな解決策を創造していくプロセスがあるように，コーディネーションの機能が強く求められているといっても過言ではない．コーディネーションの機能は，専門家のコンサルタントが果たす場合もあるが，必ずしも専門家でなければ務まらないわけではない．実際には，商店街組織の会員，商工会議所職員，行政職員がコーディネーションを果たしていることが圧倒的に多いだろう．自らが当事者であるからこそ，他者間，他組織間において第三者的な立場を務めることが可能なのであり，コーディネーション機能を果たす条件が整うからである．もちろん，第三者的な立場の者はすべてコーディネーションの機能を果たす訳ではなく，他者からの依頼内容によって不必要や不可能だと判断すればコーディネーションしないのである．コーディネーションすべき点が明確化できれば望ましいことはいうまでもない．

次に，中心市街地活性化法（2006年改正・施行）の政策実施過程について考察を進めていく．これまで政策形成過程の既往研究はあるが，政策実施過程の分析は少なく，分析手法も確立していないからである．そこで，多様な主体間の連携によって遂行される事業についてコーディネーションの分析視角を用いることを検討していきたい．

3　中心市街地活性化法制の総括

（1）流通政策における中心市街地活性化法

戦後日本の流通政策は，競争政策を柱としながらも，振興政策と調整政策の二大領域を持って形成されてきた［石原 2011］．調整政策は，百貨店法，小売商業調整特別措置法，大規模小売店舗法（以下：大店法），大規模小売店舗立地法（以下：大店立地法）である．振興政策は，商店街振興組合法[9]，商店街商業近代化地域計画，中小小売商業振興法（以下：小振法），特定商業集積整備法（以下：特集法），中心市街地活性化法（以下：中活法）であった．

大店法と中小小売商業振興法は同時期に制定されている．これらは調整政策と振興政策を同時に実施するためであり，コインの裏表のような存在であった．1998年に大店法は廃止することが決まったが，後継となる大店立地法は大店法の経済調整の機能を継承しなかった[10]．一方，小振法は改正したが法律は存続し，中活法は小振法の目的や支援メニューなど経済振興の機能を継承したといえる[11]．

中活法の正式名称は「中心市街地における市街地の整備改善及び商業等の活性化の一体的推進に関する法律」であった．中心市街地活性化とは「都市の中心市街地において，商業等の都市機能の空洞化に対応するため，市街地の整備改善（土地区画整理事業，市街地再開発事業，道路，公園，駐車場の整備等）と商業等の活性化（商業集積関連施設の整備，タウンマネジメント機関を中心とする商店街整備，都市型新事業の支援施設の整備等）の一体的推進により，都市の再構築と地域経済の振興を図り，もって国民生活の向上及び国民経済の健全な発展を図るもの」である[12]．換言すれば，市区町村が指定した中心市街地において商業等の課題を解決して活性化を図るべく，それに付随した市街地の整備改善をおこなうという位置づけであった．

中活法は中小小売商業高度化事業構想を実現する主体としてTMOを設立することを前提としていた．TMOは空き店舗対策やイベントなどソフト事業に加え，再開発や駐車場の設営などハード事業の中心になることを期待されていた．TMOの設立形態は，商工会議所・商工会が約7割，特定会社が約3割であった[13]．特定会社は小振法や特集法下でも用いられた第三セクター「街づくり会社」とほぼ同様であったが，TMOの特定会社は出資者の3分の2以上が中小の商業者かサービス業者であり，かつ市区町村が3％以上出資するという条件があった．そのためか，特定会社は出資者数が多いという特徴も持っていた[14]．

また，中活法は大店立地法，都市計画法とあわせて「まちづくり3法」と呼ばれる．明石［2006］によると，まちづくり3法という呼び名は通商産業省が発明したという[15]．そこで，通商産業省の狙いを確認しよう．

大店立地法は大規模小売店舗の出店や改装時に騒音，照明，交通渋滞，駐車場の確保を義務づけるような社会的な調整をおこなうが，大店法のように明確な新規出店の規制（出店前に営業時間や営業日数，売場面積を調整）となる経済的な調整はおこなわない．また，大店立地法は構造改革特別区域法によって中心市街地への大規模小売店舗の迅速な出店が可能となったが，郊外への出店を規制する手段を持たなかった．

一方，都市計画法は1998年の改正によって特別用途地区を指定して大規模集客施設を規制することが可能となった．しかし，特別用途地区は，市域内の規制であり，周辺の市区町村を広域で規制する仕組みを持たなかったため，実施例は2004年までに9件と非常に少なかった．その結果，都市計画法を強化して大規模小売店舗の出店規制をおこなおうという通産省の思惑はもろくも崩れ去ったといえる．そして，まちづくり3法間の整合性が欠如している面が顕著になったことで，これを解消しようと3法改正に向かったのである[16]．

中活法は，2006年，2014年に改正[17]し，その目的や方法を変更してきた．特に2006年の改正は，「中心市街地の活性化に関する法律」と名称を変更したことから，この改正法を新中活法と表記していく．新中活法では，内閣府に中心市街地活性化本部が設置され，市町村の基本計画を内閣府が認定する仕組みになった．さらに，基本計画に盛り込む計画目標は，「市街地の整備改善」と「商業の活性化」の2つから「市街地の整備改善」，「経済活力の向上」，「都市福利施設の整備」，「居住環境の整備」の4つとなり，その全てについて新規事業を盛り込むことが必要となった．そして，市町村は計画目標に対応して定量的な数値目標を設定し，そのフォローアップも義務づけられた．また，事業体制は，多様な主体によって中心市街地活性化協議会を設置し，中心市街地整備推進機構（都市機能の推進）と経済活力の向上をおこなう主体を明確化した．中心市街地整備推進機構は，商工会・商工会議所，まちづくり会社，民間企業，NPO 法人などが担うのだが，ここに上述の TMO や特定会社も含まれていた．さらに，「コンパクトでにぎわいあふれるまちづくり」として都市機能の集約によるコンパクトシティの実現を目指すことになった．その代表的な例が青森市である．

（2）　中心市街地活性化法の改正における政策形成過程

中活法は2006年に改正したが，その過程では各省庁内の委員会が見直しに向けて議論している．そこで，経済産業省と国土交通省での見直しの議論を確認し，関連法案の改正を含んだ方針転換について確認したい．渡辺［2014；2016］によると中活法の改正をめぐって政治主導の法案化や立地規制強化法案をめぐる攻防があったものの，その政策形成過程は政党間の争点にならなかったと指摘している．ただし，中活法の支援措置は，2009年に民主党を中心とした連立政権が誕生した際，さらに2012年に自由民主党と公明党の連立政権に戻った際に影響を受けたという指摘もある［中西 2014］．そこで，経済産業省と国土交通省の議論について確認していきたい．

では，中心市街地活性化法の改正における政策形成過程についてみていこう．2006年2月15日時点で中心市街地活性化基本計画は683地区（624市区町村），市区町村に認定された TMO 構想（中小小売商業高度化事業構想）は405，経済産業大臣の認定した TMO 計画（中小小売商業高度化事業計画）は225であった[18]．このように，多くの自治体では基本計画を策定したものの，計画を実施するまでに至らなかった地区が多数あった．また，会計検査院［2004］は，「平成15年度決算検査報告」の中で中心市街地活性化の課題として TMO の人的体制や財政基盤の脆弱性，理念そのものの浸透が不十分である点を指摘している．さらに，総務省が政策効果を検証し，実施済の計画でも多くの問題点を指摘したことから，各省庁内での方針転換が進んでいった．そこで，この内容を確認していこう．

総務大臣は中心市街地活性化が図られていると認められる市区町村が少ない

ことから，2004年9月に「中心市街地の活性化に関する行政評価・監視結果に基づく勧告」をおこなった．その指摘は大きく3点に分かれている．まず，人口，事業所数，年間商品販売額などの指標を明示する必要性とともに中心市街地活性化が図られた市町が少ない点である．次に，住民と商業者のニーズ把握，数値目標の設定と有効性，事業の選定，TMO構想の策定にむけた連携体制や合意形成，見直しの検討など，基本計画を的確に実施しながらも見直しを進める点である．最後に，経済産業省，国土交通省，総務省，農林水産省に対して補助メニューの統合，事業効果の測定を促して国庫助成事業の効果的かつ効率的な実施をする点であった．

経済産業省産業構造審議会流通部会・中小企業政策審議会経営支援分科会商業部会合同会議は，総務省の勧告を受けて中活法の見直し案の作成を進め，14回の会議を経て2005年12月に「コンパクトでにぎわいあふれるまちづくりを目指して」と題する中間報告をまとめている．報告書は，中活法下で「中心市街地VS郊外」の立地問題の解消，人口減少社会における自治体の税収減少への対応，コミュニティの維持などを実現する方針を示したものであった．報告書の中で，中心市街地を取り巻く状況として成功例もあるが多くの中心市街地が厳しい状況のままであるのは，顧客・消費者ニーズからの乖離，総花的で身の丈に合わない取組，郊外開発の抑制なき商業活性化策，不十分なタウンマネジメント体制に原因があると指摘している．また，中活法の問題点は，商業以外の都市機能集約について考え方が明確になっていない点，都市計画法上のゾーニングは周辺市町村や都道府県など広域的な観点が反映されにくい点があったと総括している．都市機能集約の視点は，住宅，オフィス，学校，市役所・町村役場，高齢者福祉施設，保育施設，病院といった公共施設など様々な都市機能について市街地に集約し，まち全体の郊外化を防止する等の取組に加え，広範な対策の必要性を市町村が認識していないという問題を指摘した．都市計画法の土地利用規制制度（特別用途地区制度，特定用途制限地域制度）は，広域的観点が反映されにくく，制度を活用した自治体数が少なかったためである．また，同時に市街化区域外であっても郊外開発が認められやすい傾向にあった．このように，大型店の出店規制の難しさを伴いながらも，都市計画法体系の強化が必要であるという見解になっている．

一方，国土交通省は中心市街地活性化法制の課題に対処すべく，2004年11月に「中心市街地再生のためのまちづくりのあり方に関する研究アドバイザリー会議」を設置した．同会議は2005年8月に最終報告を提出している．その中で，中心市街地は居住人口の減少，事業所数の減少，従業者数の減少による機能低下がみられ，市街地拡大やモータリゼーションの進展によって，大規模商業施設等の郊外立地が進んだ現状の分析に加え，市街地の整備改善について施策目標，居住機能の充実，公共公益施設等の集積による都市機能の強化，民間の資金調達支援などが不十分であると指摘する．そして，都市の外は無秩序散在型都市構造へ向かう流れにブレーキをかけ，都市の中は街なか居住等都市機能の誘導・集約化で中心市街地の振興をはかるべきであるとしている．さらに，広域的都市機能についても立地誘導するべきか適正に判断する必要性や，都市機能の適正立地[19]を進めるとした．商業・サービス機能の強化に向けて，居住人口を増加，来街者数を増加，地権者を巻き込んだ空地・空き店舗の活用にも言及している．支援措置は，行政や商店街関係者，まちづくり事業をおこなう民間業者を想定し，資金調達支援や税制上の優遇を検討する方針を示した．

国土交通省は2005年6月と7月に社会資本整備審議会にまちづくり3法と中心市街地の再生に向けた都市計画制度のあり方について諮問をおこなっている．その中で広域的都市機能の適正立地（市街化調整区域の開発許可制度，準都市計画地域におけるSC出店など土地利用問題），街なか居住の推進（商業地を街なか居住にふさわしい地域にする），都市機能集約のための体制整備などの対策をまとめ，前述会議の報告書を具現化する指針を示した．

以上のように，中活法の改正における政策形成過程では，当時の政府の方針に立脚しながら[20]，各省庁から委員会報告書による問題点が提示され，中心市街地のさらなる衰退，郊外の大規模小売店舗の出店，事業実施主体の組織的な脆弱性などが共通していた．また，経済産業省と国土交通省は見直し案の策定にあたり，都市計画法のゾーニング規制強化，都市機能の整備についても同様の意見を持っていたことがわかる．同時に，新中活法では商業振興の目的が相対的に小さくなったといえる．

（3）　支援措置の変化

中活法と新中活法の支援措置は類似点が多い．補助金，税制優遇，無利子・低金利融資など支援措置を各省庁が用意しており，支援措置のプラットフォームのような機能も果たしているところも同じである．

例えば，経済産業省（当時：通商産業省）は商業集積と中小企業（商店街）に対して支援措置を講じてきた．主要な補助金は，中活法がスタートした当時，リノベーション補助金（商店街・商業集積活性化施設等整備事業）であった．その後，同内容の補助金は，戦略補助金と呼ばれ，戦略的中心市街地商業等活性化支援事業費補助金（2007-12年），中心市街地再生事業費補助金（補助金，低金利融資，税制優遇）は総額の見直しを含んだ変更を伴いながらも連綿と続いてきたのである[21]．また，国土交通省も2004年にまちづくり交付金を創設し，その後も社会資本整備総合交付金に制度が統合されたものの現在まで続いている．2007年4月に国土交通省はまちづくり総合交付金の中で「暮らし・にぎわい再生事業」を創設し，公益施設を含むテナントミックス型の商業ビルの支援を実施した．その後，国土交通省は2012年度補正予算で「地方都市リノベーション事業」を創設し，商業施設への支援措置を拡充した．

そこで，経済産業省と国土交通省の支援措置の主要なハード事業について会計検査院［2018］を基に確認する[22]．まず，経済産業大臣による認定は，「中小小売商業高度化事業に係る特定民間中心市街地活性化事業計画の主務大臣認定」，「特定商業集積整備事業に係る民間事業計画の主務大臣認定」，「特定民間中心市街地経済活力向上事業計画の経済産業大臣認定」を対象とした．経済産業省の支援措置は「戦略的中心市街地商業等活性化事業補助金」，「戦略的中心市街地中小商業等活性化支援事業補助金」，「商店街まちづくり事業（中心市街地活性化事業）」，「中心市街地再生事業費補助金（商業施設改修等事業）」，「中心市街地再興戦略事業費補助金（先導的，実証的事業）」を対象とした．国土交通省の支援措置は，「社会資本整備総合交付金（旧まちづくり交付金）」を用いた「都市再生整備計画事業」，「暮らし・にぎわい再生事業」，「市街地再開発事業」，「都市再生土地区画整理事業」を対象とした．

それらを集計すると，**図1-1**のように，国土交通省はハード整備の支援措置を増加させてきたことがわかる．なお，国土交通省の支援措置は国庫負担額でみると全体の91.7％（2006-16年度）であり，経済産業省の同3.8％と比較しても圧倒的に多かった．この傾向は，従来（1998-2004年度）から変化はなく，国土交通省94.6％，経済産業省2.0％であった．TMO構想に限定すると国庫負担額は，国土交通省74.8％，経済産業省19.9％と経済産業省の比率がかなり大きかった．ただし，経済産業省の支援措置数は2009年をピークに減少を続けており，ハード事業での役割が相対的に大きく減少してきたことも示されている．中西［2014］は，経済産業省が戦略補助金を縮小・削減する過程において「事

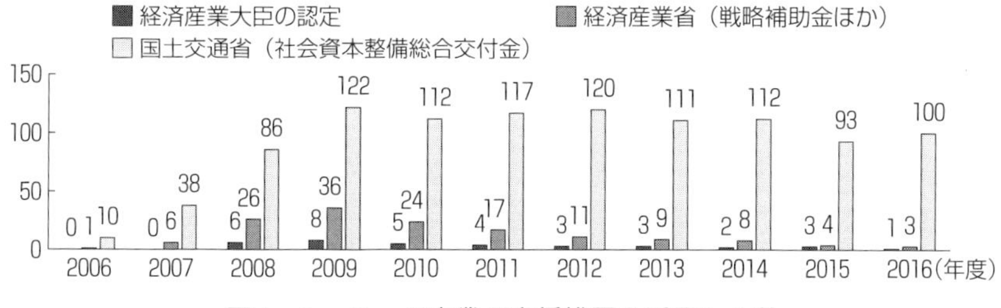

図1-1　ハード事業の支援措置を活用した数

出所：会計検査院［2018］.

業仕分け」などの影響に加え，支援措置を「ゼロベース化」する必要性の議論が内部の委員会でおこなわれ，「民間新聞による酷評」によって徐々に不信感が募ったからだと指摘している．その結果，渡辺［2016］が指摘するように，新中活法は経済産業省の色彩が薄まったのである．

2014年の改正は，アベノミクス第3の矢「民間投資を喚起する成長戦略」に基づいている．内閣総理大臣を本部長とする「日本経済再生本部（2012年12月）」，「産業競争力会議」，「日本再興戦略（2013年6月）」，「産業競争力の強化に関する実行計画（2014年1月）」，「日本再興戦略改訂2014（2014年6月）」を閣議決定した．このことから，経済産業省は，民間投資を喚起する制度として「認定特定民間中心市街地経済活力向上事業」を新設した[23]．これは前述の2012年に廃止した戦略補助金と類似している．ただし，経済産業省の認定数は伸びておらず，2020年3月時点で18件にとどまっている．一方，国土交通省が認定する都市再生推進法人（2011年創設）は，2020年3月時点で67団体であり，内まちづくり会社が39団体と中心市街地活性化を横断した枠組みとして広がっている．

4　中心市街地活性化における政策実施過程の分析方法

（1）　政策実施過程における政策意図の変容

新中活法では，基本計画の策定時に事業計画案も盛り込まれている．その際，事業計画は基本計画に組み込まれたり，組み込まれなかったりする．事業計画が政策実施過程に組み込まれる場合，どのような働きかけがおこなわれるのであろうか．

Kingdon［1984］は，Cohen, March and Olsen［1972］を発展させた「政策の窓モデル」を提唱し，前決定段階にあたるアジェンダ（議題）設定，キーパーソンとなる政策起業家を抽出することで，アメリカ政府の医療保険や運輸業界の制度変更の過程を分析した．このモデルでは，立法時の政策形成と決定過程をそれに関わった人物への面接とアンケートから分析する手法を用いていた．しかし，Kingdon は，出来上がった政策の規範的な相違や政策実施過程を分析射程に捉えていなかった．なお，中心市街地活性化法制の分析で政策の窓モデルを用いた渡辺［2014］は政策形成過程を対象としており，政策実施過程に用いた研究はない．

上田［2007］は，政策実施過程において政策供給主体と政策顧客に分かれ，政府部門（自治体を含む）から民間部門（商店街，商業者）へ，民間部門が政策供給主体となり住民が最終的な政策顧客になるというモデルを想定している．その上で，① 政策部門と民間部門の意識のズレ，② 政府部門と民間部門による相互意見関係の弊害，③ 政策意図と政策フレームワークのギャップという問題点が存在するという[24)]．その結果，中心市街地活性化の政策意図が政府部門，商店街，民間部門を経過するなかで自ら都合よく解釈することですり替わって変容していく．ただし，この政策意図の変容は，国が政策転換における政策関係者の不満を押さえ込み，政策関係者の利害調整に成功する．そのため，政策意図の変容はあえて修正されることなく，政策関係者から黙認される意味があるのだという．

一方，上田［2010］は中活法の改正時に政府の政策意図の変容はなかったと主張する．理念や責務の追加，中心市街地と郊外の立地問題やコミュニティの維持はともかくとしても，人口減少社会を前提とした自治体の税収減少についてはまったく新しい方針であった．また，市町村が基本計画を策定する際に基本目標に盛り込む計画目標の追加やスプロール的開発を抑止する「コンパクトシティ」の理念なども政策意図を変更したといえるほど大きな変更であったと考えるべきであろう．

そこで，新中活法の政策意図を前提としながら，政策実施過程において自治体と商業者（または企業）が連携する際にキーパーソンが多様な主体を事業に巻き込む働きかけをおこなったか，多様な主体が何を持ち込もうとしたか，政策意図が変容したか検討する必要がある．

（2）　政策実施過程の分析方法と対象

Cohen, March and Olsen［1972］は，ゴミ箱モデルを提唱しており，政策形成過程および実施過程など多様な用い方が可能であるが，因果関係を想定した分析ができない．また，Kingdon［1984］は，政策の窓モデルを提唱し，ゴミ箱モデルを修正した因果関係を前提とした分析枠組みを持っているが，政策形成過程の分析方法に特化している．因果関係を想定した政策実施過程を分析するには，両モデルを用いることが困難である．そこで，拙者が考案するコーディネーションの分析視角を用いたい．

コーディネーションとは，本章1節で述べたように「つなぐ機能」であり，コーディネーターをキーパーソンとする働きかけである．そして，キーパーソンの裁量や意思，働きかけ，結果という時間軸に着目した視角である．政策実施過程において各主体の意思だけで政策が計画され実施されるケースではなく，キーパーソンが「切っ掛け」を与えて政策が計画され，または計画が変更されて実施されるケースを想定している．つまり，キーパーソンが政策実施過程にどのように関わったかに焦点をあてたい．その際，「切っ掛け」を与えたキーパーソンは誰か（商業者，行政，コンサルタント，大学教員），キーパーソンは他の主体にどう働きかけたか（コーディネーション）を分析する．

なお，政策実施過程は中心市街地活性化法制を対象とし，前項で述べてきた政策意図の変容の有無に着目する．新中活法の目的は，急速な少子高齢化や消費生活の変化等の社会経済情勢の変化に対応して中心市街地における都市機能の増進および経済活力の向上を総合的かつ一体的に推進することであった．また，政府は，市町村の基本計画を認定する条件として主に4つの計画を盛り込むことを条件とした．すなわち，「市街地の整備改善」，「経済活力の向上」，「都市福利施設の整備」，「居住環境の整備」である．これらは新中活法における政府の政策意図を反映しているのであり，同時に市町村の計画は政府の政策意図を反映させる必要がある．

一方，上田［2007；2010］は政策実施過程において政策意図が変容すると指摘しており，それは市町村の計画と事業主体の間で起こると想定している．そこで，政策実施過程において市町村と事業主体との間に政策意図の変更があったかを検証したい．その際に，市町村の政策意図とは異なる意図を持ち込んだ，または持ち込もうとした主体についても分析を進めていく．そして，政策意図の変容があったか／なかった，変容を受入れようと働き掛けたか／阻もうと働きかけたかについて明らかにしたい．

5　結　　　語

商業論は流通政策における政策形成過程が企業の活動に与える影響を主な対象としてきた．しかし，政策実施過程の研究領域は分析方法を含め，まだ道半ばの状態にあった．そこで，拙者が提案したのがコーディネーション概念の視角を用いた分析方法である．すなわち，第三者的な立場で事業推進の関係調整を果たす人物をコーディネーター（つなぎ役）とし，その機能をコーディネーションと定義した．事業推進の関係調整は，個人間，個人と組織，組織間，セクター間にもおよぶため，多様な主体の連携によって実施される中心市街地活性化事業の分析に用いようということである．

中心市街地活性化法の政策実施過程は，既往研究から政策意図の形成と変容の有無に焦点を絞って考察していくことにしたい．なお，コーディネーションモデルは，キーパーソンの裁量や意思，働きかけ，結果という時間軸での分析を通じて，政策実施過程に変化の切っ掛けを与えたか，変容したかどうかを分析するモデルである．

第2章では，このモデルを用いて中心市街地活性化法の政策実施過程の事例を分析していく．高松市，長浜市，青森市の3市を事例とし，政策実施過程から政策意図の変容の有無やキーパーソンの所属について明らかにしていきたい．

注

1）「情報縮約・斉合の原理」とは，商業者が生産者と消費者の情報を縮約し，整合して取引を促進することで，流通システム全体にとって流通費用を節約する論理である．商業者は，多様な製品について質的（異質）・量的（価格・数量）に需給の斉合をはかる［田村 2002：174-76］.

2）二様とは，「商品を個々の産業資本から切りはなして社会的な商品の集積を形成するという意味」と，「売買の仕事を一層集中的に大規模に遂行するという意味」である［森下 1993：6］．石原［2000］はこれを「売買集中の原理」とよんでいる．なお，森下［1977］の議論は，独占段階において独占資本が商業資本を排除するという問題を配給説の概念で捉えるべく，それを商業経済論の中心に据えていた．ただし，その裏側では商業資本が売買集中による社会化，社会的流通費用を節約するなど商業の社会性に言及し，そのほか協同組合や商業者の役割などにも言及している．

3）Alderson［1957；1965］は，経済現象の分析としてはメンガーの限界効用理論に立脚し，市場取引のルーティーン化はコモンズから取り入れていた．そして，社会現象の分析としては，パーソンズの機能主義に強く影響を受けた．

4）Kotler［1980］は，コカ・コーラ，P&G，IBMなどアメリカで各製品市場の大手企業が共通してマーケティング活動をおこなっていることを示し，同時に非営利組織，パブリックセクターなどでも応用が可能であることを指摘した．

5）Sarasvathy［2008］は，コトラーのマーケティング戦略の核となるSTP（Segmentation，Targeting，Positioning）は戦略的因果関係（コーゼーション）を前提としていると指摘した．コトラーはマーケティング行動の中で実施より先にマーケティング戦略を組むが，熟練した起業家による顧客へのアプローチとそのプロセスは順序が逆であることをアンケート結果で明らかにした．さらに，このような起業家が共通して持つスキルをエフェクチュエーションと定義し，その重要性を強調している．

6）土居は商店街のリーダーを「旅芸人の荷車引き」になぞらえている．土居［2002：187-189］を参照．土居は，リーダーとしての理事長訓を「1説得力：常に心で話せ．」，「2決断力：待ってるより決めろ．賭けもある．」，「3実践力：自らが動け．」，「4持久力：諦めるな．根気が大切．」，「5発想力：四六時中考えよ．常に意識を．」，「6仲間力：酒を飲め．人を育て思いを伝えよ．」，「7人脈力：いい人を友に持て．」，「8成功力：終わったら次をめざす．いつまでも余韻に浸るな．」の8項目にまとめている．土居［2011：108-16］を参照．

7）加藤［2006：135］を参照．

8）PM理論でいうpmのような，具体的な数値目標の設定や，人間関係を維持管理されるのを好まれない参加者が多い点でボランティア組織に似ている［三隅 1986］．逆に，多様な主体間の連携はフォロワーによる作用も見落とせない．拙者は多くの視察から，名目的なリーダーの下で事務局を担う行政や商工会議所，まちづくり会社などが連携を推進するケースが多いという実感を持っている［角谷 2009；2011］．

9）店舗等集団化事業，小売商業店舗共同化事業，小売商業連鎖化事業を支援している．

10）大店法は経済的調整と呼ばれており，大規模小売店舗の出店時に店舗面積，休業日数，開店時間などの経済活動を規制した．大店立地法は社会的調整と呼ばれており，一定数の駐車場を整備することに加え，整備地域社会で，交通渋滞，騒音，照明が問題にならないよう配慮を求めるものとなっている．

11）なお，調整政策と振興政策に関わる文献は，石原編（2011），石原・加藤編［2009］ほか多数あるため，ここでは詳細について論じることを避けたい．

12）通商産業省編［1998：29］を参照．新中活法では，第一条の目的のところで「（中心市街地が地域の経済及び社会の発展に果たす役割の重要性にかんがみ，近年における急速な少子高齢化の進展，消費生活の変化等の社会経済情勢の変化に対応して）中心市街地における都市機能の増進及び経済活力の向上（を総合的一体的に推進すること）」を中心市街地活性化と定義している．

13）2015年12月時点における399団体の内訳である．商工会議所281，特定会社115，財団法人2，NPO1であった．

14）角谷［2009］を参照．103団体の内訳は，出資100者以上27団体，50-99者が27団体，30-49者が21団体，20-29者が7団体，10-19者が13団体，10者未満が8団体である．

15）明石［2006］によると，旧大店法は既得権保護的な新規参入規制であり，世界的潮流の競争政策に反するから廃止するしかない．ただし，大規模店舗の立地に伴う社会的な問題として「環境の保護」，「土地利用計画」の観点から規制を必要としていた．

そこで，通商産業省は，土地利用規制をおこなう都市計画法の強化と中活法をセットで提案することにより，内外の異なる意見をまとめようとしたという．

16）都市計画法と建築基準法の改正は2007年11月に施行し，都市計画区域内に1万 m^2 を超える大規模集客施設を設置できる用途地域は商業地域，近隣商業地域のみとなった．ただし，政令指定都市を除く地方都市は準工業地域に特別用途地区を定めることで立地制限ができる．

17）2006年の改正後，2007年に「地方再生戦略」に組み込まれ，「都市再生」，「構造改革特区」，「地域再生」と並び地域活性化関連4施策に位置づけられた．また，2014年改正は，「ひと・まち・しごと創生戦略」を踏まえ地方創生の取組を一体的に実施する1つの政策として位置づけられた点，都市再生特別措置法改正による「立地適正化計画」に適合させる点であり，法律そのものに大きな変更点はなかった．

18）渡辺［2016：202-203］を参照.

19）大規模商業施設等の立地を用途地域変更する際，公共公益施設の立地で適切な判断する仕組み，市街化調整区域の開発抑止，民間からの提案制度などが含まれている．

20）小泉内閣のもとで進められてきた影響から「三位一体改革」による地方分権と財政支出の見直し，「平成の大合併」による合併特例債と同様に限られた予算を重点配分する「選択と集中」を前提として政策形成が進められた．

21）経済産業省の補助金は，2007-12年は，戦略的中心市街地商業等活性化支援事業費補助金（戦略補助金：中心街再生事業），中心街再生事業における低利融資（企業活力強化貸付（企業活力強化資金））が中心であった．なお，2012年に戦略補助金が廃止された際，議論が青森市の事例について集中したことから，日本商工会議所から廃止に反対する意見書が出されるなど，必ずしも現場とは意見が一致していなかった．

22）経済産業大臣の認定は，「（1）法に定める特別の措置」から引用した．ハード事業は「（2）① 認定と連携した特例措置」から引用した．会計検査院［2018：150-77］を参照.

23）認定特定民間中心市街地経済活力向上事業計画に基づき不動産を取得した場合の所有権の移転登記等の税率の軽減の延長などができる．この計画に認定されると，地域・まちなか商業活性化支援事業での補助率3分の2（通常2分の1）と補助金の上限2億円（施設整備事業，通常1億円）が適用される．一方，買物弱者支援を含む地域住民の買物利便性を向上するための中心市街地再生事業費補助金（2014年度，2015年度）などもあった．

24）政策を有効的かつ能率的に機能させるためには，政策実施過程に携わるアクターが政策意図，政策目的，政策目標，政策効果などをできるかぎり共有することが望ましいが，それぞれの主体は「まちづくり」の捉え方が微妙に乖離しており，主体間で政策意図や目標を共有化するのが困難だと指摘している．さらに，政府部門と民間部門は相互依存関係が強い．政府部門は財源確保や組織人員体制の維持，年度単位の制度活用と予算執行に関心を示し，民間部門は制度メニューに規範性を見出し，積極的に活用することで内部構成員の意見調整を円滑に進めて行こうとするからである．大店法時代の政策目標は，「中小商業者の事業機会確保」，「商業者の流通システム整備」，「商業者の経営効率化」であり，政策対象は「人」，「者」，「社（企業）」であった．しかし，まちづくり3法以降は政策関心が「地域のまちづくりへの影響」，「地域の生活環境保持」などの視点に立った社会的規制に移行すると，今度は「まち」や「地域」，あるいは「商業集積」などの土地や空間に焦点を合わせるようになった．だが，商業政策は常に商業者のための政策に陥りやすいという特徴がみえるという．

第2章
中心市街地活性化法における政策実施過程の事例分析

1　政策実施過程におけるコーディネーションの分析

この章では，中心市街地活性化法の政策実施過程におけるコーディネーションの事例を分析していく．事例は，高松市，長浜市，青森市である．この3市を選んだ理由は，1998年の中心市街地活性化法施行から2006年の改正法以降も長期間にわたって中心市街地活性化基本計画を策定しており，日本全国の中で事業の知名度が高く，実務家や研究者にもよく知られている事例だからである．そのほかにも，3市の事例には，地方都市である点，まちづくり会社が設立されている点，旧街元気プロジェクトでタウンマネージャーとしての登録者がいる点などの共通点がある．

第1章では政策実施過程の分析において政策意図の変容の有無を検討していくと述べてきた．また，政策意図の変容の有無をキーパーソンのコーディネーションの結果から判断していく方法も述べてきた．そこで，3市の事例について政策意図の変容の有無，キーパーソンとその所属先の違いから分析をすすめていきたい．

高松市は，商店街組織が中心となってまちづくり会社を設立した事例である．商店街組織の（当時）若手メンバーがキーパーソンであり，コーディネーションをおこなうケースとして分析する．商店街組織の若手メンバーは，現在では高松丸亀町商店街振興組合の理事長，まちづくり会社の代表，タウンマネージャーとしても活動している．特に，商店街組織がまちづくり会社を設立し，中心市街地活性化基本計画のなかに再開発計画を位置づけた過程においてキーパーソンがどのようなコーディネーションをおこなったか確認したい．

長浜市は，株式会社黒壁（以下：黒壁）という商店街組織から独立した組織が自治体と連携して計画を策定する事例である．長浜市中心市街地活性化基本計画の政策実施過程において黒壁に関わる事業に着目し，自治体のキーパーソンが主導的にコーディネーションをおこなうケースとして分析する．特に，2012年に長浜市が中心となって「中期経営計画」を策定し，再生計画の策定につながっていく．そして，長浜市は黒壁の事業を中心市街地活性化基本計画と都市再生整備計画の中に位置づけ，黒壁の事業にどう関わり，事業目的にどう影響を与えたか検証することを目的としている．

青森市は，自治体，商工会議所，商店街組織による主体間でコーディネーションをおこないながら計画を策定した事例である．青森市は商店街組織と自治体と商工会議所が高度に連携し，それぞれの主体のコーディネーターが連絡を取り合ってコーディネーションをおこなうケースとして分析する．特に，青森市は一貫してコンパクトシティの政策理念を中心市街地活性化基本計画の策定に反映させつつ，事業を実施している点にも着目したい．

2　高松丸亀町商店街振興組合によるコーディネーション

（1）　高松市の事例分析の目的と方法

高松市の研究は多数存在している[1]．その多くは，高松丸亀町商店街振興組合が計画した再開発事業に関わるものである．なかでも，商店街の再開発計画に携わった学識経験者とコンサルタントが多数の報告をおこなっているのでそれらの文献を中心にまとめていきたい．

まず，石原・石井［1992］では，高松丸亀町商店街振興組合が将来の競争力低下を見据え，再開発計画の構想を持つだけでなく，その開発積立金を毎年4000万円計上している点を指摘している．この積立金を可能としたのは駐車場の運営による利益であった．商店街組織は高度化資金を活用して自走式の駐車場を整備し，駐車場のサービス券を組合と組合員とで折半して事後清算する仕組みを設け，さらに組合員が出資する株式会社で駐車場を運営している点を指摘している．

福川・西郷［1995］は，まちづくり会社の設置に向けた土地の権利変換について「原則型（権利変換する）」，「全員同意（権利変換しない）」，「借地方式（一部を信託）」の３つのパターンを想定して検討していた．矢作［1997］は，「原則型」による開発だと保留床を購入できるのが大型店に限定されてしまうため，地権者が自ら入店して家賃と地代を相殺する等身大の再開発を目指したと指摘する．

その手法として用いたのがまちづくり会社である．まちづくり会社は定期借地権付き保留床を借りて再開発ビルを建設し，同時に第三セクターであれば公的資金の活用も期待できたからであった．

その結果，丸亀町商店街はまちづくり会社を用いて権利変換しない手法で再開発を実施したのである．新建築編集部〔2008〕はその仕組みについて取材し，西郷真理子は「地権者はそのまま土地を所有し，再開発組合が定期借地権を設定して建物を建設（都市再開発法110条特則型），その建物（保留床）を共同出資会社（高松丸亀町壱番株式会社）が取得・経営する．従前建物補償費は権利床に変換されるが，同社はこれもあわせてマネージメントをおこなう．地代・家賃（＝配当）を地権者へ支払う（希望者は住宅への権利変換も可）．この方法は，床価格に土地費が反映しない．営業を続ける地権者は，一般のテナントと同様に家賃を払って床を借りる．実際の運営や建物の管理は，タウンマネージャーを擁する第三セクターの高松丸亀町まちづくり会社に委託する」と述べている．この手法は，A 街区（一番街）の整備に用いられ，その後の小規模連鎖型再開発であるＢ街区（二番街）・Ｃ街区（三番街）にも用いられていく．G 街区（丸亀町グリーン）の整備は権利変換型の再開発であり，森ビルに業務委託して実施された．

ただし，丸亀町商店街は再開発後の運営で困難性を抱えたという指摘もある．南・矢作〔2017〕は，当初，再開発を実施した街区は通行量の上昇，売上高の伸び，税収も伸びるなど成功したのだが，その後はＡ街区でさえテナントの入れ替わりが激しく，空き店舗が埋まらないケースもみられ，地権者の利回りも６％ぎりぎりの水準にあると指摘している．さらに，Ｂ・Ｃ街区は有利子負債が計画当初より大幅に増え，入居率も80％台に低下するなど，地権者への配当も６％を下回ったように課題が多いことを指摘している．

なお，Ａ街区は旧法下の戦略補助金や高度化資金による支援措置を受けていた．一方，Ｂ・Ｃ・Ｇ街区の再開発は新中活法下の第１期計画で「戦略的中心市街地商業等活性化支援事業」，「中小小売商業高度化事業に係る特定民間中心市街地活性化事業計画の主務大臣認定（経済産業大臣）」の支援措置を受けた．その主体となったのは，高松丸亀町まちづくり株式会社と権利者出資法人，および高松丸亀町商店街Ｇ街区市街地再開発組合および丸亀町グリーン株式会社であった．この時，高松丸亀町商店街振興組合はＡ街区の完成に合わせてドーム・アーケード・カラー舗装・コミュニティ施設の整備などの事業主体となり，上述の戦略補助金と高度化資金の支援を受けた．このように，商店街組織の再開発やハード整備は，高松市の中心市街地活性化基本計画の事業に位置づけられたことで実現が可能となった面がある．しかし，この点を掘り下げた先行研究はない．

そこで，高松市の中心市街地活性化基本計画の政策実施過程を紐解き，どのような過程でまちづくり会社が設立され，活用されたかを明らかにしていきたい．また，商店街組織の再開発は中心市街地活性化法以前から構想されており，その構想がどのようにして高松市の中心市街地活性化基本計画に結びついたのか検証していきたい．その際に政策意図の変容があったかどうかも明らかにしていく．なお，調査方法は商店街組織で再開発計画を作成し，まちづくり会社を設立した中心的なメンバーである古川康造と明石光生への聞き取りと提供を受けた資料をもとにしている[2)]．

（2） 高松市の中心市街地活性化基本計画

高松市は1999年に旧中活法下で中心市街地活性化基本計画を策定し，同時に商工会議所を主体とするTMO構想を策定した．新中活下では，第1期高松市中心市街地活性化基本計画（2007年6月～2013年3月），第2期（2013年6月～2018年3月），第3期（2019年7月～2025年3月予定）まで継続している．なお，中心市街地の区域は，8つの商店街を中心に，ことでん高松築港駅，片原町駅，瓦町駅が含まれ，サンポート高松およびJR高松駅から栗林公園（含まない）まで約250haあり，旧法下から変更がない．

新中活法下の第1期計画では「豊かな暮らしの循環に惹かれて，人が集うまち　コミュニティと行政が連携したエリアマネジメントにより，連鎖型で再生が進む，――にぎわい・回遊性のあるまちづくりを目指して――」をコンセプトに掲げた．そして，「商業・サービスの高度化」，「回遊したくなる中心市街地づくり」，「定住人口の増加」の3つを基本的な方針に定めた．数値目標は方針に沿って「テナントミックス等による商業・サービスの魅力強化と効果の波及（中央商店街の空き店舗率，小売業年間商品販売額）」，「来街者の回遊促進」，「魅力的な住宅供給による居住促進」となっている．

第2期は「にぎわい・回遊性・豊かな暮らしのあるまちを目指して」をコンセプトに掲げ，「中心市街地の来街魅力の強化」，「タイムリーな情報発信による回遊促進」，「豊かな居住環境の充実」の3つの方針を定めている．数値目標

表2－1　高松市中心市街地活性化基本計画における基準値と目標数値

第1期 2007年6月～2013年3月	第2期 2013年6月～2018年3月
空き店舗率　18.1％→14.2％ 販売額　1,049億円→1,100億円	中央商店街の空き店舗率 16.6％→14.9％
来街者の回遊促進 119,844人→150,000人	中央商店街における歩行者通行量 131,878人→141,000人
魅力的な住宅供給による居住促進 20,385人→21,700人	市全体の人口に対する中心市街地の居住人口の割合　4.8％→5.1％

出所：高松市中心市街地活性化基本計画最終フォローアップから引用.

は3つの方針に沿って決められており,「中央商店街の空き店舗率（全フロア）」,「中央商店街における歩行者通行量」,「市全体の人口に対する中心市街地の居住人口の割合」となっている.

なお, 第3期は「来まい・住みまい・楽しみまい――コンパクト・エコシティ たかまつ――」がコンセプトであり,「みんなが訪れたくなる中心市街地」,「みんなが巡ってみたくなる中心市街地」,「みんなが豊かな人生を実現できる中心市街地」の3つを基本的な方針に定めた. 数値目標は,「サンポートエリアにおける高次（広域）都市サービス機能の充実による誘客力の向上」,「中心市街地の魅力発信による回遊性の向上（歩行者等通行量, 新規出店数）」,「拠点間交流と住環境の整備による地域価値の向上（中心市街地の社会動態, ことでん3駅の乗降客）」である.

第1期と第2期を比較すると, コンセプトを変更しているが, 方針と目標数値に大きな変更点はない（表2－1）. ただし, 第2期計画では丸亀町商店街の成果をエリア内に拡張していく方針を示している. そこで, 第1期計画における商店街組織が主体となった事業に着目し, 中心市街地活性化基本計画の政策実施過程を分析していく. なお, 取り上げる事例は第1期計画であるため, 第2期計画以降の事業は分析対象から外している. 次に, 商店街組織がまちづくり会社の設置した経緯について述べていく.

（3）　商店街組織の計画とまちづくり会社という手段

高松市の高松丸亀町商店街振興組合（以下, 振興組合）の事例を基にタウンマネジメントのプロセスを紹介しよう. 振興組合は, 瀬戸大橋の開通に伴うモータリゼーションの進展や大規模小売店舗法改正に対する備えとして[3], 大規模な再開発計画を商店街で実現する手段としてまちづくり会社を用いてきた．

高松丸亀町商店街は，470ｍの直線に150程の店舗が連なる商店街であり，百貨店と隣接してブティックの揃う人通りの多い繁華街にある．振興組合は，会員数107，専従職員12人の大規模な商店街組織である．販促，カード事業管理，バス運行管理などソフト事業と，アーケード，カラー舗装，イベントホール整備などハード事業を実施している．それらの事業でもっとも特徴的なのが駐車場整備である．1972年に振興組合が丸亀町不動産株式会社を設立し，これまでに828台分（2017年２月時点）の駐車場を整備してきた（丸亀町グリーンを含め約1200台）．この駐車場整備は高度化資金による実質的な無利子融資に加え，県や市の補助金も活用している．そして，この駐車場収入は，商店街の再開発計画を策定するための財源としても用いられてきた．

振興組合が独自に作成した再開発計画は，居住人口を増やす「医食住」の街の実現であった．長期計画を策定するにあたって，1980年代後半に，丸亀町では青年会メンバーを中心に，全国の失敗事例をつぶさに見学し，そこから多くのことを学んだ．その中には次のような点が含まれていた．①物販に特化しすぎた丸亀町が今後100年間，市民の支持を受け続けることは絶対に出来ない．②丸亀町には，物販以外の機能強化が必要であり，導入すべき機能としては，市民広場，都市公園，イベントホール，駐輪場，駐車場，休憩施設，公衆トイレ，レストラン等の飲食機能，生鮮市場又は食品スーパー，ホームセンター等の生活雑貨店，マンション等の居住施設，（電車は無理なので）バスターミナル等である．③丸亀町を「モノを買うだけの街」から「消費時間型の街」に作り変える事が，丸亀町が今後存続する為の必要条件である．④まちの事業はリスクを背負う商業者が中心となって意思決定する必要がある．⑤再開発事業における最大の資金は土地の取得費であり，リスクを小さくするためには地代を前面に出さない仕組みが必要で，そのためには地権者の土地所有権の制限がどうしても必要になる．

この方針を基に商店街が作成した計画は，その過程で多くの専門家の意見を反映させた．そのため，1980年代後半から計画作成の会議（東京委員会）[4]は，30人程のメンバーが入れ替わりながら東京で定期的に開催してきた．例えば，中小企業庁を訪問してコンサルタントや学識経験者の紹介を受け，事業の障壁となった規制に対して「まちづくり会社」や「定期借地権」など，時には制度をつくるようなアイディアも取り入れて課題を乗り越えたのである．

表2－2　丸亀町商店街振興組合と高松丸亀町まちづくり株式会社の比較（2016年時点）

	関連法律	出資者（又は会員）	事業内容	収益源	専従者数
丸亀町商店街振興組合	商店街振興組合法	会員全員（107人）	販促，駐車場管理，カード事業管理，バス運行管理	割賦金	8人
高松丸亀町まちづくり株式会社	中心市街地活性化法	丸亀町商店街振興組合，高松市，他再開発関連4社	市街地再開発事業の促進，事業全般の管理運営	営利事業	10人

出所：筆者作成.

高松丸亀町まちづくり株式会社（2017年設立の「高松まちづくり株式会社」とは異なる）は，振興組合が高松市に協力を依頼し，1999年に第三セクターとして設立された（出資は商店街1000万円，市500万円）．まちづくり会社の目的は「①市街地再開発に関する計画案並びに設計業務，②商業施設の開発に関する調査，分析，企画設計，管理及びコンサルティング，③建物内外の運営・警備・清掃業務，④催事の企画・運営，⑤広告・宣伝に関する業務，⑥企業経営の商業に関する研修会の開催，⑦商店街情報誌の発行及び販売，⑧情報処理サービス及び情報提供サービス業務，⑨前各号に付帯関連する一切の業務」である．

振興組合が行政に働きかけてまちづくり会社を設立したのは，上記の事業の推進には行政との連携が必要不可欠だったからである（表2－2）．この時，市の出資金は最低水準に抑えるとともに，まちづくり会社の運営は商店街側がおこなうことも確認している．行政の出資は，（当時は）公的な支援を受ける際の条件であり，さらに公的な信用力で事業の障壁も取り除いた．そして，振興組合の計画は高松市の中心市街地活性化基本計画（1999年）で主要な事業に位置づけられた．また，まちづくり株式会社は2006年に1億円に増資（高松市は維持）し，新中心市街地活性化法（2006年改正）の都市機能の増進を担う主体に位置づけられた．その結果，国土交通省や経済産業省の補助金，一般財団法人民間都市開発推進機構や独立行政法人中小企業基盤整備機構の無利子融資などの支援が受けやすくなった．

まちづくり株式会社は，市街地再開発事業の促進を図り，施設の管理運営の業務を担っている．特に，管理運営の業務は10人程の専門家を広告，施設管理，テナントリーシング，会計などに配しているが，不動産の価値を高めることを徹底させるため，すべて1年契約としている．

（4） 高松丸亀町商店街における再開発事業の特徴

商店街の再開発計画（第1期A街区，第一種市街地再開発事業）の過程を確認すると，振興組合総会で再開発事業の調査・研究開始の承認を受け（1990年），再開発準備組合の設置（1993年），A街区事業計画を策定（1996年）した．着工までの経過は都市計画決定（2001年），市街地再開発組合設立（2002年），権利変換認可および着工（2004年）で，調査の開始から実に17年の歳月を経て2006年12月に，住宅戸数47戸，商業施設，コミュニティ施設，駐車場，自動駐輪場などから構成されるA街区（延べ1万6600 m^2）が竣工した．

計画の特徴は，① 商店街組織が住民同意のもと計画を策定し，土地の所有と建物の利用を分離し，テナントの入れ替えをおこなうタウンマネジメントを構築した点，② 商店街が独自の計画を策定して商店街をA～Gまでの7つのブロック（街区）に分け，強力な自主規制のルールを策定し，同意できた街区から順番に開発を進めた点にある．

まず，最大の特徴は定期借地権による土地の所有と建物の利用の分離であった．すなわち，再開発に際して土地の権利変換をおこなうことなく，不動産の所有者（再開発組合）が地代・賃料を得て60年の定期借地権を利用者（保留床取得者）に与える工夫である．ただし，不動産の所有者達は高松丸亀町壱番株式会社を設立し，自ら複合ビルの保留床（商業，駐車場，駐輪場など）を取得した．この会社は，定期借地権と相殺するように保留床を取得し，その維持管理をまちづくり会社に委託している．委託料は一定だが，テナント料は売上金額に変動するため，高松丸亀町壱番株式会社が受け取る収入（不動産の所有者への配当[5]）も変動する．すなわち，不動産所有者は定期借地権を売却することによって保留床を取得するが，自ら営業するよりも有力なテナントを誘致した方が保留床の価値が高まる場合にはそうすることが可能となった．これによって，経営効率の悪い経営者（不動産所有者）の退出がスムーズにおこなわれるようになった．

次に，商店街をA街区からG街区までの7つのブロックに分けるゾーニング手法を用いた点である．商店街全域を一斉に再開発するのではなく，土地の利用方法を街区ごとに工夫し，A・G街区以外では同意できた地区から小規模で連鎖的な再開発事業（2005年以降）をおこなう計画である．第1期は商店街の表玄関にあたるA街区を事業全体のモデルに位置づけて完成させた．それによって，街全体に再開発の機運が高まったようである．2009年にB街区（面積1000 m^2，建物2850 m^2）・C街区（面積2700 m^2，建物1万3600 m^2）では，飲食店と医療福祉と住宅の複合施設やアーケードが完成し，名称もそれぞれ弐番街・参番街となった．2012年にＧ街区の複合ビル「丸亀町グリーン（面積１万2000 m^2，建物４万4700 m^2）」も完成し，商業施設に加えて街路の拡幅や広場の設置，住宅96戸，ホテル，地下駐車場402台，駐輪場600台等も整備した．このＧ街区は森ビル都市企画とコンサルティング契約して再開発と管理業務を進めている．

（５）　まちづくりの成果

まず，新中活におけるフォローアップを確認していくと，第１期の数値目標は「テナントミックス等による商業・サービスの魅力強化と効果の波及（中央商店街の空き店舗率18.1％→16.1％，小売業年間商品販売額1049億8400万円→796億4400万円）」，「来街者の回遊促進11万9844人→12万1286人」，「魅力的な住宅供給による居住促進２万385人→２万671人」であり，小売業年間商品販売額を除けば目標数値に届かないものの概ね予定通りの結果となっている．このように，第１期は高松市が設定した目標は概ね達成されたと理解できる[6)]．

再開発の自主規制として，各店舗は1.5ｍセットバックして道路（街路）を広げ，建物の高さ制限等に加え[7)]，ファサードなど外観を統一させるデザインコードを定めた[8)]．それらの一部は地区計画にも組み込まれている．また，商店街は自動車の通行を全面禁止とし，荷捌き所も商店街に面しない場所に設けている．2012年からは自転車も全面走行禁止（押し歩き）にし，無料駐輪場を設置している．さらに，当初想定しなかった成果としては，Ｃ街区でアーケードを支柱の代わりに左右の建築物の上に載せる施工，Ａ・Ｇ街区で街路をまたぐ空中通路，街路上に固定されたベンチや植栽も配置などがある．これらの取り組みは，自主規制を高松市の条例や地区計画で裏づけ，国の都市再生緊急整備地域の指定を受けて実現させてきた．つまり，行政との連携によって想定を超えた計画を実施できたのである．

その結果，中心市街地活性化基本計画の目標を概ね達成することができた．上述の街並み整備の成果や自主規制等の効果もあり，振興組合の再開発計画は中心市街地活性化のモデルとなった．中心市街地活性化法改正後の中心市街地活性化基本計画第１期は，2007年から５年間で，「テナントミックス等による商業・サービスの魅力強化と効果の波及（空き店舗の減少，小売業年間商品販売額の増加）」，「来街者の回遊促進（通行量の増加）」，「魅力的な住宅供給による居住促進（中心市街地内の定住人口の増加）」の数値目標に掲げていた．小売業の販売額は減少して目標値を下回ったものの，通行量の増加，定住人口の増加により2つの目標は基準値よりも改善した[9]．また，振興組合は投資効果としての税収増を強調する．特に，A街区とG街区の固定資産税は約9倍になり，国・県・市のさまざまな税収を含めると年間10億円程の税収増が見込めると計算している．

ここまで記述してきたように，高松丸亀町商店街は高松中心市街地活性化基本計画の一事業主体として多くの成果をあげたことがわかるだろう．このことは多くの研究でも分析があり，各省庁でも成功例としても取り上げられてきた．次に，高松市と高松丸亀町商店街の政策意図は中心市街地活性化計画の政策実施過程において変容したか／しなかったかを確認していきたい．

（6）政策実施過程におけるコーディネーションの分析

高松丸亀町商店街振興組合が計画を策定してまちづくり会社を設立するなど，どのように課題を解決してきたか再検討していきたい．そこで，中心市街地活性化基本計画の政策実施過程について考察をすすめていく．その際に，商店街組織の計画は，中心市街地活性化基本計画の以前から立案されているため，その前決定過程として商店街の駐車場整備，商店街青年会の活動，「高松丸亀町商店街再開発計画」の策定，研究会の発足，中心市街地活性化基本計画との融合について論じていきたい．なお，商店街組織の活動の記述は，古川康造と明石光生への聞き取り調査を基にしている．それでは，古川および明石の視点から高松丸亀町商店街振興組合による政策実施過程におけるコーディネーションを分析していく．

従来，高松丸亀町商店街振興組合の取り組みは，駐車場整備，販促，カード事業管理，バス運行管理などであり，組合員の協力で成り立っていた．1972年に丸亀町不動産株式会社を設立し，駐車場を整備するための土地取得をおこなった．1983年には隣地が売りに出たことから，商店街は急遽「立体駐車場1000台計画」を策定し，駐車場整備を推進しようとした．ただし，同時期にはアーケードとカラー舗装の整備（事業費7億円）を計画していた．そのため，駐車場（事業費8.5億円）を加えると総事業費15億5000万円[10]もの規模に膨らむことを懸念する声もあったという[11]．そこで，古川，明石は高度化資金の活用や資金繰りを安定させることを条件に役員を説得した．1984年に商店街は北南駐車場（計370台：北駐車場296台，南駐車場74台）を完成させた（事業費8億5000万円）．その後，商店街の駐車場整備はバブル期の土地高騰によって遅れたが，1993年に駐車場（71台分）とカルチャーセンター，2003年に駐車場（325台），2006年に駐車場（223台）が完成し，当初の目標を達成した．なお，これらの事業費は高度化資金による実質的な無利子融資に加え，県や市の補助金も活用している．

そもそも，丸亀町商店街は再開発計画を当初から想定していた訳ではなかった．では，なぜ再開発計画が立てられたのか．その契機は，鹿庭幸男が青年会のメンバーに商店街の衰退を注意喚起したことにあった．例えば，鹿庭は1988年に開催された「丸亀町開町400年祭」についても，それを遡る6年前の1982年に500年祭の開催は商店街が衰退するので開催が難しいのではないかと青年会メンバーに語っていた．さらに，鹿庭は青年会10人のメンバーに全国の地方都市の商店街の実情を調査するように指示し，1人が4都市を担当して計40都市を訪問したという．この調査結果から，丸亀町商店街は駅前ターミナルを持たないためこのままでは生き残れないとの共通認識を青年会メンバーが持つにいたったという．そして，古川，明石の2人を中心に商店街の将来構想を策定していくことになる．2人は青年会メンバーでまちづくり研究会を発足させ，定例の勉強会兼会議を重ねていったという．上述のとおり駐車場を整備し，自家用車の集客に注力したのであった．

その後，1989年に丸亀町商店街にとって大きな転機が訪れた．琴電瓦町駅の再開発にともなう大型商業ビルの建設計画が具体化したのである．それは交通量の多い駅前のターミナルビルおよび商店街が活性化し，駅から距離のある丸亀町商店街が必然的に衰退していくと受け止められ，同時に商業者の行動に影響を与えた．丸亀町商店街の10店舗ほどが瓦町駅前の常磐町商店街に出店したのである．しかし，このターミナルビル（コトデン瓦町ビル）の建設は1996年の完成まで時間が掛かったため，出店した店舗の多くは完成を待たずに撤退したという．明石によると，この出店と撤退をめぐる一連の出来事は，商店街の衰退の原因が駅ビルとの競争力でなく，有力店舗の移転にあることに気づかされたという．その結果，丸亀町商店街は店舗の供給力にみあった需要喚起を人口増加に求め，再開発計画を策定することになる．そして，高松丸亀町商店街振興組合は琴電瓦町駅前の再開発に対抗するべく，1989年に高松丸亀町商店街再開発計画を策定し，同時に古川，明石がこの再開発計画を高松市役所に持ち込み検討を要請した．

しかし，この計画は高松市役所が断ったという．高松市の土木部局は駅前の

表2－3　主体間の情報伝達

段　階	情報の伝達	その目的
駐車場整備計画	鹿庭 → 古川・明石 → 商店街組織	北駐駐車場整備
まちづくり研究会発足	鹿庭 → 古川・明石 → 若手商業者	100年後に向けた投資
再開発計画策定	権利者 → 高松丸亀町商店街振興組合（古川・明石）→ 再開発組合	土地の所有と利用の分離，ゾーニング
東京委員会	高松市 → 高松丸亀町商店街振興組合（古川・明石）→ 西郷真理子 → 学識経験者・官僚 → 高松市	再開発計画の実現に向けた調整，ブラッシュアップ
高松丸亀町まちづくり株式会社の設立	高松丸亀町商店街振興組合（古川・明石）→ 西郷真理子 → 高松市	再開発事業の主体，公的支援（補助金と信用力の活用，各種計画に反映）
再開発事業の実施過程	再開発組合 → 丸亀町壱番街株式会社（古川・明石）→ 高松丸亀町まちづくり株式会社（古川・明石）→ テナント	不動産の定期借地，保留床の取得，テナントリーシング

注1：「→」は依頼や提案など情報伝達の方向を示している．
注2：再開発の前提条件として従前建物と転出者への補償が必要であった．そのため，実際の資金繰りは不動産を証券化し，住友信託銀行を受託者として，香川銀行，都市再生ファンド投資法人，「高松丸亀町コミュニティ投資有限責任中間法人（高松丸亀町まちづくり株式会社の出資）」が出資する「高松丸亀町A街区コミュニティ投資有限会社」を受益者とし，必要となっていた7.5億円を調達した．このような複雑な仕組みをとったのは，不動産特定事業法の適用を回避すること，信託銀行による資産管理のチェックが理由であった．福川［2008：31］を参照．
出所：筆者作成．

スラムクリアランス等に用いる方法として再開発を考えており，高松市で一番の繁華街である丸亀町商店街は対象外だという理由であった．そのため，高松丸亀町商店街振興組合は再開発計画の実現に向けて障壁を取り除くためのブラッシュアップをおこなうことになる．

古川と明石は，石原武政から西郷真理子の紹介を受け，再開発の実現に向けてコンサルタントを依頼することを決める．さらに，古川と明石は高松市役所との調整で必要となった情報収集を西郷に委託し，大学教員や中小企業庁の官僚らの紹介を受け，東京委員会を設置した．再開発計画を具現化する方法は専門家の意見が必要であることから，東京委員会は専門家を中心とした研究会を定期的に隔月開催するため，約2年間にわたって東京を拠点とし，徐々に方法論を突き詰めていった．この予算は，上述の駐車場運営から得た収入でまかなわれた．その結果，1991年に高松市役所が『高松市中心商業地区市街地総合再生計画』を作成し，その中に商店街の再開発計画も盛り込まれた．1995年には同計画が建設大臣の承認を得た．

1999年に高松市は前述の総合再生計画を高松市中心市街地活性化基本計画のなかに紐づける．そこで，高松丸亀町商店街振興組合（古川，明石）は再開発事業に補助金と高度化融資を用いるべく，中活法の事業として再開発することにした．丸亀町商店街振興組合は，同年に高松丸亀町まちづくり会社を設立する．なお，このまちづくり会社を用いる構想そのものは中活法以前から西郷が進言していたという．その結果，再開発計画は高松TMOと高松丸亀町まちづくり会社が連携することになった．

再開発事業の実施過程では，高松丸亀町商店街振興組合は各街区の計画を策定するが，運用は複数のまちづくり会社がおこなう．いずれにも，古川・明石が代表として参加している．丸亀町壱番街株式会社が再開発組合と定期借地契約を結び，再開発後の保留床を取得する．さらに，その運用やタウンマネジメントは高松丸亀町まちづくり株式会社に委託する．なお，高松丸亀町まちづくり株式会社は再開発事業の実施主体であり，同時に保留床を取得する際の投資会社にもなっている．実質的には，土地の所有者と保留床の取得が同じ商店街組織のなかで完結し，テナントは新規でも既存でも新たに募集する仕組みを整えた．商店街組織は，その後のB街区，C街区も同様の手法で整備を進めた（表２-３）．

（７）小　括

それでは，再開発事業における政策意図の変容の有無を確認していこう．1989年に高松丸亀町商店街振興組合は，「高松丸亀町商店街再開発計画」を策定し，1993年10月に高松市の「高松市中心商業地区市街地総合再生計画」も建設大臣の承認を受けた．この段階では市内中心商業地区を13のブロックに分け，多様な再開発を検討していた．そのブロックの１つが丸亀町商店街であり，前述のように７つの街区にゾーニングしてA街区から開発を進めてきた．その過程で，商店街組織の再開発計画は1999年３月に策定された「高松市中心市街地活性化基本計画」に盛り込まれていくことになる．では，高松丸亀町商店街再開発計画が高松中心市街地活性化基本計画に盛り込まれるまでの過程を振り返っていこう．

明石光生によると，高松丸亀町商店街振興組合は1989年に再開発計画を策定したが，高松市の再開発計画で構想外におかれていたという．高松市は，琴電瓦町駅周辺の再開発計画を予定して駅舎を中心としたターミナルビルの開発とテナント誘致をすでに進めていたのに加え，再開発事業をスラムクリアランスや駅前開発などの手段と考えたので既存の店舗が整備されている商店街全域の再開発はそもそも想定外であったから断ったのである．

高松丸亀町商店街振興組合は，この状況を打開し，市の構想に商店街の計画を盛り込むための対策を講じていく．それが東京委員会であり，当初は2年間に渡る活動で再開発計画の課題を検討して解決策を提案している[12)]．東京委員会は，学識経験者や専門家，関連する官僚も加わり，街並みの統一やまちづくり会社の設立などを計画に盛り込んだ．さらに，高松丸亀町商店街再開発計画の主体は商店街組織から高松丸亀町商店街再開発計画事業策定委員会へと変更した．その結果として，1991年度に高松丸亀町商店街再開発計画は高松市の「高松市中心商業地区市街地総合再生計画（旧：地区更新基本計画）」に盛り込まれたのである．なお，この中心商業地区（約26.97ha）は中心市街地活性化基本計画の区域（約250ha）に含まれる．そして，1999年に高松市が中心市街地活性化基本計画を策定するのと当時に商店街組織は丸亀町まちづくり株式会社を設置した．その後，2001年3月に高松丸亀町商店街A・G街区は，第一種市街地再開発事業の都市計画決定となる．

このように当初は商店街組織と高松市役所の中心商業地区（中心市街地）における政策意図は異なっていたといえる．その後，商店街組織は東京委員会を設置し，学識経験者，官僚との折衝を重ねて対策するうちに高松市の政策に融合していったのである．高松市としては都市計画の政策意図を変更することになったが，むしろ商店街全体の再開発計画の検討および策定につながったといえよう．一方，高松丸亀町商店街振興組合の計画は中心市街地活性化法が施行される際に通商産業省や中小企業庁からぜひ第1号になって欲しいといわれていたといい，その成果は各省庁がモデルとして紹介されているように，法律の目的と商店街の計画の目的と方法が政府の政策意図と完全に一致していた．つまり，中心市街地活性化法の施行前ではあるが，中央政府と自治体の間で政策意図が異なり，中央政府と商店街組織との間の政策意図が一致していたのであり，政府部門内においても政策意図の変容がみられたといえる．

ただし，新中活における基本計画は第1期から第3期まで高松丸亀町商店街振興と丸亀町まちづくり会社が主体となる事業が継続的に計画・実施されていることから，この間の高松市と商店街組織の政策意図は一致していると考えられよう．以上のように，商店街組織は高松市との交渉を重ね，旧法の前決定過程で高松市の政策意図と融合をはかり，その後は中心市街地活性化基本計画の中心に位置づけられることになった．

3　長浜市によるコーディネーション

(1)　長浜市の調査目的と方法

滋賀県長浜市は中心市街地活性化のモデルとしても紹介されており，多くの研究者が調査対象としてきた．

まず，長浜市の中心市街地活性化の概要を述べていく．長浜市は1998年に中活法の基本計画を策定し，長浜商工会議所をTMOとした構想を実施した．新中活法の基本計画は，2009年に第1期計画を策定し，2014年に連続する形で第2期計画が認定されている．第2期計画は1年間延長して2020年3月に終了した．事業計画は経済産業省，国土交通省の支援措置を活用しており，内閣府，経済産業省，国土交通省で成功例として紹介され，内閣総理大臣も訪問している．さらに，まちづくり役場への視察件数も累計4000件を超えていることからもわかるように多くの実務家が関心を寄せている．その関心の多くは，株式会社黒壁と黒壁スクエア[13)]に対して向けられている．黒壁スクエア周辺は年間200万人前後の観光客が訪れるからである．

次に，研究者の調査対象となった黒壁についてである．黒壁は1988年に長浜市役所と民間企業8社が出資して設立した第三セクターである．黒壁は，それまで市内になかったガラスのショップや工房を設置して中心市街地を観光集客化させ，飲食やサービスの店舗を誘致するなど商店街の空き店舗を減少させた．つまり，黒壁は歴史的な街並みを生かしながら，ガラス文化を導入することで観光地化を牽引したのである．さらに，遊休不動産のリースやサブリースを担う「株式会社新長浜計画」，商店街観光マップの作成や視察事務局を担う「NPO法人まちづくり役場」などを設立した．このように黒壁はTMOが期待された機能を果たしたのであり，長浜市も次第に黒壁を中心市街地の主体の中心に位置づけたのである[14)]．このような黒壁の機能に対して矢部［2000］，稲葉［2004］，一岡・鳴海・加賀［2008］，角谷［2009］[15)]，諸富［2010］，大橋［2017］，平松［2018］ほか多数の研究がおこなわれた．いずれも，黒壁と中心市街地の観光集客化に関する研究であった．

長浜市における政策意図の変容の有無について話を戻すと，長浜市は事業計画に対してどのような支援措置を活用したか，黒壁が主体となった事業計画の特徴は何か，長浜市が黒壁にどの程度介入したか分析していく．また，長浜市は基本計画を策定する際に黒壁の財務状況を改善すべき課題に直面したため，「株式会社黒壁中期経営計画」を策定して財務内容の改善も同時に目指した．そこで，この計画を担当した手﨑俊之（長浜市市民協働部市民活躍課）をキーパーソンと想定し，当時の担当者の視点から黒壁の事業計画に対してどのように働きかけたか分析していく[16]．聞き取り調査は事前に質問内容を送付して面接時に追加の質疑応答をおこなう半構造化面接法を用いている．

結論として，長浜市は中心市街地活性化基本計画を策定した際の政策意図と事業計画を実施しようとした際の政策意図を比較し，事業計画が変容したかどうかという点を明らかにしていく．その際，黒壁の課題と解決策がどのように持ち込まれたか，そして黒壁と市役所の連携がどのようにおこなわれたか，追加のインタビューを用いながら検証を進めていく．

（2）長浜市の中心市街地活性化基本計画

長浜市は，長浜市中心市街地活性化基本計画（第1期5年間）を2009年6月に策定した．その方針では，基本的な課題として① 中心市街地に高層マンションが進出して歴史的な街並みを壊すと危惧される点，② 中心市街地の商業は，観光客が対象となり，住民にとって魅力を感じなくなっている点，③ ガラス工芸を中心とした黒壁事業は絶えざる発展が必要である点の3点をあげている［長浜市 2009b：39］．それに対応するべく，観光客を増加させるよりも，地域資源に根ざしつつ，新しい文化を創造して都市の魅力向上を図ろうとも述べている．その結果，「博物館都市構想」の理念「長浜らしさを生かして美しく住む」を引継ぎ，「博物館都市構想・ステージⅡ長浜らしく美しく，暮らし，働き，過ごす」をコンセプトに据えた．この方針は，第1期と第2期を通貫しており，数値目標もほぼ同じ項目である（**表2-4**参照）．数値目標のフォローアップはすでに完了しており，第1期と第2期を通じて「歩行者・自転車通行量」は計画前より減少，「宿泊者数」は増加，「居住人口」は減少という結果であった[17]．

中心市街地の範囲は，旧基本計画（1998年策定）と類似しているものの，約125haから約180haへと1.5倍ほどになり，東側と南側に広がっている．東側に広がったのは，長浜市役所の旧庁舎の建替え，新庁舎を建設するなどの事業を含むためであった．南側は町家型共同住宅整備を目的として拡張している．

表2-4　長浜市中心市街地活性化基本計画における目標数値

第1期 2009年6月〜2014年3月	第2期 2014年4月〜2020年3月
歩行者・自転車の通行量 32,240人→32,700人	歩行者・自転車通行量 35,018人→36,800人
宿泊者数 309,300人→339,000人	宿泊者数 410,000人→420,000人
中心市街地の居住人口 10,672人→11,000人	市全体に占める中心市街地の居住人口の割合 8.04%→8.17%

出所：長浜市中心市街地活性化基本計画最終フォローアップから引用.

旧来からのエリアでは，駅前再開発[18]と郵便局跡地の整備，町家再生型まちなか居住プロジェクト（古民家単位でリフォーム[19]），やわた夢生小路商店街活性事業[20]，黒壁スクエアおよび中心商店街魅力強化事業を計画した.

黒壁スクエアおよび中心商店街魅力強化事業の特徴は，①長浜市は歴史的・文化的資源として町衆自治の城下町であり，同時に門前町，宿場町，文明開化の町としての側面も持つ点，②主要な5つの通り（北国街道，博物館通り，ながはま御坊表参道，ゆう壱番街，大手門通り）を景観形成重点区域[21]に指定している点があげられる．そして，黒壁店舗に関わる事業としては，店舗のリニューアルや通路整備に加え，黒壁のガラスが地域資源として発展するのを目指したコンペティションによる作品の設置も計画した.

また，長浜市は中心市街地において都市再生整備計画を「長浜地区（2004-08年度)」,「長浜まちなか地区（2010-14年度)」,「長浜中心市街地地区（2015-19年度)[22]」の3度策定している.「長浜地区」は,「まちづくり交付金事業」を用いて駅舎および駅ビル整備をおこなった．また，都市再生整備計画は，中心市街地活性化基本計画に認定された事業の場合，交付率や補助率が高くなる．そのため,「長浜まちなか地区」,「長浜中心市街地地区」はいずれも中心市街地活性化の事業計画に位置づけられている.

（3）黒壁に関わる事業計画

長浜市の第1期基本計画では，黒壁の事業が2度に分かれて実施されている．そこで，第1期①と第1期②[23]に分けて論じていく.

第1期①における黒壁の事業は，通路の整備，店舗リニューアルであった．まず，2010年に路地のような通路を整備した「季織の小径」は，黒壁が所有する土地と一部が借地であった．これを新長浜計画が貸借して事業主体となって整備している．季織の小径に面した14號館「カフェレストラン洋屋」を増床し，17號館「ラッテンベルグ館」を移転させた．さらに，2011年には6號館「ギャラリー・マヌー」と隣接するインフォメーションの間の壁を取り除くなど改築・増床し，店舗の名称も「青い鳥」に改称した．以上の事業は，黒壁の施設であるが，新長浜計画が事業主体となり，実施した事業であった．なお，新長浜計画は，2010年に古民家を宿泊施設に改装して駐車場にもホテル兼レストランを併設した「季の雲」[24]，ロマネスク館をリニューアルして滋賀県産の生鮮品や土産物を扱う「長浜まちの駅」を整備するなど，合計14件をリニューアルしている．

第1期②における黒壁の事業は都市再生整備計画のもとで店舗をリニューアルした．第3章第3節で後述するが，店舗のリニューアルは支援措置を用いない事業も含まれている．まず，黒壁は15號館「クルブ」を雑貨店に改装してきたが，2013年10月に「モノココロ（MONOKOKORO）」として営業を開始した．同年12月，5號館「札ノ辻本舗」は，長浜観光物産協会との共同店舗であったが，共同経営を解消し，「黒壁 AMISU」としてリニューアルした．さらに，「長濱オルゴール堂」を閉鎖し，黒壁ガラス館2階に一時的に移転した[25]．2014年2月，黒壁は2號館「スタジオクロカベ」を「黒壁ガラススタジオ」としてリニューアルした．同年4月，「黒壁ガラス体験教室」を「黒壁体験教室」に名称変更し，新棟建設とリニューアルをおこなった．同年5月に10號館「黒壁美術館」[26]をレストラン「Biwako French ROKU」にリニューアルしてオープンした．なお，黒壁美術館の展示品は30號館「長浜アートセンター」[27]などの企画展等に用いることになった．6月には18號館「カフェパクト」を「96CAFE」に名称変更している．

以上のように，第1期①と第1期②では，長浜市の事業計画は空き店舗および既存店舗のリノベーションを67件実施したが，黒壁の11店舗が含まれており，その内7件に支援措置を用いている．また，第1期①の支援措置は，経済産業大臣の認定による戦略補助金を活用した．第1期②は，社会資本整備総合交付金（都市再生整備計画事業：地方都市リノベーション事業）を活用した．

なお，第2期の事業計画は，新長浜計画が所有するPOWビルと周辺店舗を含む「元浜町13番街区第一種市街地再開発事業」[28]であり，組合事務局も新長浜計画が務めていた．黒壁に関連する店舗は，黒壁グループ協議会の29號館「海

表2-5　ハード関連の支援措置の活用

期間と主体	事　業	支援措置
第1期① 2009-11年度 株式会社新長浜計画	計14箇所の改装・新築 内：黒壁3店舗改装，季織の小径整備，御旅所駐車場改装	特定民間中心市街地活性化事業計画認定（2009-11年度） 戦略的中心市街地商業等活性化支援事業補助金（中心街再生事業）
第1期② 2012-13年度 株式会社黒壁	黒壁4店舗改装（5號館2棟は1店舗として扱う）	社会資本整備総合交付金（都市再生整備計画：地方都市リノベーション事業）
第2期 2015-19年度 元浜町13番街区市街地再開発組合，合同会社長浜エリアマネジメント	市街地再開発事業（黒壁グループ協議会1店舗含む）	社会資本整備総合交付金（市街地再開発事業） 特定民間中心市街地経済活力向上事業計画認定 地域まちなか活性化・魅力創出支援事業費補助金

注：第1期は，事業主体と事業目的が異なるため，第1期①と②に分けて表記していく.
出所：長浜市中心市街地活性化基本計画最終フォローアップから引用.

洋堂フィギュアミュージアム」が含まれていた．支援措置としては，国土交通省の社会資本整備総合交付金（市街地再開発事業），および，事業計画は経済産業大臣の認定を受けて補助金等を活用している（表2-5）.

（4）黒壁のリニューアルと経営方針の刷新

当初，第1期①は黒壁が事業計画の主体になることを想定していた．しかし，黒壁の財務状況が悪く，新長浜計画を主体にした経緯がある．第1期②の都市再生整備計画「長浜まちなか地区」において黒壁は既存建物建設事業（地方都市リノベーション推進施設）で主体となった．黒壁が事業主体になれた背景には，経営方針の見直し，財務状況の改善などで長浜市が強く関与している．そこで，長浜市による黒壁への関与について確認していこう.

2012年10月に25期第5回取締役会にて「中期経営計画」が示された．これは長浜市から黒壁に出向した手﨑俊之による作成である．計画は，2012-16年度まで5年間で黒壁の店舗をリニューアルし，同時に財務状況を改善する方針をもっていた．この直近となる2011年度は経常利益3552万円であり，繰越利益剰余金の累計が▲1億7569万円であり，当面の経営には支障がないように見られていた．また，2012年3月時点において，黒壁のバランスシートは資産合計9億4612万円，負債合計6億8181万円で資産超過であった．しかし，バランスシートは，販売不能な商品，減価償却の不足額の充当，美術品の時価の見直し，

表2-6　黒壁直営店のリノベーション事業計画予算案

現状（2013年時点）	改装後（事業内容）	改装の内容	投資予定額
10號館 黒壁美術館（美術品展示）	**Maison de K. K.（フレンチレストラン）**	**改装**	**10,000万円**
体験教室（ガラス体験）	**体験教室増築 /1F レストラン厨房**	**新築**	**6,000万円**
18號館 カフェパクト（飲食）	96Cafe（飲食：セルフサービス）	改装，一部新築	4,000万円
11號館 洋屋（飲食）	*Wiki Café（飲食：セルフサービス）*	*改装（内装のみ）*	*2,000万円*
6號館 青い鳥（ガラス商品販売）	Gallery AMISU（一流作家の個展）	改装（内装のみ）	2,000万円
5號館 札ノ辻（東館：ガラス販売）	**札ノ辻本舗（メーカーガラス展事販売）**	**改装（内装のみ）**	**1,000万円**
5號館 札ノ辻（西館：ガラス販売）	**黒壁 AMISU（地元産商品販売）**	**改装（内装のみ）**	**1,000万円**
1號館 黒壁ガラス館（ガラス販売）	*変更なし（2階床改修工事）*	*改装（修理のみ）*	*1,500万円*
2號館 スタジオクロカベ（製作販売）	**黒壁ガラススタジオ（名称変更）**	**改装**	**2,000万円**
17號館 ラッテンベルグ館（ガラス販売）	長濱オルゴール堂（オルゴール販売）	改装（内装のみ）	1,500万円
15號館 クルブ（ガラス販売）	ミスラニアス（雑貨店に変更）	改装しない	0
その他	工房機器の購入		1,250万円
	合計		32,250万円

注：太字は支援措置を受けた事業，斜体は実施しなかった事業，網かけは対象外.
出所：筆者作成.

美術品の買戻し特約の引当金などの計上がなかった．そこで，中期経営計画はバランスシートの修正を指摘し，それに加えていくつかの大きな課題も示したのである．

まず，長期的にすべての店舗で売り上げが減少傾向にあり，店舗の魅力を強化しなければならない点である．例えば，黒壁ガラス館は，単体として毎年5000万円以上の経常利益を出しているものの，売上は1998年度をピークとして減少傾向のままとなっていた．つぎに，会社経営の後継者がいない点である．社長の髙橋政之は高齢であることから，中長期的に経営陣を若手に切り替えなければならない課題も抱えていた．さらに，後継者には経営において徹底的な合理化をはかりながら，ガラス事業および店舗ハード整備に投資する手腕も必要とされた．なお，その成果は地域に還元することも盛り込まれていた．

黒壁理事会と長浜市はこの計画を実践できる人材を公募し，弓削一幸が社長に就任した．弓削一幸は長浜市の「中期経営計画」を刷新して2013年4月29日に「再建計画書（黒壁ルネッサンス）」を発表した．計画書はバランスシートを修正しており，資産合計7億1968万円，負債合計7億4552万円となって約2584万円の債務超過であることを示した．また，黒壁が経営困難な状況に陥っているのは，「マーケティング力・企画力等の脆弱さ等により収益力が低下し，過剰債務を抱え込んだままとなっており，元本返済および金利負担」が問題であると指摘した．さらに，「黒壁らしさ」を追い求めるロジックがない点，ターゲットに向けた商品が著しく少ない点，ガラス職人のレベルが低く，他のガラス観光地域と差異化できていない点，店舗間も差異化がない点（コンテンツポートフォリオ問題），美術館経営の構造的な問題点，岩手県江刺市の投資回収が困難な点，直営カフェのレベルが低い点などを指摘している．

一方，弓削一幸は「脱ガラスのブランド確立」，「美術館からの撤退（高級レストラン）」の目標を掲げ，経営の黒字化は可能だとする方針を示した．計画の骨子は，長浜市5000万円と民間企業5000万円で計1億円を黒壁に増資し，国の支援措置を活用した3.2億円規模の事業で直営店をリニューアルし，全体の収益を改善させる狙いであった（表2-6）．さらに，金融機関との折衝によって金利負担を圧縮し，不動産賃貸での条件見直しを含め，事業計画の完成年度以降は収支の大幅な改善を想定していた．

（5）　長浜市による黒壁への関与

次に長浜市による黒壁への関与についてみていこう．黒壁は民間企業の出資者が実質的な経営にあたることを1988年の設立当初から慣行としてきた[29]．しかし，長浜市は黒壁の財務状況の悪化を懸念し，2011年度以降は副市長を黒壁の副社長に据え，経営状態を厳しくチェックする体制を敷いている．それは，長浜市では，2012年3月に「長浜市予算執行に係る市長の調査等の対象となる法人の範囲を定める条例」を制定し，調査対象となる法人の範囲が「市の出資比率2分の1」から「市の出資比率4分の1」に変更になったからである[30]．

2012年に長浜市は黒壁の経営および中長期の計画を実行できる人材（経営者）を公募してはどうかと黒壁の取締役会で提案した．その前提として，髙橋政之は会長として経営上の相談にのること，金融機関からの債務保証は継続すること，新社長は黒壁店舗をリニューアルして経営計画の方針を実現することを確認した．公募の結果，弓削一幸が2013年２月に社長に就任する．弓削一幸は，長浜市の地域経営改革会議委員を務め，黒壁理事や市長からも推薦する声が多く，実質的に一本釣りに近い採用であった．黒壁は，弓削一幸のもと前述の方針を掲げ，黒壁店舗の収益性の改善とリニューアルを同時並行で進めたのである．

黒壁店舗のリニューアルに用いる支援措置は，都市再生整備計画（長浜まちなか地区）による補助金を活用することが決まっていた．北川雅英（当時：商工振興課課長）によると，都市整備推進課配属時に担当した駅前再開発を商工振興課に異動した後も継続して担当し，そこで黒壁の事業も都市再生整備計画に盛り込んだという[31]．この都市再生整備計画事業による駅前再開発は２段階に分かれて事業が実施されており，2004-08年に駅舎の建替えを含む事業計画（長浜地区），2010-14年に前述の黒壁を含む事業計画（長浜まちなか地区）として実施している．なお，長浜まちなか地区の区域は，中心市街地活性化基本計画の区域と完全に一致している．第１期②における黒壁の整備は，社会資本整備総合交付金（地方都市リノベーション事業）を活用しており，国の交付金と長浜市からの支援を活用し，総額２億2200万円の事業を実施した[32]．なお，この事業には黒壁の増資が充てられておらず，増資１億円は並行して実施した複数店舗のリニューアルに用いた[33]．

以上のように，長浜市は店舗のリニューアルによる収益構造の改善を目指しており，同時に社長を交代して運営体制を見直したのである．また，そのことは中心市街地活性化基本計画および都市再生整備計画を実施することにより，中心市街地の魅力を向上するだけでなく，黒壁の財務状況の改善を目的としていたといえる．

（6）　中心市街地活性化の目的と黒壁の経営方針の整合

長浜市は，手﨑俊之を黒壁に出向させ，黒壁の経営計画を策定し，同時に財務状況の改善を目指した．その後，前述のように弓削一幸が社長に就任して黒壁の経営方針や店舗のコンセプトを大きく転換するべく，再生計画案を策定しようとしていた．その特徴は，ガラス文化やガラスの販売を根本的に見直し，新たなブランドを構築しようとする前提に立っていた．黒壁の売上は約７割をガラス製品や体験などで構成していたが，黒壁ガラス館のガラス販売やガラススタジオの閉鎖も含む，ガラスからの撤退も想定していたという．

しかし，ガラス工芸の発展は長浜市中心市街地活性化基本計画にも記載があるように中心市街地活性化の目的を具現化する手段に位置づけられていた．つまり，弓削一幸の方針は長浜市の中心市街地活性化の目的とは異ならないものの，その手段について大きな隔たりがあったのである．さらに，黒壁ガラス館という名称で滋賀県下の観光地としても知られており，ガラス館のある街並みを求めるニーズも非常に大きかった[34]．そこで，弓削一幸の計画をガラス文化や販売を含む方向へ誘導する役割を手﨑俊之が果たしたと考えられる．そこで，手﨑俊之のコーディネーションについて確認していこう．

手﨑俊之は，長浜市役所商業観光課に所属し，企画室（市長直属）も兼務していたことから黒壁へ出向した．長浜市は2012年に黒壁の財務状況の改善に乗り出し，2012年10月に「中期経営計画」を策定する．この計画は手﨑俊之が一人で作成したものであった．また，手﨑俊之は黒壁に出向して金融機関との交渉，店舗のリニューアルに関わる投資のすべてに関与し，会社の財務面を管理してきた．

一方，弓削一幸は社長就任前に中期経営計画を確認した際も，ガラス文化の追及を止めるべきであると開口一番に発言していた．弓削一幸はガラス事業を廃止し，文化事業から撤退する方針を持っていた．それは，ガラス事業全体が赤字の温床になっており，さらに薩摩切子，北一硝子など他のブランドと比べて競争力が弱いことから，歴史的な街並みを生かした飲食と土産物の商品開発を想定していたからであった．

弓削一幸は幾度となく手﨑俊之にガラスをやめようと持ち掛けたが，手﨑俊之は常にガラス事業を無くすことに反対したという．弓削一幸からガラスにこだわる理由を尋ねられた際にも，中期経営計画で筆頭の目的に掲げたガラス文化の追及は継続するように強く働きかけた．ただし，手﨑俊之はガラス美術館が経営の大きな負担になっていることから赤字を解消するために店舗の単位の変更は必要であると考えていた．その点は，弓削一幸の意見とも一致しており，黒壁美術館をフレンチレストランにリニューアルする計画を肝いりの事業として練り上げていくことになる．

結果として，弓削一幸が作成した再生計画においてもフルラインのガラスの販売やオリジナルガラスの製作に関する項目が残ることになった．換言すれば，手嶋俊之は再生計画にガラス事業を残す方針を持たせたのであり，黒壁は基本計画でガラス文化の追及という手段を継続したといえる．

（7）中心市街地活性化基本計画による黒壁経営の変化

ここからコーディネーションの視角から分析を加えていく．まず，長浜市の中心市街地活性化基本計画では，第1期で黒壁の直営店8件の改装，駐車場と通路を各1カ所の整備に支援措置を活用してリニューアルをおこなった．それを契機として黒壁は経営方針や経営手法を大きく転換していく．そこで，財務状況の改善，ガラス以外のブランド構築，経営体制の刷新，不動産管理と黒壁グループ協議会の見直しについて分析していこう．

第1に，財務状況の改善についてである．黒壁は2013年7月に1億円増資（長浜市5000万円，民間企業5000万円）した．そして，2014年に中心市街地活性化基本計画および都市再生整備計画において事業を実施し，3億円以上の投資をおこなった．前述のように8店舗を改装したのだが，これによって実質的な債務超過を解消して資産超過となった．その後，2013年度，2014年度はリニューアル中のために最終利益は赤字となったが，2015-18年度は黒字となった．2019年度は新型コロナウイルス感染症の影響によって赤字であったが，ここまでの時点では中期的な財務状況の改善は達成されたといえよう．

第2に，ブランドについてである．黒壁は創業以来，黒壁ガラス館をはじめとして黒壁美術館，体験工房などガラスの販売と製作に傾注したブランドを構築してきた．弓削一幸は，再生計画の前提としてガラスからの撤退を提案していた．ガラスギャラリーを整備しながらもガラスを相対的に縮小していく方針を持ち，黒壁美術館（ガラス）を「Biwako French ROKU（フレンチレストラン）」にコンバージョンした．ただし，レストランは直営が困難になって飲食店にリースすることになり，カフェのコンセプト変更後も好転せずに元の形態に戻っていくことになった．一方，地元産商品を販売する「黒壁 AMISU」を設立した．これは，黒壁のブランド拡張という方法をとっている．また，実験的な雑貨セレクトショップ「MONOKOKORO」をオープンさせた．この店舗は，社員の発案を具現化，2019年から新ブランドとして位置づけが大きくなっている．

第3に経営体制の刷新である．2015年3月弓削一幸の退任により，髙橋政之が社長に就任した．弓削一幸が5年計画の2年間で退任したのは次の理由が考えられる．まず，肝いりのフレンチレストランはシェフを招き，パティシエも招致したが，短期間にレストラン経営から撤退することになった．その後，レストランは地元企業にリースし，現在に至っている．次に，第1期事業で新長浜計画が整備した施設を変更した際に軋轢が生まれ，のちに裁判にまで発展した．この裁判は社長退任後も続いた．さらに，社長としての勤務が週1日と短く，リブランディングなどの理念を社員と共有することが困難であったことなどがあげられる．

第4に黒壁グループ協議会の変化である．黒壁グループ協議会は，2008年12月時点で30店舗であり，直営店11，共同2，その他17であった．2020年8月時点で22店舗であり，直営店8，共同0，その他14である．このように店舗数はいずれも減少している．なお，黒壁グループ協議会から脱退した3店舗は現在も営業を続けている．なお，サブリースは増加しており，その他の店舗の中でリースとサブリースの合計は5店舗から7店舗に増えている．さらに，黒壁グループ協議会を脱退した店舗の中にも，黒壁がサブリースしている2店舗があるため，現時点では9店舗となっている．このように黒壁は直営や共同経営を見直し，テナントリーシングの事業を増加させたのである．

（8）　黒壁の事業におけるコーディネーション

ここからコーディネーションの視角から分析を加えていく．では，第1期②について黒壁の事業計画の策定に関わるコーディネーションを時系列で分析していこう（表2-7）．

黒壁の事業は都市再生整備計画の都市リノベーション事業として社会資本整備総合交付金による支援措置を受けている．2010年に都市再生整備計画（長浜まちなか地区）を策定していたが，2012年度の補正予算で地方都市リノベーション事業が創設されたため，計画を変更して黒壁の整備を加えたのである．この過程では，北川雅英が地方都市リノベーション事業を用いることを決めたが，その理由は黒壁の整備にとって地方都市リノベーション事業が最適な支援措置であったからだという．北川雅英は2004年の都市再生整備計画（長浜地区）の担当者であり，都市計画課から商工観光課に異動しても同計画を担当していた．そのため，都市再生整備計画（長浜まちなか地区）の目標および数値目標の2点は中心市街地活性化基本計画と同様であり，地区の範囲も一致している．

黒壁の社長交代は，弓削一幸が候補として絞り込まれた．その過程では弓削

表2-7　コーディネーションにおける情報の流れ

内　容	コーディネーションにおける情報の流れ
支援措置の活用	都市再生整備計画・中心市街地活性化基本計画 → 北川雅英 → 黒壁
黒壁の社長交代	長浜市（含：市長・藤井勇治）→ 取締役会 → 髙橋政之 → 弓削一幸
ガラス事業の方針	中期経営計画（長浜市）→ 手﨑俊之 → 再生計画（弓削一幸）
金利負担の圧縮	黒壁 → 手﨑俊之 → 髙橋政之 → 金融機関（保証人）
リブランディング	黒壁社員 → 弓削一幸 → MONOKOKORO（雑貨セレクトショップ）

出所：筆者作成.

一幸は長浜市の出身者であり地域経営改革会議委員でもあったことから，市長を含む長浜市役所内で有力候補として白羽の矢を立てていた．そこで長浜市は黒壁の取締役会で人物を紹介したところ賛成と同意が多く，髙橋政之も同意したため，社長就任が決まったという．ただし，髙橋政之は取締役会長に就任し，社長の相談役に加え，債務保証の責任者の役割も継続することを決めた．

黒壁はガラス事業から撤退するかどうかという方針について再生計画を立案する過程で検討がおこなわれた．その過程では，前述のように手﨑俊之がガラス事業からの撤退に強く反対したことで再生計画においても継続することになった．すなわち，長浜市中心市街地活性化基本計画の目的と手段は黒壁の事業で変容しなかったといえる．黒壁は低価格帯から高価格帯までのフルラインのガラスの販売やオリジナルガラスの製作を継続した．

黒壁は直営店舗をリニューアルして魅力向上をおこなうが，それと同時に財務状況を改善する必要があった．金融機関との交渉は，金利引下げ，改装時運転資金融資，政府系金融機関に一括返済などが含まれるため交渉が非常に困難な内容であった．また，金融機関への借換融資，利息金利の引下げは，黒壁にとって欠かすことにできない重要な課題であった．資金の借換では，髙橋政之が黒壁と金融機関との間に立ち，解決をはかった[35)].

弓削一幸は，黒壁 AMISU（黒壁限定の長浜市産商品）を設立し，MONOKOKORO（雑貨セレクトショップ）を有志の社員に実験的に実施させるなど，リブランディングに邁進した．その過程では，長浜観光物産協会との共同事業の解消や，さまざまな雑貨店を試行錯誤で入れ替えながら事業を黒字化してその後も成長させてきた．2020年，黒壁は AMISU，MONOKOKORO，KUROKABE（ガラス事業）の３つをストアブランドに位置づけた[36)].

（9）小　　活

長浜市の事例で黒壁は中心市街地活性化基本計画において主に店舗のリニューアルをすすめてきた．その際，第１期①は経済産業省（主体は新長浜計画），第１期②は国土交通省（主体は黒壁），第２期は国土交通省（主体は再開発組合）と経済産業省（主体は合同会社）の支援措置を活用した．第１期①，第１期②，第２期を通じて経済産業大臣の認定が２件，経済産業省の補助金が２件，国土交通省の交付金が２件であった．

特に，第１期②における黒壁の事業は，長浜市が関与して計画をすすめた．その過程では，長浜市が主導して黒壁の中期経営計画を策定し，それを実行できる人物を外部から招いて社長に据えた．その後，長浜市の中心市街地活性化基本計画の手段としてガラス事業を維持するかどうかで意見が分かれたものの，ガラス事業を継続することが決まる．黒壁ガラス館はこの20年間において滋賀県下の観光地で常に１位と２位を行き来してきたように，すでに地域ブランドとして一定の認知度と集客を得てきたからであった．黒壁がガラス事業から撤退した場合に既存のブランドを毀損する可能性が高かっただろう．つまり，黒壁店舗のリニューアルは，中心市街地活性化の目的を実現するため，ガラス事業の手段を維持して大きなリスクを避けたのである．このように長浜市の中心市街地活性化基本計画と民間部門との間で政策意図の変容はなかったといえる．

また，長浜市中心市街地活性化基本計画は黒壁の経営を大きく転換させた．黒壁はリニューアルに伴って増資し，支援措置を活用するなど財務状況を改善させた．リニューアルの効果は，2015年度から４期連続で経常黒字になったことからも示されている．また，「MONOKOKORO」，「黒壁 AMISU」の店舗営業が軌道に乗ったことから，2020年には新ブランドとして確立しようとしている．ただし，黒壁はリースやサブリースを用いるケースが増え，黒壁直営店は減少傾向にあることも示されており，黒壁グループ協議会の会員数とイベント数も縮小均衡にあるため，課題は少なくないだろう．

最後に今後の課題について述べておく．まず，長浜市の計画について市職員の視点でコーディネーションを分析したが，新長浜計画や長浜まちづくり会社など他の事業主体の目線，地域住民や観光客など消費者の目線であれば異なった結果を得たかもしれない．また，第１期と第２期の計画を通じて中心市街地活性化の数値目標は，通行量が減少し，宿泊客は増加していた．観光客でいえば，宿泊者が増加し，日帰り客が減少した訳であるが，その経済効果を総合的に検証する必要がある．これらの課題は今後の研究で明らかにしていきたい．

4　青森市中心市街地活性化協議会におけるコーディネーション

（1）青森市中心市街地活性化協議会の特徴

青森市は，1999年にコンパクトシティを都市計画マスタープランの中に位置づけた点にもっとも大きな特徴がある．青森市は，日本で初めてコンパクトシティを謳った自治体であり，郊外の市街化の拡大とともに中心市街地の空洞化が起こり，同時に拡大した市街地は特別豪雪地帯で冬季の除雪費用が増大するという課題を抱えていた．この課題を解決するために，青森市はゾーニングによる開発コントロールと中心市街地活性化基本計画で空洞化に歯止めをかけようとしてきた．

コンパクトシティはアメリカの都市研究で類型化する手法として用いられ［山本 2006］[37]，ヨーロッパでは持続可能な開発（sustainable development）を前提とする望ましい都市像［海道 2001］[38]として用いられてきた．また，山本［2006］はコンパクトシティには都市形態のコンパクト性と計画性の２つの要件が必要であると指摘しつつ，青森市の計画は人口減少社会に転じた中で新たな都市の指針を示していると評価している．そこで，青森市はコンパクトシティをどのように政策に位置づけてきたか確認しよう．

青森市のコンパクトシティは，佐々木誠造が青森市長時代（1989-2009年）に政策理念として掲げ，徐々に都市計画や中心市街地活性化基本計画に浸透していった．その切っ掛けは，佐々木誠造が青森商工会議所副会頭時代に青森商工会議所雪対策委員会（後に「北国のくらし研究会」へ改称）を立ち上げて活動を続けていくなかで，1988年に石原舜介の講演で雪国の都市づくりは「コンパクトシティ」であるべきだと強調したからであったという［佐々木・NPO 青森編集会議 2013］．そして，1992年１月にカナダのモントリオールで開催された第５回北方都市会議で佐々木は「われわれのゴールはコンパクトシティをクリエイトすることだ」と主張し，「青森市はすでに社会資本が整備されている旧市街に，人々が戻り住む『コンパクトシティ』をまちづくりのコンセプトにしている」と宣言した［山本 2006］．牧瀬［2019］によると，新聞社の主要４紙（朝日，産経，毎日，読売）でコンパクトシティが初めて記事になったのは1997年４月で青森市についてであり，その内容はまさに佐々木市政の政策理念を取り上げる内容

であった.[39]

青森市は1996年3月の長期総合計画「わたしたちのまち青い森21世紀創造プラン」[40]を皮切りに都市計画マスタープラン，中心市街地活性化基本計画のなかでコンパクトシティの形成を政策理念に掲げ，その政策領域を徐々に変化させてきた．宇ノ木〔2017〕は，青森市はコンパクトシティを政策理念として掲げるが，政策領域は雪害対策だけではなく，住宅，交通，商業政策など様々な分野に拡大してきたことで全国的にも高い評価を受け，2007年に新中活法の基本計画で第1号認定になったと指摘する．ただし，青森市民によるコンパクトシティ政策に対する評価は，複合商業施設アウガの深刻な業績不振が表面化したことで変化した．青森市が約23億3000万円の債権を約8億5000万円で取得し，支払利息を軽減するなどの支援を決定した際に市議会での意見も賛否が分かれたからである．そして，2009年に青森市長選で鹿内元市長が誕生した際にそれが決定的となる．鹿内元市長は政策理念を継承するが中心市街地偏重ともとれる事業の進め方の見直しを指示した．

このように，青森市はコンパクトシティを政策理念に掲げたことで注目を集め，新中活法の基本計画がいち早く認定されるなど，研究者や実務家に広く認知されてきた．ただし，青森市の中心市街地活性化基本計画は，当時の青森市政，商店街組織のリーダー[41]，市職員の省庁への出向と省庁からの受け入れなどタウンマネジメント体制を分析した研究はこれまでにない．そこで，青森市中心市街地活性化協議会における多様な主体の連携を解明すべく，主体間の役割に限定し，関係者への聞き取り調査をおこなった．調査は，2010年8月22～27日，12月26～28日の期間で，10以上の団体・個人を対象に実施した.[42]

青森市中心市街地活性化協議会は，2006年11月に設置され，商店街，行政，商工会議所，研究者，民間事業者など多様な会員から成り立っており，青森商工会議所が事務局を務めている．その特徴は，TMO青森（2000年設立）から事業を引き継ぎつつ，タウンマネジメント会議を設置してタウンマネジメントの体制を維持し，事業主体を支援するためにハード事業やソフト事業に対する助言や提案をおこなうなど，企画調整の役割を担っている点にある．

当初の青森市中心市街地活性化協議会は，青森市役所の石郷昭規，青森商工会議所の六角正人，青森市新町商店街振興組合の加藤博の3人が実務の中心を担っており，加藤は副会長を務めるなど実質的なリーダーであったという．3人は「三本の矢」とも称され，中心市街地活性化協議会での会議や打ち合わせ

表2-8　青森市中心市街地活性化基本計画における目標数値

第1期 2007年2月～2012年6月	第2期 2012年3月～2017年3月
歩行者通行量　59,090人→76,000人	歩行者通行量　74,048人→77,544人
年間観光施設入込客数 696,312人→1,305,000人	年間観光施設入込客数 1,117,370人→1,719,100人
中心市街地夜間人口　3,346人→3,868人	中心市街地夜間人口　3,547人→3,737人
空き地・空き店舗率　10.7%→8.8% 小売業年間商品販売額　685億円→685億円	空き地・空き店舗率　16.4%→13.1%

出所：青森市中心市街地活性化基本計画最終フォローアップから引用.

の前段階から商業者や民間事業者などの相談に応じ，所属機関の情報共有の窓口も兼ねていた．そこで，第1期中心市街地活性化基本計画の事業に着目し，中心市街地活性化協議会の機能において3人が果たした役割を分析していく．

それでは次に，青森市の中心市街地活性化基本計画の方針と目標について確認していこう．

（2）青森市の中心市街地活性化基本計画

青森市は1998年10月に旧中活法下で青森市中心市街地再活性化基本計画を策定した．中心市街地の区域は，「ウォーターフロントゾーン」，「ショッピング・カルチャー・サービスゾーン」，「官公庁ゾーン」，「ニューライフゾーン」など4つのゾーンと7つの核を定めた116.7haである．中心市街地の課題は「住む人を増やすこと」，「起業環境を整備すること」，「訪れる人を増やすこと」の3つに整理し，「ウォーカブルタウン（遊歩街）の創造」を目標に掲げ，具体的には「街ぐらし」，「街の楽しみづくり」，「交流街づくり」の方針を定めた．この計画では，青森駅前の再開発事業で複合商業施設アウガ，パサージュ広場，ミッドライフタワーなどを整備した．TMOは青森商工会議所が設置している．

青森市は1999年6月に「青森都市計画マスタープラン」のなかで「コンパクトシティの形成」を目指すことになる．都市計画では「インナー（既成市街地エリア）」，「ミッド（郊外エリア）」，「アウター（都市化の抑制エリア）」を定めた．そして，中心市街地活性化の必要性の根拠は「コンパクトシティ」に求めていくことになった．

2007年2月に認定を受けた青森市の中心市街地活性化基本計画（第1期）は，コンパクトシティを全面に打ち出している．ただし，その方針・目標はいずれも旧法を継承し，「歩いて暮らすことのできる質の高い生活空間」として中心市街地の再構築を目指した（表2-8）．①多くの市民が賑わう中心市街地（街の楽しみづくり），②多くの観光客を集客する中心市街地（交流街づくり），③歩いて暮らしやすい中心市街地（街ぐらし），④中心市街地の商業の活性化の4つを目標に設定し，それに対応して「歩行者通行量」，「年間観光施設入込客数」，「中心市街地夜間人口」，「空き地・空き店舗率」，「小売業年間商品販売額」の5つを数値目標に設定した．なお，青森市は富山市と共に改正法で内閣総理大臣が認定する初の自治体であった．

第2期は2012年3月に認定されており，第1期計画の目的と方針，中心市街地の区域もすべて同じであった．第2期計画は，方針や目標を変更していないが，数値目標の「小売業年間商品販売額」のみ削除されている．

（3）　青森市中心市街地活性化協議会の機能

中心市街地活性化協議会がどのような機能を果たしてきたのか，具体的に事業化の過程を見ていくことにしよう．まず，事例1はパサージュ広場に隣接する再開発事業であり，基本計画の実施主体はナサコーポレーション株式会社である．ことの発端は，地権者Aから六角に経営上の相談が寄せられ，六角から中心市街地活性化協議会の加藤と石郷に話が伝えられた．この時点では，再開発を打診したのではない．3人が中心となり，パサージュ広場との相乗効果をあげられる複合施設の設置や，パサージュ広場も一体的にリニューアルし，ソフト事業も民間企業と連携して実施する計画へと練り上げたという．パサージュ広場は，青森市が土地を所有し，その管理は商店街組織が出資する有限会社PMO（代表：加藤）が務めるように官民連携事業の範囲と規模を拡大したのである．結果として，再開発は民間企業であるナサコーポレーションが事業主体となって経済産業省の「戦略的中心市街地商業等活性化支援事業補助金（2005～2007年度）」を活用し，1～2階を飲食や小売の店舗とサテライトスタジオ，3階以上にホテルを整備し，テナントを誘致した．

次に，事例2は廃墟となったホテルの再生のため，温泉と立体駐車場を併せて新設した事業であり，実施主体は株式会社オオイリアルエステートである．もともとは，同社が立体駐車場を整備すべく補助金等の相談で青森市役所を訪ねたところ，石郷が担当者であったことから六角に相談し，中心市街地活性化協議会でホテル再生を盛り込んだ計画へと練り上げたという．そのため，当初

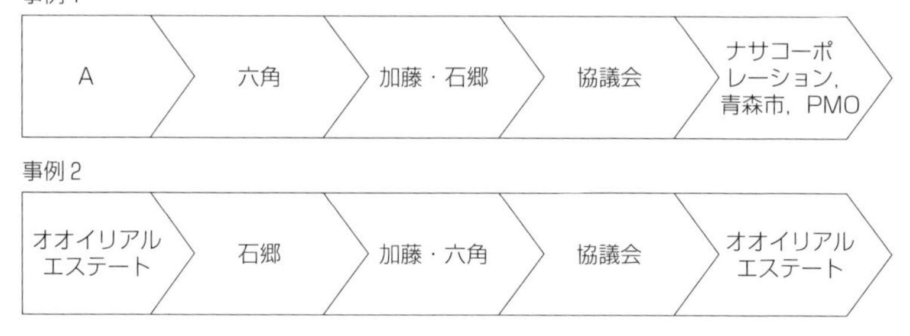

図 2－1　各事例における情報の流れ

出所：筆者作成.

は事例1のナサコーポレーションがホテル再生と温泉を設営し，オオイリアルエステートが立体駐車場を設営する予定であった．結果として，オオイリアルエステートがすべての事業主体となり，駐車場は直営しつつ，ホテルと温泉は他社に業務委託している．なお，この事業も「戦略的中心市街地商業等活性化支援事業補助金（2008～2009年度）」を活用した．

では，改めて3人が果たした役割について論じていこう（図2－1参照）．事例1は，結果から見ればAとナサコーポレーションを第三者の六角がつないだのであるが，その過程では，加藤，石郷，中心市街地活性化協議会での議論を経て，官民連携の範囲も規模も拡大させるような働きかけをおこなっていた．事例2では，結果から見ればオオイリアルエステートへの対応に終始したようであるが，単なる補助金の相談に終わらず，当初は想定していなかった事業を提案し，他の事業者との連携を築くことで本業とは全く異なる事業への参画へと導いたのである．このように，3人は個人間，組織間，セクター間での調整をおこなうなど，つなぎ役として機能したといえる．

（4）　コーディネーション機能の分析

前述の事例から，3人が果たしたコーディネーションの手順は，民間からの相談対応から始まり，3人での情報共有，新たな情報収集と共に計画の再構築をおこなった．その後，相談者に他の事業者を紹介し，同時に中小小売商への情報の開示と参加の呼び掛け，補助金など外部資源の確保に乗り出し，全国への情報発信をおこなっていた．それでは，コーディネーションの前提条件と中小小売商の役割について整理していく．

まず，コーディネーションの前提条件としては，3人の所属機関の持つ裁量によってコーディネーションに結びついただけでなく，個々の裁量と組み合わされていた点に特徴があった．例えば，商工会議所では，企業や金融機関に強いつながりがあるため，Aから経営相談を受けたのである．Aは商業者であったが，商店街組織や仲間の商業者に相談すべき内容ではなかった．また，市役所は，補助金や融資制度で支援できるため，オオイリアルエステートから相談を受けたようにそれぞれが所属する組織の裁量によってコーディネーションに結びついたといえる．一方，3人は毎日のように会って情報共有し，仲間意識を築いていたように，所属機関の裁量だけでなく，個々の裁量によるところも大きかったのである．

次に，中小小売商の役割は，事例1のように有限会社PMOを通じて広場再整備や創業者支援を同時並行的に企画し，「青森市まちづくりあきんど隊」の会議での意見交換やイベントに参画するなど，積極的に事業の推進を支援していた点にある．中小小売商達から見れば，直接的な補助を受けとれないばかりか，自らの商売にとって競争相手の増加を招くことになる．しかし，それだからこそ中小小売商の支援は事業の推進力となり，地域全体で合意形成を促すような役割を果たした．また，このような活動は，市役所や商工会議所にとっても，さまざまな利害対立の懸念を払しょくするようなリスクマネジメントになったといえる．ではなぜ，中小小売商がこのような役割を果たしたのか振り返ると，20年以上前，加藤博が若手とマーチャンダイジングの勉強会を通じて信頼関係を構築し，その後，若手をまちづくりに巻き込んでいったことがきっかけとなっていた．それゆえ，中小小売商の中から，まちづくりの目的を内面化した者も増えたのであり，現在のさまざまなイベントのリーダーを輩出したという事実にも示されているのである．

（5）小　　括

それでは，青森市の中心市街地活性化基本計画における政策意図の変容の有無について確認していきたい．上述のように，青森市は中心市街地活性化法以前からコンパクトシティを政策理念に据え，政策領域を拡張してきたが，佐々木元市長の宣言にもあるように中心市街地の問題は法律以前から継承したものである．さらに，前述2事例から第1期の中心市街地活性化基本計画の事業は青森市中心市街地活性化協議会および自治体，商工会議所，商店街によるコーディネーションが事業主体と計画を結びつけたことを示した．以上から，第1期計画の策定において青森市を含む政府部門と民間部門との間に政策意図の変容はなかったといえる．

青森市の成果は，事例で述べた宿泊施設だけでなく，東北新幹線の新駅整備，ねぶたの家ワ・ラッセの整備，青森駅舎の整備などもあげられる．なお，青森市は2009年に市長が交代したものの，第2期においてもコンパクトシティの政策理念は継承され，同時に事業の方針や目標も変更しなかったのも一定の成果が認められたからであろう．

ただし，第1期計画の最終フォローアップの結果をみると年間観光施設入込客数，中心市街地夜間人口は基準年を上回ったが，歩行者通行量，空き地・空き店舗率，小売年間販売額は基準年を下回った[43]．この計画期間にはリーマンショック，東日本大震災などもあり，景気や社会変動による影響を大きく受けたのも事実である．一方，青森市の人口は2000年の31万8732人をピークとして，2021年4月時点で27万6339人になっており，約4万人が減少している[44]．このように青森市の中心市街地活性化事業の成果は，都市の縮小とスポンジ化が同時に起こっているためにその判断が難しいことを考慮する必要があるだろう．

5　結　　語

それでは，新中活法の政策実施過程における政策意図の変容の有無とコーディネーションについてまとめていこう（表2-9）．

まず，政策意図の変容の有無についてである．高松市は，新中活法の中心市街地活性化基本計画において政策意図の変容はみられなかった．さらに，高松市が中心市街地活性化基本計画を策定した際は，商店街組織の計画がモデルとしても取り上げられたように政府の方針とも完全に一致していた．ただし，高松市の中心市街地活性化基本計画が策定される以前ではあるが，商店街組織が再開発計画を策定した段階では自治体の方針と合致していなかったのであり，都市計画の政策意図が自治体と商店街組織とで異なっていたといえる．長浜市と青森市も，新中活法の中心市街地活性化基本計画において政策意図の変容はみられなかった．いずれも，中活法以前にまちづくりや都市計画の方針が定まっており，大きな方針の変更は伴わず，事業計画を刷新する内容であった．ただし，いずれの自治体も内部では政策意図の変容をもたらす可能性のある議

表２-９　各事例におけるコーディネーションのまとめ

	高松市	長浜市	青森市
政策意図の変容の有無	無	無	無
キーパーソンの所属	商店街組織	市役所	市・商工会議所・商店街

出所：筆者作成.

論があったことも指摘しておきたい.

次に，コーディネーションについてである．高松市は，新中活法以前から商店街組織のキーパーソンたちが商店街再開発計画の策定，東京委員会の設置，駐車場の設営など調整役を果たしていた．新中活法下では，２つのまちづくり会社がＡ街区の実施計画とその後の管理において主体となったが，その調整にあたったのも商店街組織のキーパーソンたちであった．長浜市は，株式会社黒壁に関する事業について市役所が中期経営計画の策定に加わり，黒壁の観光集客の施設と財務状態を改善するための事業を中心市街地活性化基本計画に紐づけた．その過程では，市役所のキーパーソンが計画と財務改善にかかわる調整役を果たした．青森市は，青森市中心市街地活性化協議会の事例から商店街組織，商工会議所，市役所のキーパーソンが連携してコーディネーションをおこなっていた．３者は中心市街地活性化協議会を中心にしながらも，常に情報を共有しあうようなミーティングを重ね，担当職員がそれぞれの組織に派遣されるような柔軟性も発揮していた．

このように，政策実施過程におけるまちづくりの事例から，リーダーやリーダーシップだけでなく，商店街組織，商工会議所，市役所のキーパーソンによるコーディネーションが必要であることを示した．また，複数のキーパーソンが多様な主体間を橋渡しするようなコーディネーションも存在する．分析対象が限定されているものの，より多様な組合せが存在する可能性があるといえよう．ただし，コーディネーション機能の分析は，事例研究が足りておらず，コーディネーションの類型化ができていない．この点は，今後の研究課題としたい．

注

１）例えば，岡田［2000］は四国内の中心市街地活性化法と都市再開発政策を取材し，高松市の基本計画は商店街市街地再開発事業４事業が盛り込まれ点に着目し，特に

「高松丸亀町商店街市街地再開発事業」の権利変換などの工夫，居住環境整備を目指している点を紹介している．

2）古川康造（高松丸亀町商店街振興組合理事長）へのインタビュー（2006年12月，2011年12月，2017年２月の３回），明石光生（高松丸亀町商店街振興組合常務理事）へのインタビュー（2021年６月）を基に記述している．古川康造［2014］「高松丸亀町まちづくり戦略　まちづくりのための事業戦略・事業計画論」参照（https://www.machigenki.go.jp/images/stories/top/h26_lecture_document_furukawa.pdf，2018年４月20日閲覧）．

3）1990年代から高松市郊外にはショッピングセンターや専門店など多くの大規模小売店舗が出店している．イオン高松東店（1995年出店，当初：東高松ショッピングセンター，売場面積：３万4946 m^2，敷地面積：３万8000 m^2），ゆめタウン高松（1998年出店，店舗面積：５万4600 m^2，敷地面積：６万8938 m^2，延床面積：11万7000 m^2），イオンモール高松（当初：イオン高松ショッピングセンター，2007年出店，総賃貸面積４万7000 m^2，敷地面積11万1000 m^2，延床面積10万7000 m^2）のほか専門店も多い．なお，面積は2017年時点の数字である．

4）東京委員会とは，高松丸亀町商店街振興組合の再開発の会議を東京でおこなうことから名づけられた．多くの専門家が参加したことによって，定期借地権の活用，不動産の所有権と施設運営の分離，デザインなどの骨格が作られた．

5）合意形成にはさまざまなアイディアを用いている．全員が納得して利益を分配できるように土地所有者の配当金の比率を個々に決める「按分率」を用いた．また，土地所有者への配当は，「配当最劣後」として事業の責任を明確にした．

6）ただし，第２期の最終フォローアップは，「中央商店街の空き店舗率（全フロア）16.6％→17.8％」，「中央商店街における歩行者通行量（休日）13万1878人→11万8567人」，「市全体の人口に対する中心市街地の居住人口の割合4.8％→4.8％」であり，基準年度と最終年度を比較するとすべての項目で基準値を下回っている．一方，第３期のフォローアップは，「サンポートエリアにおける高次（広域）都市サービス機能の充実による誘客力の向上274万4000人→289万4000人」，「中心市街地の魅力発信による回遊性の向上（歩行者等通行量９万2639人→13万4038人，新規出店数18店舗）」，「拠点間交流と住環境の整備による地域価値の向上（中心市街地の社会動態△190人，ことでん３駅の乗降客３万1751人→３万3762人）」は概ね順調に推移している．

7）これらは「丸亀ルール」と呼ばれる．特に，2003年７月に高松駅周辺と丸亀町は都市再生緊急整備地域に指定を受け，都市再生特別地区の制度をＡ街区とＧ街区に適用し，壁面の位置と高さを定める代わりに斜線制限を適用除外にした．また，同街区は容積率の一部を移転している．

8）新建築編集部［2008］によると，デザインコードは福川裕一が中心となって商店街組織と共に作成したものであり，都市構造から建築まで全28項目から成り立っている．Ａ街区のデザインコードは，規制ではなく創造を促すものとなるように仕掛けられており，その後の商店街全体を再開発するために波及させていく役割も担った．

9）高松市［2013］「認定中心市街地活性化基本計画の最終フォローアップに関する報告」参照（https://www.city.takamatsu.kagawa.jp/kurashi/shinotorikumi/machidukuri/kasseika/chushin/1st.html，2021年９月７日閲覧）．

10）　総工費15億5000万円の内訳は，高度化資金10億円，市補助金3億円，自己資金2億5000万円であった．なお，高度化資金は利子補給制度を活用したため，自己負担は元金返済であった．商店街は，間口割り3000円／月の負担金と駐車場収入から15年間で返済したという．

11）　高松丸亀町商店街振興組合［2006］より引用した．

12）　東京委員会は，その後も一部のメンバーが変わりながら必要に応じて逐次開催されてきた．

13）　黒壁スクエアは，西の北国街道，北の祝町通り，東の博物館通り，南の駅前通りに囲まれた黒壁グループ協議会（黒壁直営店や会員の店舗）が集積する一帯を指している．ただし，当初は，黒壁ガラス館，スタジオクロカベ，黒壁オルゴール館と広場の敷地内であり，1988年に不動産を購入した場所を指していた．

14）　黒壁は出資者数が多く，自治体の出資比率が少ない点でも特定会社 TMO と類似する．また，1980年代後半には，郊外 SC の出店による商業活動調整協議会の結果，4事業（店舗ファサード修景，イベント，空き店舗対策等）を助成することになり，さらに商店街近代化事業による商店街の振興として商店街は振興組合を設立し，市街地再開発事業を計画した．しかし，その計画が実現することはなく，街並み修景へと移行していく．1991年，長浜市は商業近代化地域計画報告書で黒壁を「賑わいの焦点（拠点）」に位置づけている．

15）　黒壁の設立に至る過程を分析し，前決定過程となるまちづくりにその起源を求め，ながはま21市民会議，光友クラブにおける人間関係を明らかにした．特に，光友クラブの設立に「つなぎ役」として関わった石井英夫の働きかけは，光友クラブのネットワークの構築に止まらず，黒壁の設立や経営方針に決定的な影響を与えたのである．コーディネーションで光友クラブの設立を捉えれば，福田長夫・長谷定雄と笹原司朗・伊藤光男を中心とする若手経営者，草野嘉平治・三山元映・吉田一郎など市役所職員，若手教師を結びつけた．黒壁設立時には福田に働きかけ，長谷に出資者を引き受けさせるコーディネーションを担った．

16）　手﨑俊之は，2012-15年度に黒壁へ出向し，2016-19年度まで商工観光課に在籍していた．商工観光課の在籍時も実質的に黒壁を担当していた．今回の調査日時は，8月11日（火）15～17時である．ただし，調査の内容は担当当時から情報を得ていた．それは，まちづくり役場で開催する淡海万葉学会（2002-08年の勉強会）で共に学んだメンバーであり，長浜まちづくり大学（2004-05年の10回連続のワークショップ）では黒壁ブランドの構築について議論した仲間だからである．その後も，毎年連絡を取っている．

17）　第1期計画（2009-14年）数値目標は，「歩行者・自転車の通行量（3万2240人 → 2万7270人）C」，「宿泊者数（30万9300人 → 36万6800人）a」，「中心市街地の居住人口（1万672人 → 9771人）c」であった．ただし，交流量（7地点）は2011年のみ3万8837人と目標を上回った．

第2期計画（2014-20年）数値目標は，「歩行者・自転車通行量（3万5018人 → 3万1100人）C」，「宿泊者数（41万人 → 42万7300人）A」，「市全体に占める中心市街地の居住人口の割合（8.04％ → 7.61％）c」であった．なお，居住人口の未完は137戸のマンションが2020年に完成するため，現状よりも改善が見込まれている．このように，フォローアップの結果からは，日帰り客の減少，宿泊客の増加に結びついたことが示されている．

18）　第１期は駅前再開発が最も大きなプロジェクトであった．長浜ショッパーズスクエア（核テナントは平和堂）と周辺店舗を含めた再開発をおこない，同時にモンデクール長浜（平和堂の移転），駐車場（立体駐車場，平面駐車場），駅から直結のペデストリアンデッキを整備している．再開発事業の主体は，えきまち長浜株式会社であり（2014年９月26日設立），都市再生推進法人に指定されている（2015年３月20日）．同社は，再開発ビルである「えきまちテラス長浜」を運営しており，2015年４月から長浜駅東第一，東第二，西自転車駐車場の管理施設についても運営を開始している．

19）　長浜まちづくり会社が主体となって実施した事業である．同社は旧長浜町域に71の町家があり，空き家も少なくないことから潜在的な転貸事業のニーズも多いと想定している．長浜市のまちなか居住を推進して，中心市街地の空き家を修繕して居住希望者とマッチングする事業であった．2012年に「ながはま住宅再生バンク」を開始して１年半に登録８件，問い合わせ12件，マッチング１件であったという．

20）　神前西開発株式会社が主体となって実施した事業である．やわた夢生小路商店街の民家や店舗をオープンスタジオ＆ショップ，クラフトマンショップ，ギャラリー＆カフェ，伝統工芸アンテナショップ＆コミュニティサロンにリニューアルした．その中でも「川崎や」は，空き店舗となったうどん屋を改装し，音楽ライブ会場，ギャラリー，憩いの場として活用している．第１期計画では経済産業省認定および支援措置を用いて４件を改装している．

21）　景観資源として博物館都市構想（1984年策定）を柱とした近隣景観形成協定（滋賀県条例に基づく），景観法に基づく「長浜市景観まちづくり計画」および長浜市景観条例を制定して指定したものである．

22）　第１期の駅前再開発を継続した事業計画であり，駐車場（立体駐車場，平面駐車場），駅から直結のペデストリアンデッキを整備した．

23）　第１期の途中で追加的に盛り込まれている．

24）　当初，「季の雲」という名称で陶芸のギャラリーを併設していた．新長浜計画は民間企業へリース（2012-13年）していたが，その後に直営店「まちの宿いろは」になった．

25）　2015年，黒壁オルゴール館は，３號館の場所に移設された．2018年，新長浜計画の店舗から黒壁の直営に切り替わっている．

26）　黒壁美術館はもともと河路重平の邸宅であり，江戸時代末期に建てられた商家の中に武家屋敷の一部を取り入れた斬新な設計であった．また当初，黒壁美術館は「黒壁ガラス鑑賞館」の名称であり，1992年に長浜市１億円と民間企業2.1億円を黒壁に増資して整備された．黒壁ガラス鑑賞館は2004年にリニューアルした際に黒壁美術館となった．

27）「長浜アートセンター」は2013年７月に27號館「あゆの店きむら」と28號館「小牧かまぼこ」の敷地に整備された．なお，27號館「あゆの店きむら」は店舗を移して営業を続けている．「長浜アートセンター」に話を戻すと民間事業者が所有する敷地・建物であり，黒壁の所有ではない．その後，パウワースを核とする市街地再開発に伴って海洋堂フィギュアミュージアムが一時的に移設されている．

28）　2017年，権利者15（土地所有者13，借地権者２）で再開発組合を設立した．1970年に建設された5階建てPOW（旧パウワース）ビルの老朽化が事業の発端となった．このビルは，地元商業者たちが残した負債を新長浜計画が黒壁を含む地元企業と協力して返済し，長浜のまちづくりの象徴ともいうべき存在であった．第一種市街地再開発事業は2018年に解体工事を着工し，2020年に複合商業施設も完成した（国費は約29億円）．また，この複合商業施設の所有および管理は合同会社ナガハマエリアマネジメント（代表：澤田昌宏）であり，事業計画は2019年に経済産業大臣に認定され，中小企業経営支援等対策費補助金（商店街活性化・観光消費創出事業）の支援措置を用いている．なお，住居は長谷工コーポレーションが所有する．リース先は湖北ライフスタイル研究所（代表：月ヶ瀬義雄）である．湖北ライフスタイル研究所は複合商業施設「湖北くらしスコーレ」の全体のコンセプト設計と店舗の営業を担っており，コロナ禍の中であったがレストランと食パン専門店（2020年12月23日），発酵酵素の温浴施設（2021年3月）を営業開始した．今後，コラボレーションオフィス（2021年9月），ライフスタイルショップ「湖のスコーレ」（2021年12月），宿泊施設（2022年度）を開設する予定である．

29）初代社長の長谷定雄，二代目の笹原司朗，三代目の髙橋政之のいずれも設立当初に出資した民間企業のメンバーであった．

30）この背景には，総務省が自治体に第三セクターの管理監督の強化を進めてきたことがある．総務省は，2009年に「地方公共団体の財政の健全化に関する法律」の施行に先立ち，「第三セクター等の抜本的改革等に関する指針」を発表した．自治体の財政再建を進める目的であり，問題を抱えた第三セクターは法的整理ができるように「第三セクター等改革推進債」を活用できるようにした．2014年に方針が強化され，「第三セクター等の経営健全化等に関する指針の策定について」（平成26年8月5日付総財公第102号総務省自治財政局長通知）が発表された．これによって自治体は出資比率25％以上の第三セクターについて「経営健全化方針」を策定することが義務づけられた．黒壁の経営健全化方針は，2018年度は点検評価A（3段階A，B，Cの順でAが最高の評価）であり，「経営努力を行いつつ事業は継続する」となっている．2019年度はコロナ禍の影響を受けてBとなった．なお，長浜市は黒壁の設立当初から1人以上の市職員を取締役や監査役に就けており，財務状況を把握してきた．

31）北川雅英（当時：産業観光部長）には，2014年9月16日に長浜市中心市街地活性化基本計画についての説明を受けた．その後，2020年10月に都市再生整備計画について電話にて説明を受けた．

32）高田恭佑（当時：長浜市役所都市建設部都市計画課担当者）によると，国土交通省の交付金（国費）は約3800万円であり，長浜市が約1億8400万円を支払っている（2020年12月1日）．なお，長浜市の支払いは特別交付税の対象となっているため，最大100％が国によって措置されることになる．

33）黒壁の増資1億円はこの事業費に含まれておらず，他の店舗整備に充てられたという．6號館「青い鳥」を「Gallery AMISU」へ，17號館「ラッテンベルグ館」を「モノココロ」へ，9號館「黒壁オルゴール堂」を黒壁ガラス館2階へ（その後3號館へ）と移転する際に備品の整備や改装などリニューアルした費用としている．

34）一岡・鳴海・加賀［2008］は，アンケート調査の結果から観光客は歴史的な雰囲気を求めてものだけでなく，黒壁ガラス館のブランドが惹きつけたものも多数いることを明らかにしている．また，「滋賀県観光入込客統計調査」を参照して欲しい（https://www.pref.shiga.lg.jp/ippan/shigotosangyou/kanko/308565.html，2021年9月7日閲覧）．

35）手﨑は会長の髙橋に相談し，髙橋は黒壁が銀行から借り入れする際に個人保証を追加で設定したという．つまり，髙橋は手﨑から黒壁の運営において必要な資金繰りや交渉条件を受け，それに応じて実質的な金融機関との交渉をおこなったのである．

36）2020年6月に進晴彦社長が就任し，3つのストアブランドを前面に押し出そうとしている．同時に，髙橋政之は会長になり，弓削一幸が社長就任した際と同じ状況である．

37）Newman and Kenworthy［1989］は都市の人口密度とガソリン消費量の2軸から人口密度が高く自動車依存度が低い都市をコンパクトシティと定義し，Dantzig and Saaty［1973］では当時のアメリカの都市問題である市街地のスラム化，郊外のスプロール開発，自動車の混雑，大気汚染などの諸問題に対応するため上下方向と高さに加えて時間の次元を加えた都市計画をコンパクトシティとして提案した．

38）コンパクトシティは持続可能性を前提としているがその起源は1972年のローマクラブによるレポートで用いられ，1982年に国連のブルントランド委員会が出した報告書『われら共通の未来』で「持続可能な開発」として用いられた．その後，1990年にEC委員会が『都市環境に関する緑書』を公表し，EU 諸国の都市地域政策をコンパクトな都市形成へと方向づけたという．さらに，Jenks, Burton and Williams eds.［1996］の主張を取り入れ，持続可能な都市形態は一概に決められないものの，①都市形態のコンパクトさ，②混合用途と適切な街路の配置，③強力な交通ネットワーク，④環境のコントロール，⑤水準の高い都市経営の5つ共通の原則がある点を強調している．海道［2001；22；24-27］参照．

39）牧瀬［2019］によると，コンパクトシティの記事は中活法改正で2007年に向かって増え，その後減少するが都市再生特別措置法改正による立地適正化計画の導入で2015年に向かって増えたという．なお，1997年4月11日の朝日新聞朝刊が最初であり，見出しは「遅れる市街地開発（100年目の県都青森市長選を前に：上）」である．その記事は「市の指針となる新しい長期総合計画「21世紀創造プラン」の中で，青森駅周辺に都市機能を集中させる「コンパクトシティ構想」を打ち出したというものであった．

40）脇坂［2008：41］によると，「無秩序な市街地の拡大を抑制したコンパクトな都市づくりを行う」と上位計画として都市づくりの方向性を明確に示したという．

41）加藤博は，街元気リーダーに登録され，経済産業省や日本商工会議所の委員も務めるなどネットワークを持ち，青森市新町商店街振興組合で不世出のリーダーで（堀江重一へのヒアリング調査，8月23日），青森市都市整備部によると，青森市も民間側のリーダーとして重要性を強調する人物である［山本編 2006］．佐々木誠造（前青森市長）は自らも商業者であったこと，佐々木市政は長期政権で青森県知事や衆議院議員との連携を含め，政治運営しやすい環境であったことも背景にある（佐々木誠造へのヒアリング調査，12月26日）．青森市は発祥から商業都市であったが，1970年代に中心部の人口減少，郊外部の人口増加も顕著になるが，地価高騰と行政管理機能不全が背景にあった［横山 1982］．

42）加藤博（8月22，23日，12月26日），六角正人（8月24日），佐藤誠・吉﨑雅幸（8

月26日)，石郷昭規（12月27日）ほか，延べ20人以上へのヒアリング調査を実施した．

43）年間観光施設入込客数（111万7370人→158万2878人），中心市街地夜間人口（3547人→3259人）は基準年を上回り，歩行者通行量（７万4048人→５万7882人），空き地・空き店舗率（10.7％→15.7％），小売年間販売額（685億円→565億円）が下回った．なお，第２期は，年間観光施設入込客数（69万6312人→110万8351人），空き地・空き店舗率（16.4％→13.1％）は基準年を上回り，歩行者通行量（５万9090人→４万3774人），中心市街地夜間人口（3346人→3511人）が下回った．

44）青森市［2020］「森市総合戦略2020-2024」２ページを参照．青森市住民基本台帳を閲覧した https://www.city.aomori.aomori.jp/shimin/shiseijouhou/aomorishi-konnamati/toukei/jinkou-seitaisuu.html，2021年７月29日閲覧）．

第 II 部

バルイベントにおけるコーディネーション

第 3 章

中心市街地活性化のイベントによる効果と商店街への影響

1　商店街における店舗構成の変化と商店街組織の変化

第Ⅱ部は，商店街組織や中心市街地活性化協議会によるイベントが商店街組織の変化につながる過程について分析していく．事例は，兵庫県伊丹市である．伊丹市は新中活法下で伊丹市中心市街地活性化協議会を設置するだけでなく，協議会の事務局が自らイベントを企画・実施する体制をとった．特に，協議会が主催するイベント「伊丹まちなかバル」に着目し，イベントが商店街組織の変化にまで与えた影響をコーディネーションの視角から捉えていく．第3章では，中心市街地活性化のイベントが伊丹市の商店街組織の会員構成，役員構成，まちづくりの方向性など内的な変化を伴ったことを明らかにしたい．

また，第Ⅰ部では中心市街地活性化法の政策実施過程において商店街組織と自治体や商工会議所，まちづくり会社など主体間の連携に着目して分析を進めてきたが，第Ⅱ部でも多様な主体間の連携を前提に分析を進める．それは，商店街主催のイベントは商店街組織だけで開催する場合もあるが，行政，商工会議所，民間企業などから協力・協賛を得る場合や，むしろ，多様な主体で実行委員会を設置して主催者となる場合も多数みられるからである．

商業統計立地環境別編や商店街実態調査の結果によると，商店街の多くで小売店が減少し続けている．ただし，商店街ではすべての業種店が減少している訳ではない．商店街実態調査によれば，サービス業はやや減少から横ばいであるし，飲食店に至っては増加傾向にあることが示されているからである．商店街では，飲食店の増加後に新たなイベントが生まれ，多様な主体が関わって変化している事例もみられる．

しかし，商店街における商店街組織や商業集積の店舗構成の変化については，石原・石井［1992］，石原［2000；2006］，佐々木・番場［2013］をはじめ多くの既

表3－1　商業集積地区における事業所数の変化

	1994年	1997年	2002年	2004年	2007年	2014年
2人以下	293,794	287,127	212,937	198,567	173,442	106,671
3～4人	178,876	174,882	134,551	125,905	111,133	69,753
5～9人	103,424	101,144	92,594	86,988	84,583	57,553
10～99人	51,967	54,709	58,103	56,152	55,868	43,989
100人以上	1,870	2,121	2,414	2,346	2,437	2,015
	629,931	619,983	500,599	469,958	427,463	279,981

出所：経済産業省『商業統計（立地環境特性別統計編）』各年を基に筆者が加工した（http://www.meti.go.jp/statistics/tyo/syougyo/result-2.html，2021年9月8日閲覧）.

往研究で論じられてきたが，多様な主体の分析や非小売店の分析はほとんどおこなわれてこなかった.

そこで，本章では商店街における店舗構成の変化に着目し，飲食店が増加した後の商店街組織の変化とその過程を分析していくことにしたい．それでは，商店街における業種構成の変化について確認していこう.

2　商店街における業種構成の変化

（1）商店街における小売店の減少と飲食店の増加

日本の商店街組織と小売店の事業所数は減少傾向にある．商業統計（立地環境特性別統計編）の1994年と2014年の調査結果を比較すると，商業集積地区の商店街数は1万4271から1万2681，事業所数は62万9931から27万9981に減少した．とりわけ，従業員10人未満の事業所で顕著であり，2人以下で29万3794から10万6671，3～4人で17万8876から6万9753に減少したのであった（表3－1を参照）．この結果は，小規模零細の事業所が集積する地方都市でより大きな変化を伴ったと推測できる.

商店街における小売店の減少は，商業集積内の店舗構成の変化によってもみてとれる．『商店街実態調査報告書』によれば，商店街の多くは小売店が減少傾向にあり，増加傾向にある商店街は非常に少なかった（表3－2参照）．買回り品小売店（大型店），買回り品小売店（その他），最寄品小売店は，2003年度から2018年度まで，減少したと回答する商店街が，増加したと回答する商店街の数を上回ったからである．ただし，減少したと回答する商店街が年々減りつつあ

表３－２　商店街における業種別店舗数の変化：増減率％（増加％，減少％）

	2003年度	2006年度	2009年度	2012年度	2015年度	2018年度
買回り品小売店(大型)（百貨店，大型ディスカウト店等）	▲3.1% (7.9, 11.0)	▲5.3% (4.3, 9.6)	▲2.4% (2.4, 4.8)	▲0.7% (2.3, 3.0)	▲0.1% (1.7, 1.8)	▲1.0% (1.5, 2.5)
買回り品小売店（他）（衣類品，身の回り品店等）	▲28.9% (5.6, 34.5)	▲23.8% (4.2, 28.0)	▲18.2% (4.1, 22.3)	▲18.0% (3.7, 21.7)	▲15.0% (3.9, 18.9)	▲16.3% (2.6, 18.9)
最寄品小売店（生鮮，コンビニ，スーパー等）	▲25.4% (5.6, 31.0)	▲17.8% (6.4, 24.2)	▲13.7% (6.8, 20.5)	▲10.5% (8.1, 18.6)	▲9.6% (7.3, 16.9)	▲8.5% (6.4, 14.9)
飲食店（飲食店，居酒屋）	▲3.3% (18.2, 21.5)	3.4% (21.9, 18.5)	3.8% (20.8, 17.0)	4.9% (21.1, 16.2)	10.1% (22.8, 12.7)	7.1% (20.8, 13.7)
サービス店（クリーニング，パチンコ，美容室等）			▲1.6% (10.8, 12.4)	▲1.7% (10.2, 11.9)	▲0.3% (10.1, 10.4)	▲2.5% (8.4, 10.9)
その他（金融機関，医療機関，事務所等）	▲5.6% (4.0, 9.6)	▲0.8% (7.3, 8.1)	2.0% (9.8, 7.8)	2.8% (8.8, 6.0)	4.8% (9.6, 4.8)	2.6% (8.4, 5.8)

注：過去３年間に商店街の業種店舗が，「増えた」，「変わらない」，「減った」の３択による回答結果（「無回答」を含む100%）である．増減率は，「増えた」から「減った」を差し引いた商店街の数（%）である（http://www.syoutengai.or.jp/jittai/index.html，2014年11月30日確認）（http://www.chusho.meti.go.jp/shogyo/shogyo/，2021年９月８日閲覧）．
出所：中小企業庁『商店街実態調査報告書』各年度を参考に筆者作成．

ることもみてとれ，特に最寄品小売店については減少したと回答する商店街が年々減っている．とはいえ，商店街では小売店が業種を問わず減少傾向にあったといえよう．また，同時に商店街における小売店の店舗構成率も58.7%（2003年度）から37.2%（2018年度）へ下がった（表３－３参照）．この背景には，ショッピングセンターや専門店の郊外出店，インターネット等の通信販売の増加など小売業の環境変化や，空き店舗への対応，店舗の住宅化やマンション等の建設など商店街内部の課題や変化も考えられる．

一方，飲食店の数は商店街で増加傾向にある．飲食店の増減は，飲食店とサービス店を分けて集計し始めた2009年度から2018年度の調査まで増加したと回答する商店街が減少したと回答する商店街を一貫して上回っている．また，その増減率も上昇傾向がみてとれる．その結果，商店街における飲食店とサービス店を合計した店舗構成率は，33.9%（2003年度）から46.1%（2018年）に増加した．このように，近年では商店街で飲食店の増加傾向が強まったといえる．

表3－3　商店街における業種別店舗数の構成比

<table>
<tr><th></th><th>2003年度</th><th>2006年度</th><th>2009年度</th><th>2012年度</th><th>2015年度</th><th>2018年度</th></tr>
<tr><td>買回り品小売店（大型）</td><td>2.3%</td><td>2.6%</td><td>1.4%</td><td>1.6%</td><td>1.2%</td><td>1.3%</td></tr>
<tr><td>買回り品小売店（他）</td><td>34.5%</td><td>29.2%</td><td>22.8%</td><td>21.6%</td><td>22.9%</td><td>20.1%</td></tr>
<tr><td>最寄品小売店</td><td>21.9%</td><td>20.4%</td><td>18.0%</td><td>18.2%</td><td>16.4%</td><td>15.8%</td></tr>
<tr><td>飲食店</td><td rowspan="2">33.9%</td><td rowspan="2">35.8%</td><td>28.3%</td><td>29.8%</td><td>30.0%</td><td>32.2%</td></tr>
<tr><td>サービス店</td><td>13.4%</td><td>13.0%</td><td>13.7%</td><td>13.9%</td></tr>
<tr><td>その他</td><td>7.4%</td><td>12.0%</td><td>16.1%</td><td>15.8%</td><td>15.9%</td><td>16.7%</td></tr>
</table>

出所：中小企業庁『商店街実態調査報告書』各年度を参考に筆者作成.

商店街で飲食店が増加する背景については次項で述べよう.

最後に，その他の事業所についてである．その他の事業所は，金融機関，郵便局，医療機関，事務所，公共施設などであるが，増加したと回答する商店街が近年増えつつあり，商店街における店舗構成率も高まっている．このことは，中心市街地活性化事業でテナントミックスを用いた店舗開発が各地にみられたことや，高齢者や障害者に対応する福祉施設の開業もみられることなど，地域社会のニーズに対応したサービスが増加した結果であると考えられる．この点は，4節以降の事例分析でもふれていく.

（2）　商店街における飲食店増加の背景

前項で述べてきたように，商店街では飲食店が増加傾向にある．商店街への聞き取り調査でも商店街を含む旧市街地で飲食店が増加したという証言を得ている[1)]．しかし，ここ30年間の統計資料で見ていくと飲食店全体は減少傾向にあった．総務省の調査「事業所・企業統計調査」によれば，飲食店は1991年をピークに事業所数が減少傾向にある（図3－1参照)．また，厚生労働省の調査「衛生行政報告例」でも同様に，飲食に関わる営業許可数が2001年度をピークに減少傾向にあることが示されている（図3－2参照).

では，なぜ商店街で飲食店が増加したのか．この原因の全てを明らかにすることはできないものの，道路交通法の改正が大きな理由の1つだと考えられる．改正道路交通法は，2002年に施行され，飲酒運転に対する罰則を強化し，その後の運転事故減少につながった．白石・萩田〔2006〕は，改正前の2001年から改正後の2004年までの飲酒運転事故の変化を分析し，飲酒による乗用車の事故の減少，夜間の事故の減少など，その効果が全面的に大きかったことを明らか

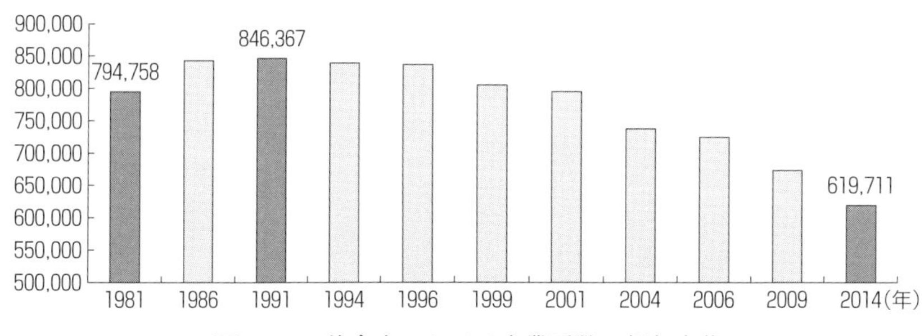

図３－１　飲食店における事業所数の経年変化

出所：総務省統計局『事業所・企業統計調査（各年)』,『経済センサス――基礎調査（各年)』(http://www.e-stat.go.jp/SG1/estat/GL02100104.do?gaid=GL02100102&tocd=00200551, 2021年９月８日閲覧).

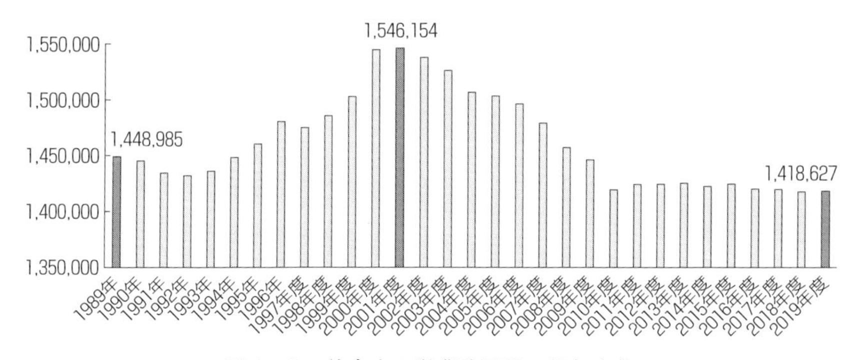

図３－２　飲食店の営業許可数の経年変化

出所：厚生労働省『衛生行政報告例（各年)』(http://www.mhlw.go.jp/toukei/saikin/hw/eisei_houkoku/12/, 2021年９月８日閲覧).

にしている．さらに，2007年施行法では，道路交通法をさらに一部改正して自動車の提供者や同乗者にも罰則を適用するなど，規制を強化した．これによって飲食店は，酒類に代わるノンアルコール飲料の導入，立地の再検討など，店舗の営業にさまざまな変化を与えたと考えられる．同時に，商店街では，小売店舗が減少し続けて空き店舗も増加したことで，前述したように飲食店が出店する機会を増やしたと想像できる．このように道路交通法の改正は，今後より精緻な分析をおこなわなければならないものの，商店街における飲食店の出店に影響を与えたと考えられる．

（3）　商店街における飲食店関連イベントの増加

では，商店街に飲食店が増加することは，商店街組織にどのような影響を与えたのであろうか．中心市街地の商店街では，飲食店が増加傾向にある中で，飲食店を中心とする多様なイベントも開催されるようになったことに着目したい．代表的な例として，2004年に函館市で初めて開催された「BĀR-GĀI（以降：バル街）」，同年に宇都宮市で初めて開催された「宮コン（以降：街コン）」があげられる．

バル街は複数の飲食店を梯子酒（食べ歩き・飲み歩き）するイベントである．例えば，1冊5枚のチケットを3000円で購入すると，各店はチケット1枚で1ドリンクと1フードを提供する．その特徴は，残ったチケットを後日（あとバル）に金券で利用できる点，広告費等（チケット，マップ，ポスター）を含め低予算かつ奉仕やボランティアで開催する点，祭りや季節行事とも共催が可能な点，多様な主体から成る委員会が主催者である点，商店街の非会員も参加できる点などである．また，バル街に小売店やサービス店を加えた地域，チケットを廃したワンコイン型（函館市，西宮市，大阪市），地産地消をテーマとする地域（八尾市，三田市）など，特色ある取り組みも増加してきた．街コンは，梯子酒や委員会の設置などバル街と共通する点も多く，商店街を含む歓楽街や繁華街などの飲食店を貸し切りにして食事や飲料を提供する．バル街と異なるのは，店の売上は座席数で決まるため人気が反映されない点，男女の参加人数に制限を加える点，小売やサービス店が参加できない点などである．

バル街や街コンは，函館市や宇都宮市をモデルとしながらも，開催地ごとに変化を加えつつ，徐々に全国へと広まっていった．西日本では，バル街が兵庫県伊丹市で2009年に初めて開催され，街コンが2010年に守山市で開催された．厚生労働省「衛生行政報告例」によると，近畿圏2府4県の飲食に関わる営業許可数は，全国と同様であり，2000年（京都府，和歌山県），2001年（大阪府，滋賀県，奈良県，兵庫県）をピークに減少傾向にある[2)]．そのような経済環境の下で，バル街は2009年以降に急増した（図3－3参照）．バル街は，商店街で増加した飲食店のニーズに上手く対応できたのかもしれない．

ただし，イベントの増加によって商店街の魅力が増大し，飲食店が出店する際の誘因として影響を与えた証拠はない．また，飲食店の増加とイベントの増加との因果関係や商店街組織への影響については，先行研究でも明らかになっていない．そこで，伊丹市の「伊丹まちなかバル」に焦点をあて，イベント開

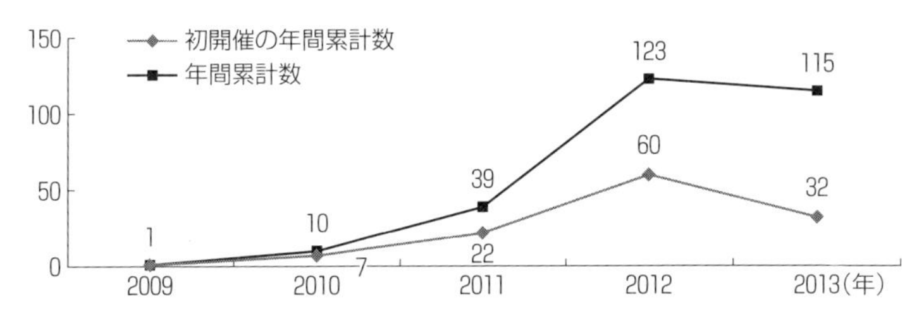

図３-３　大阪府・京都府・滋賀県・奈良県・兵庫県・和歌山県のバル街の変化

出所：近畿６府県の主催者ホームページ（2013年12月末時点）をもとに筆者作成.

催のキーパーソンによるコーディネーションの分析を通じ，商店街組織の会員構成や役員構成などの変化について明らかにしていきたい.

3　中心市街地活性化事業におけるイベントのコーディネーション

（1）　伊丹市の中心市街地活性化基本計画とソフト事業

伊丹市は中心市街地活性化基本計画を1999年３月に策定し，伊丹商工会議所がいたみTMOを設置していた．その当時の中心市街地の範囲は阪急伊丹駅とJR伊丹駅を中心とした約94haであった．事業計画は市街地整備などハード面の実施率が83.3％で，特に公共交通の一体的な推進について100％の実施であった．しかし，商業の活性化におけるソフト事業の達成率が50％と低かった．また，ハード整備した三軒寺前プラザなどを活用したイベントの実施も求められていた.

伊丹市中心市街地活性化基本計画（第１期2008年７月～2013年３月）は，JR伊丹駅と阪急伊丹駅，宮ノ前商店会（猪名野神社）とサンロード商店街の４極とそれらを結ぶ２軸を中心とした．中心市街地の範囲は，旧計画からJR路線の東側（藤ノ木１丁目，東有岡１丁目）を除いた約72.5haである．コンセプトは「人とことばの辻街道 伊丹郷町」であり，基本目標と数値目標は「暮らしやすく，集い学べる郷町（まち）なか【文化施設の利用者数】」，「歩いて楽しい郷町なか【歩行者・自転車通行量】」，「活気あふれる郷町なか【まちづくりサポーター制度登録者数，空き店舗数】」であった．主要な事業は，伊丹市が主体となった「新図書館整備事業」と「交流センター整備事業」，伊丹中央サンロード商店街振興組合が主体となった「アーケード整備事業」などハード事業であった.

当初，伊丹市中心市街地活性化基本計画（第１期）は，事業名称に伊丹まちなかバルの記載はなかった．主なソフト事業は，複数の商店街が主体となる「ハロウィンパーティー」，いたみタウンセンターが主体となる「いたみわっしょい」や「食のブランド開発」，伊丹市が主体となる「だんじり・みこしフェスティバル」，「いたみ花火大会」，「オープンカフェ」，「清酒のイベント」，「まち衆によるイベント」など未確定の事業が大半であった．ただし，そのなかには文化振興財団が主体となる「伊丹オトラク」を中心市街地で拡充することが含まれていた．

そして，伊丹まちなかバルは伊丹市中心市街地活性化協議会が主体となって複数の事業を組合せたイベントとして2009年に始まった．事務局は特定非営利活動法人いたみタウンセンター（現：伊丹まち未来株式会社）が担っている．中心市街地活性化最終フォローアップでは，伊丹まちなかバルの開催によって飲食店が増加し，商店街ににぎわいが生まれたとの記載がある．さらに，伊丹市中心市街地活性化基本計画（第２期2016年４月～2021年３月）ではバルが事業として記載され，イベント自体には補助金を受けていないものの，事業主体の伊丹市中心市街地活性化協議会が「中心市街地活性化ソフト化事業」の支援を受けている．このように，伊丹市はバルの成功によって中心市街地活性化の手段として重視しはじめたのである．

伊丹まちなかバルには，店舗，ボランティア，コンサルタント，事務局スタッフなど欠かすことのできない多くの参加者がいる．その中でも，創設時にイベントの方向性を特徴づけたと考えられるキーパーソンとそのコーディネーションに焦点をあてたい．そこで，所属の異なる４人のキーパーソンに絞り込むことにした．

まず，伊丹市役所職員の綾野昌幸である．当時，綾野は中心市街地活性化推進会議[3)]の事務局であり，企画財政部企画調整室，都市創造部都市企画室（現：伊丹市都市活力部）へと移動しても担当者であり続けた．そして，綾野はバル以前から伊丹市イベントの企画と運営に携わっており，イベントを都市間競争に勝ち抜くための手段として意識しながらも，消耗型の一過性のイベントにならないような研究もおこなっていた［綾野 2005］．

２人目は，商店街組織である伊丹郷町商業会会長の荒木宏之である．荒木は商家に生まれた商業者であり，伊丹まちなか会議[4)]の事務局を務め，2002年にクロスロードカフェをオープンして情報交換と人々を結びつけるプラットフォームをつくってきた．そして，「伊丹まちなかバル」を通じて変化した点に焦点をあてる．

３人目は，特定非営利活動法人いたみタウンセンター理事長（現：伊丹まち未来株式会社参与）の村上有紀子である．村上は中心市街地のイベントにボランティアとして参加していたが，バルの実行委員会での勧誘や広報などの活動が事務局の目にとまり，いたみタウンセンターに入会して副理事長，理事長を歴任することになった．

最後の４人目は，伊丹市文化振興財団の中脇健児である．中脇はバルと同時開催する「伊丹オトラクな一日」の担当者であり，バル以前から「伊丹オトラク」，「鳴く虫と郷町」[5]など中心市街地でボランティアを巻き込んだイベントを企画・開催してきた．

なお，この４人は中脇が著書のなかで，伊丹にはタウンマネージャー的な動きをする人が立場を超えて多数存在するとし，そのなかでも実名として記載されている[6]．このように４人はいずれもタウンマネージャーとしての役割を果たしていたと考えられる．

ただし，４人は自治体職員，財団法人職員，ボランティア，商店街組織と所属する組織が異なるため，どのような裁量と役割があったのか確認しておく必要があるだろう．次に，コーディネーションにおける裁量について検討していこう．

（2）　コーディネーションにおける裁量

コーディネーションの分析は，多様な主体間の連携におけるプロセスを解明する鍵であり，連携という現象をブラックボックスから解き放つ可能性を持っている．しかし，現状ではコーディネーションを分析する上で様々な制約や課題がある．第２章の事例からも，コーディネーションは実行されてもすべてを記述できない可能性が高く，コーディネーターが表明しなければ詳細まで明らかにならない．また，コーディネーションは結果から判断するしかなく，結果だけを見てもコーディネーションがどの程度に利いたのか判断できない場合も多い．さらに，コーディネーションできるのにしなかった場合など，複雑な状況を想定しなければならないからである．多様な主体の連携では，このような複雑なプロセスの分析を前提としなければならないだろう．

そこで，Cohen, March and Olsen［1972］の「ゴミ箱モデル」を参考にしたい．「ゴミ箱モデル」は，きっちりとしたプロセスの中で問題解決が図られないような意思決定過程を分析している．組織化された無秩序という曖昧にみえる選考過程を前提に置き，「問題」，「解決策」，「参加者」，「場」を擬人化し，それらが集まる状況を分析した[7]．その結果，問題解決までの過程において，問題が発見される前になされる「見過ごし」，問題を先送りする「やり過ごし」という意思決定の存在を明示している．この研究には多くの研究者が注目し，その課題も指摘されてきた［田中 1989；遠田 1994；當間 1994；稲水 2012］．その中で，「問題」や「解決策」と「参加者」との関係が独立的であった点に言及があり，参加者が問題や解決策の運び手であったと指摘した実証研究によって修正が促されている［田中 1989］．つまり，参加者の知識や動機によって問題や解決策が運び込まれるのであり，参加者の職業や地位などによって影響を受けると考えられる．

それは，コーディネーションも同様である．コーディネーションは，コーディネーターの職業や職位，個々人の選好によっても影響を受ける．例えば，補助事業を統括している行政職員であったり，融資を意思決定できる銀行員であったり，ボランティアを募集できるNPO職員であったりする．また，コーディネーターの価値観や社会的な紐帯によっても，コーディネートするかどうかの判断が分かれる．このように，コーディネーターの職業や職位の裁量，個々人の裁量に影響を受けるといえよう．

以上のように，コーディネーションはコーディネーターの裁量によって決まる側面がある．そこで，多様な主体間のコーディネーションについて分析する際，コーディネーターの職業や職位の裁量，個々人の裁量に注目していきたい．多様な主体間の連携が商店街に及ぼした影響や，商店街組織の役員構成や事業内容など内的な変化を与えたかどうかについて，キーパーソンによるコーディネーションとその裁量から捉えていく視点である．同時に，コーディネーターによるコーディネーション過程の考察は，キーパーソンの役割も明らかにするだろう．

4　伊丹まちなかバルによる商店街の変化

(1)　伊丹市における商店街の動向

伊丹市の商店街では，小売店が減少傾向にある．『商業統計（立地環境特性別

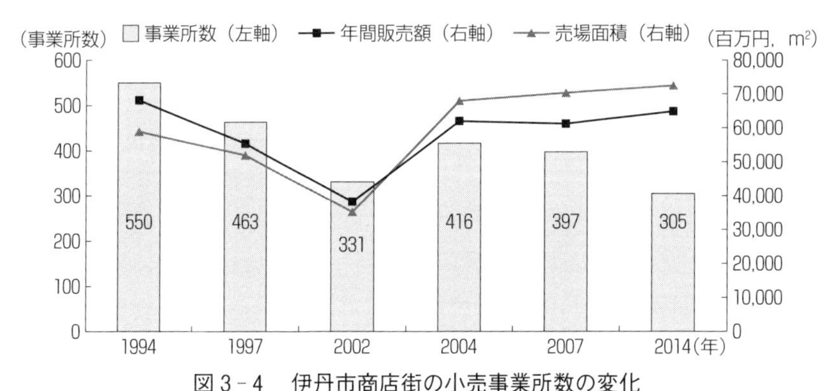

図３－４　伊丹市商店街の小売事業所数の変化

出所：経済産業省『商業統計（立地環境特性別統計編）』(前掲).

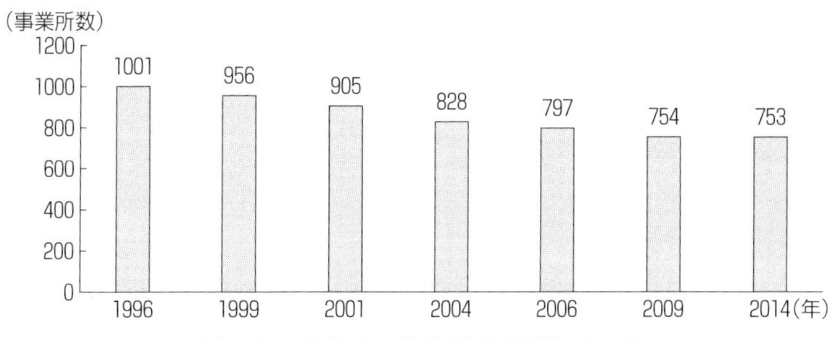

図３－５　伊丹市の飲食店事業所数の変化

出所：総務省統計局『事業所・企業統計調査』(前掲).

統計編)』で確認すると，1994年から2002年の調査結果まで減少が続き，2004年に大規模小売店舗ダイヤモンドシティ伊丹（当時：ダイヤモンドシティ伊丹テラス）が出店したことによって事業所数（専門店を含む），売場面積，売上高ともに伸びている（図３－４参照）．2007年に再び減少したことからも，商店街全体の小売店は減少傾向のままであると推測される．このように，伊丹市内の商店街は全国の商店街と同様の状況である．

伊丹市内の飲食店も減少傾向にある．総務省「事業所・企業統計調査」によると，飲食店の事業所数は1996年と2009年を比較すると1001から754へと減少してきた（図３－５参照）．この点は小売店の事業所数と同様である．ただし，商店街における飲食店の増減は統計資料がないため確認できない．そこで，伊丹郷町商業会を例にあげて述べよう（表３－４参照）．

伊丹郷町商業会は2001年に50程の小売店，飲食店，サービス店，企業，医院，

表３－４　伊丹市内の商店街会員数（2013年７月31日時点）

	商店会（会員数）
伊丹市商店連合会	IMM ロード商店会（45），桜台商店会（22），伊丹郷町商業会（132），アリオ名店会会長（36），伊丹ショッピングデパートみどりの会（36），伊丹みやのまち４号館商人会（13），寺本新商店街（7），伊丹阪急駅東商店会（30），宮ノ前商店会（16），伊丹酒蔵通り協議会（28）伊丹みやのまち３号館商人会（10），リータ商店会（56）
非会員	緑ヶ丘商店会（22），伊丹中央サンロード商店街振興組合（38），第６中野センター商人会（7），鴻池商店会（26），伊丹ショッピングセンター商栄会（12），サンストア商店会（4）

出所：伊丹市商店連合会事務局（伊丹商工会議所）．

表３－５　伊丹市中心市街地内の店舗数の変化

	2009年	2010年	2011年	2012年	2013年	2014年	2015年
物販	282	260	258	283	272	273	207
飲食	296	295	311	313	329	349	350
サービス	266	278	288	284	282	286	258
その他	126	101	121	156	122	134	54
計	970	934	978	1036	1005	1042	869

出所：伊丹市［2016］「伊丹市中心市街地活性化基本計画（第２期）」15ページ．

寺社などの会員で結成した．伊丹郷町商業会の会員は他の商店会員を兼ねることもでき，通りに集積する線の商店街ではなく，中心市街地全体に面で展開している．2004年頃の会員数85の内訳は，飲食店（喫茶店含む）14，小売店36，その他35であった．2013年６月時点では会員数が132に伸びている．その内訳は飲食店（喫茶店含む）46，小売店36，その他50であった．前節の結果と同様，商店街では飲食店とその他の会員が増加したのである．なお，中心市街地内の店舗構成をみると，2009年から2015年にかけて飲食店数だけが増加していることも読み取れる（表３－５）．

伊丹郷町商業会の変化は，伊丹まちなかバルが開催されて以降，より顕著になったようだ．荒木宏之（伊丹郷町商業会会長，伊丹商店連合会会長）によると，伊丹まちなかバルの成功が商店街組織に飲食店の経営者を呼び込む誘因となり，既存の活動[8]に加えて新たなイベントを起こす原動力になったという．そのイベントが2011年から年２回開催されている「伊丹郷町屋台村」である．伊丹郷町屋台村は，食のカーニバルという副題にある通り，飲食店の若手経営者達が中

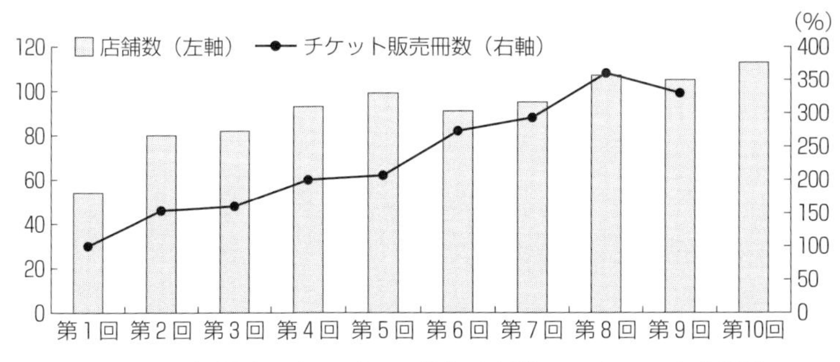

図3－6　伊丹まちなかバルの参加店舗数・チケット売上推移

注：チケット販売冊数は第1回を100とした数字である.
出所：伊丹市役所.

心となって三軒寺前広場を会場に屋台を設置し，音楽ライブも取り入れ，数日限りだが祭りの縁日のような賑わいをつくる．その目的は，東日本大震災の支援も含んでおり，当初は売上の一部を義捐金で寄付し，現在でも募金をおこなう．丸太を使った屋台の設置費用等も考慮すると，利益だけを目的としたイベントではない.

さらに，伊丹郷町商業会では，2013年に役員の若返りを図って20代・30代の若手経営者が9人（全16人中）となり，飲食店やサービス店の役員の割合も過半数となった．この背景には，飲食店やその他の店舗が増加していることに加え，上述の伊丹郷町屋台村や新たなイベントが開催される中で，有望な若手が目立ち始めたこともあったという．つまり，商店街では飲食店が増加して新たなイベントも開催され，役員が入れ替わるなど商店街組織の内的な変化が起こったのである.

次に，商店街の変化に影響を与えたと考えられる伊丹まちなかバルについて，イベントの成果だけでなく，開催までの過程や開催後の変化について述べていく.

（2）　伊丹まちなかバルの展開

伊丹まちなかバルの参加店は，2009年10月に54店で始まり，10回目となる2014年5月に112店へと増加してきた（図3－6参照）．チケット販売冊数も第1回から比較すると3倍以上に増加している．また，伊丹まちなかバル実行委員会がチケット購入者に実施したアンケート結果も良好であった[9]．このように，参加店と客の増加や客の満足度の高さは，イベントを成功させ拡大させた結果であるとみてよいだろう．

まず，伊丹まちなかバルが始まった経緯について，伊丹市役所の担当者であった綾野昌幸（伊丹市役所）への聞き取り調査を基に述べていく．伊丹まちなかバルは2009年10月に伊丹市中心市街地活性化協議会[10]で企画されたイベントであった．そのため，伊丹市中心市街地活性化協議会の事務局である特定非営利活動法人いたみタウンセンターが，伊丹まちなかバルの事務局も担っている．そもそも，伊丹まちなかバルの企画は中心市街地活性化を目的としていた．というのも，伊丹市中心市街地活性化基本計画（2008年８月認定）では，宮ノ前地区の街路整備に加え，酒蔵跡地に伊丹市の図書館とコミュニティーセンター機能を持たせた施設「ことば蔵」を建設する予定があった．この施設整備は2012年に完成済だが，社会資本整備総合交付金（都市再生整備計画事業）を活用するなど，総額23億円もの事業であった．このような大規模な開発も予定しているので，伊丹市中心市街地活性化協議会にはイベントなどでの盛り上がりが欲しいという雰囲気があったようだ．また，協議会は兵庫県のイベントに対する補助金「まちのにぎわいづくり一括助成事業（阪神淡路大震災支援）」に応募する予定があった[11]．そこで，協議会メンバーから成る中心市街地活性化イベント会議（現在：伊丹まちなかバル実行委員会）を設置し，複数のイベントを企画・提案する中にバル街を入れたのである．

中心市街地活性化イベント会議のメンバーは，バル街に参加したことはなかったが，市議会議員やコンサルタントから情報を収集して企画書を作っていた．その後，イベントの実施が決まって実行委員会を立ち上げ，およそ３～４カ月で準備を進めていく．その過程では，事業の詳細について北海道函館市西部地区の主催者から電話で情報収集し，「あとバル」や「チケットの販売・回収」の仕組みを学んだという．また，実際に複数の店舗を模擬的に飲み歩くなど実感をつかんでいくのである．ただし，その段階では不透明な部分も多く，実行委員の中でもイベントの規模や店舗の勧誘と選別について意見が分かれていたこと，集客の見込みが不透明なことなど不安含みであった．小規模に20-30店程で試しに開催しようと思っていた者や，少しでも多くの店に参加してもらいながら大規模にしようと思っていた者など，意思統一されていない部分があったようだ．実際には50店舗で開催しており，店舗の選別もおこなわなかった（綾野［2012］を参照）．また，集客見込みへの懸念を払拭すべく，伊丹まちな

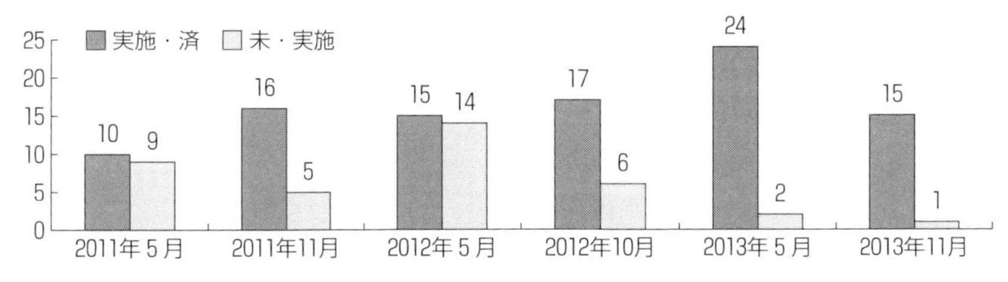

図３－７　近畿バルサミット参加団体の内訳

出所：近畿バルサミット事務局資料.

かバルの開催日に合わせて，複数の野外イベントを共催するなど，念には念を入れて集客に努めたようである．その代表的な企画が現在まで欠かすことのできない同時開催イベント「オトラクな一日」であった．

その後，伊丹まちなかバルは規模を拡大するとともに，マスコミ等を活用したパブリシティによる外部への情報発信もおこなってきた．さらに，独立行政法人中小企業基盤整備機構が開催する近畿中心市街地活性化ネットワーク研究会のメンバーを中心に近畿バルサミットを設立し，バル街の仕組みを公開するだけでなく，詳細な相談にも応じるなど，他の地域が比較的容易に模倣できるようにした（図３－７参照）．近畿圏を中心に視察が相次ぎ，類似した名称で開催するバル街[12)]もみられるのは，これらの効果も大きかったようだ．その結果，バル街が近畿圏で急速に広がりをみせたのである．

5　伊丹まちなかバルにおけるコーディネーションの分析

（1）　キーパーソンによるコーディネーション

本節では，伊丹まちなかバルのキーパーソンの活動についてコーディネーションを基に整理し，バル街が実施される過程とその後の展開について分析を加えていく．キーパーソンは，荒木宏之（伊丹郷町商業会），綾野昌幸（伊丹市役所），村上有紀子（当時主婦，現いたみタウンセンター理事長），中脇健児（公益財団法人伊丹市文化振興事業団）の４人とした．４人を対象とした理由は，綾野，村上から中心人物であると紹介を受けたからである．これから記述する内容は４人におこなった聞き取り調査を基に整理している．なかでも，特に重要だと考えられるのは，綾野，荒木によるコーディネーションであった．そこで，２人のコーディネーションについて整理していきたい．

表3－6　イベント実施の前後におけるコーディネーションの流れ

	荒木宏之（伊丹郷町商業会）	綾野昌幸（伊丹市役所）
決定前	荒木 → 村上 → 伊丹まちなかバル実行委員会 → 飲食店	綾野 → 中脇 → 伊丹まちなかバル実行委員会 → オトラクな一日（イベント）同時開催 → アーティスト → 飲食店
決定後	荒木 → 飲食店 → 商店街組織 → イベント（伊丹郷町屋台村） → 市民（消費者）	守山市・田辺市担当者 → 綾野 → 近畿中心市街地活性化ネットワーク → 近畿バルサミット → 他地域の団体

出所：筆者作成.

綾野は，バル街の開催に向けて街中で音楽イベント「オトラク」を開催していた中脇にイベントの同時開催を持ち掛け，兵庫県補助金「まちのにぎわいづくり一括助成事業（阪神淡路大震災支援）」を活用するべく，酒にまつわるイベントにして欲しいと相談した様である．中脇は，「オトラクな一日」を企画し，バル街の開催日に100人（25組）のミュージシャンが店舗や街角で演奏するイベントを開催した．なお，ミュージシャンには中脇が独自の基準で依頼し，店や街角などの演奏場所とのマッチングもおこなっている．スタッフは，毎回50人程度のボランティアでサポーターと呼ばれており，中脇によって育成されている．その後，バル街の送迎用バスの中でも演奏する「オトラクバス」も運行している．

バル街の開催後，綾野は，近畿バルサミットを開催し，団体間の情報交流の場を提供している．近畿バルサミットは，伊丹まちなかバルの開催に合わせて年2回開催され，毎回20～30団体ほどが参加しており，未経験だった40以上の団体をバル街の実施に導いた（図3－7参照）．また，地域間の情報交流では，マルシェや菓子類など物販の扱い，スマートフォンなど情報端末を利用するサービス，企業との連携など，新たな取り組みの紹介もおこなわれている．ことの発端は近畿中心市街地活性化ネットワークメンバーである守山市と田辺市の担当者から依頼を受け，研修会として企画したのであった[13]．この中心市街地活性化ネットワークメンバーの多くもバル街を実施している．

荒木は，第2回実行委員会の前に村上（当時主婦）を伊丹バル実行委員会に紹介する．村上は，実行委員となって50以上の飲食店を客として訪ねて参加を募り，当初に予想していた20～30店舗の規模を大きく超える50店舗で開催することになった．またバル開催後，荒木は伊丹郷町商業会において伊丹郷町屋台村を企画し，商店街の若手育成だけでなく，震災復興支援に加え，飲食店と市民（消費者）とのつながりをつくろうとした．実際に商店街では飲食店が増加しており，バル街を契機として商店街組織に多くの飲食店が加わったことで，商店街組織の役員の若返りやバル街以外にも新たな事業を展開してきたのである．飲食店は生き残るために「街のために頑張るイス」の存在があることに気づいたのではないか，と中脇も語っているように，「まちづくり」に関わることは店の戦略にまでなってきたことが示されている．

（2）　キーパーソンの裁量

荒木宏之，綾野昌幸，村上有紀子，中脇健児は，それぞれ所属機関が異なり，個人の裁量も異なっていた．荒木は，商店街の活性化を目的としてイベントを拡大・拡張していこうと考えていたのであり，部外者であった村上を委員会に招いて店舗開発のブレークスルーを果たした．また，綾野は伊丹市の担当者として中心市街地活性化の核であった「ことば蔵」を整備するため，地域を盛り上げるイベントの１つとしてバル街を実施しようとし，集客に不安を抱いたことから，音楽のアーティストや店舗とつながりのある中脇に声を掛けてイベントを同時開催した．それは，村上が行政でもなく商業者でもない一市民（主婦）として参加したので組織的な裁量に左右されなかったからであり，中脇は伊丹市が出捐する機関に所属しながら民間企業とともに活動しているように官民双方と連携しやすい組織的な裁量を持っていたからであろう．つまり，荒木と綾野は，村上と中脇の個人的な裁量と組織的な裁量を把握しつつ，コーディネートしていたのである．

一方，荒木が村上を委員会に招いた点，綾野が中脇を委員会に招いた点，いずれも荒木と綾野の２人が中心市街地活性化協議会（または，委員会）より前に相談しておらず，日常的に連絡を取り合うような連携をおこなっていなかった．この点では，青森市の加藤，石郷，六角によるコーディネーションに見られた前提条件とは異なっていたといえる．

また，村上と中脇の個人的な裁量は，活動の中で徐々に広がった点にも特徴がある．伊丹まちなかバルが企画された時点で，村上と中脇がこれほど大きな影響を与える存在になるとは，荒木も綾野も想像していなかったようだ．村上は，特定非営利活動法人いたみタウンセンターの理事を任され，副理事長を経て，2013年から理事長になっている．伊丹市の中心市街地活性化事業を推進する上でも綾野と密に連絡する活動が増えたのであり，同時に荒木に対しても商

表３-７　コーディネーションにおける個人の裁量と組織の裁量

	荒木宏之	綾野昌幸	村上有紀子	中脇健児
個人的裁量	商店街活性化に向けイベント拡大と拡張	中心市街地を盛り上げる仕掛け，他市との広域連携	ボランティアで参加店の開発	普段づかいの音楽やアートを街に普及
組織的裁量	伊丹郷町商業会 伊丹市商店連合会	伊丹市役所	なし→いたみタウンセンター	伊丹市文化振興事業団→兼コンサルタント

出所：筆者作成.

店街組織と他機関とのコーディネーションをおこなう機会が増えることになった．中脇は，バル街の企画会議に常時参加するようになり，同時開催という枠組みを超えて内部に入っていった．また，市内のイベントでは，ミュージシャンの調整だけでなく，様々な企画の調整にもコンサルタント的な立場で携わっている．このように，村上と中脇を通じた荒木と綾野間の情報伝達や調整もおこなうように変化してきたのである（表３-７）.

6　結　　語

全国の商店街では小売店が減少し，飲食店が増加する傾向にあった．伊丹市の伊丹郷町商業会では，伊丹まちなかバルの開催後，飲食店の会員が増加し，役員構成の刷新や新規イベントの開催もおこなわれた．伊丹まちなかバルは商店街組織に大きな変化をもたらしたのである．その切っ掛けとなった伊丹まちなかバルには複数のキーパーソンが個々に協力してかけによって実行委員会の体制が確立したことで，イベントの規模が拡大してきた．さらに，伊丹まちなかバルは近畿圏で「バル街（マップを手に食べ歩き飲み歩きするイベントの総称として用いる）」を広める役割も果たしている.

４人のキーパーソンは，イベントを開催するために必要不可欠な役割を果たしているが，それぞれが組織間や個人間を調整し，事前にはほとんど決まっていなかったイベントの骨格を試行錯誤しながらもつくりあげた．４人の働きかけはコーディネーションであった．また，このコーディネーションを規定したのは個人的裁量と組織的裁量であることを示した．つまり，イベントの実現は，キーパーソンの所属機関の裁量や，個々の裁量に強く影響を受けていたのである.

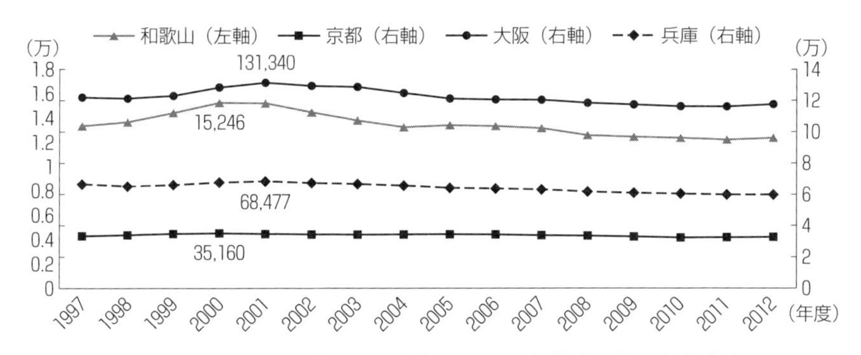

図3-8　近畿圏2府4県の飲食に関わる営業許可数の経年変化

出所：http://www.mhlw.go.jp/toukei/saikin/hw/eisei_houkoku/12/（2014年11月30日閲覧）.

その背景には経路依存も考慮する必要があるだろう．例えば，コーディネーション以前の段階のキーパーソンの分析である．荒木は伊丹市で4代続く荒木商店の後継者だったのであり，個人的裁量についても経路依存性を考慮する必要がある．また，イベントを実施する以前の段階で，綾野と村上に面識はなかったが，荒木と中脇はボランティアなどを通じて全員と面識があった．このことが，コーディネーションをスムーズに実施できた背景にあると推察されるからである．

また，本章ではキーパーソンの視点からコーディネーションの裁量について分析してきたが，各店舗の視点から考えるとイベントに参加する際にキーパーソンから働きかけを受けたはずである．そこで，次章では各店舗がキーパーソンからの働きかけをどのように捉えたかについてアンケート調査から明らかにしていきたい．アンケートは，伊丹郷町商業会の会員に限定し，伊丹まちなかバルへの参加率，参加への動機から働きかけの有無と自己の目的との関連性を検証していく．

注

1） 高岡武史（タカサゴホーム）2012年8月18日，12月21日，矢本憲久（堺東駅前商店街協同組合理事長，株式会社 LifeDesign）2013年8月3日．

2） 滋賀県，奈良県も同様の傾向であった．厚生労働省「衛生行政報告例」をもとに筆者が作成した（図3-8）．

3） 伊丹市役所庁内で中心市街地活性化の検討をおこなうための会議体である［伊丹市 2008：108］．

4） 伊丹まちづくり会議は，伊丹のまちをテーマとした異業種交流会であり，お互いの

表３－８　近畿圏２府４県におけるバルイベントの開催数

	滋賀県	大阪府 （大阪市内）	京都府	奈良県	兵庫県	和歌山県
市町村 開催地	７市 ７カ所	13市 70カ所（51カ所）	５市 ８カ所	２市町 ３カ所	９市 25カ所	６市町 ６カ所
開催総数	18回	162（118）回	20回	８回	77回	17回

出所：筆者作成.

多様性や違いを認め合いながら「この指とまれ方式」で活動することを目指している．運営方針は「自由な交流」と「多彩な活動」であり，建設的な意見を持ち寄りながら，一人ひとりがテーマを持って活動することを明文化している．なお，組織の設立は，伊丹都市政策研究所の解散に伴い，「まち工房@いたみ」という連続講座を企画したことが切っ掛けとなっている．その後，駄六川の清掃，ストリート落語などの活動をおこなっている．

5）江戸時代の「虫聴き」を現代版にアレンジしたイベントであり，街路樹やお店の軒先など100カ所で鈴虫やキリギリスなど15種3000匹の虫の音が響き渡る．中脇［2013：64-65］によると伊丹市昆虫館とのコラボレーション企画であり，中脇が学芸員の坂本に声をかけて最初は150匹程度で伊丹郷町館での開催であったという．上田司朗は，このイベントがまちなかのコミュニケーションを促進し，まちなかの力を引き出したと評価している［ビタミンブック編集委員会編 2015：130］．また，内田悦子もこのイベント辺りから多様な人たちが協調できるようになったとしている［ビタミンブック編集委員会編 2015：84］．

6）綾野昌幸，村上有紀子，荒木宏之に加え，内田悦子（いたみタウンセンター事務局長）の名前をあげている［中脇 2013：2013：78］．

7）モデルでは，４つのタイプに分けた大学（大規模・豊，大規模・貧，小規模・豊，小規模・貧）の意思決定を順境と逆境に分けてコンピューターシュミレーションしている．

8）伊丹郷町商業会では，春・秋開催の「宮前まつり」の出店や協賛，７月の「愛染祭り」の出店・協賛，９月の「鳴く虫と郷町」の協賛，ナイトバザールやクリスマスマーケットへの協賛，「商いミーティング」，「大晦日年越し振舞酒」，「はたら子（子供の職業体験イベント）」などを主催，「イタミ朝マルシェ」の協力など，イベントや行事をおこなっている．

9）伊丹まちなかバルでは，第１回，２回，６回にチケット購入者へアンケートを実施した．「非常に良かった」または「良かった」の回答は，88.3%，97.9%，94.5%であった．

10）伊丹市中心市街地活性化協議会は，中心市街地活性化を目的とした法定協議会であり，伊丹市，伊丹商店連合会，伊丹商工会議所も参加する組織である．事務局のいたみタウンセンターは，旧法のTMOとして設置されていたが，2005年６月にNPO法人化した．

11）「酒文化が溢れるまちなか・伊丹ブランドの再構築」を目指し，「酒（樽）夜市」，

「利き酒オリンピック」,「酒文化フォーラム」,「酒蔵コンサート」,「ウオーキングマップの作成」,「クーポン券（発行)」などで，2008年11月～2010年10月まで補助を受けた.

12)「まちなかバル」という名称は，伊丹市以外に大津市，堺市，奈良市，姫路市，赤穂市，明石市，神戸市長田区，四日市市などでの開催名にみられる.

13) 近畿中心市街地活性化ネットワーク研究会は，中小企業基盤整備機構が長坂泰之を中心として2009年2月に設立した．兵庫県伊丹市，尼崎市，神戸市，丹波市，川西市，明石市，姫路市，篠山市，三田市，滋賀県大津市，守山市，長浜市，京都府福知山市，大阪府高槻市，堺市，奈良県奈良市，和歌山県田辺市，福井県福井市，小浜市が参加する.

第4章

商店街加盟店のイベント参加とコーディネーションとの関連性

1　商店街組織における変化を分析するためのアンケート調査

商店街におけるアンケート調査は，経済産業省「商業統計（立地環境特性別統計編）」や中小企業庁『商店街実態調査報告書』のほかにも，多くの自治体や研究者が実施している．ここでは，研究者によるアンケート調査を来街客（または消費者），店舗への質問に分類して整理したい．

研究者によるアンケート調査は，商店街の来街者や消費者への質問が多い．たとえば，岩永［2014］は中国の繁華街と商店街への来街者に利用頻度や満足度，希望などを聞いた調査があり，そのなかで充実して欲しい行事とイベントを聞いている[1]．吉野［2012］はJR吹田駅の複数商店街で来街者アンケートから来街者が要望するイベントと実施中のイベントにギャップがあることを指摘している［吉野 2012：184］．渡邉［2014］は消費者アンケートから地域と商店街への愛着が地元での消費行動に結びつくことを指摘している[2]．

一方，商店街組織または加盟店への調査は次のとおりである．谷村・佐藤［2003］は，全国48商店街を対象に郵送によるアンケート調査を実施し，商店街エコ化の切っ掛け，環境保全活動の内容，協力・連携先の有無，予算，運営上の課題，成果の有無，消費者の反応などを明らかにしている[3]．毛利［2008］は，東京都多摩市の商店街組織の加盟店にアンケート調査をおこなっており，代表者の情報リテラシー（PC所有やネット接続），オフィシャルサイトの設置有無等を確認している[4]．吉田［2014］は，京都市内の商店街組織の加盟店を対象に休憩用ベンチの設置意向を調査している[5]．

このように，商店街のアンケート調査は，多分野でかつ広範囲におこなわれている．すべての研究を網羅するのは困難であるため，商店街組織の調査でイベントの分析に限定して取り上げたい．

横山［2006a］は，アンケート調査から商業者が商店街の組織的活動に参加する規定要因を分析したところ，地元志向とは関連性が見いだせず，部分的に家族従業との関連性はあるが，環境認識が厳しくなったことによるものであると結論づけている[6)]．なお，ここでの組織的活動は，組合体制の強化，講演会・研究会・勉強会，情報収集活動，イベントの実施，共同宣伝の５つを含んだ因子（変数）として用いている．一方，横山［2006b］は同じアンケート調査を用いて商業者と顧客との関係性を分析しており，ここでは職住一致の店舗や店舗と顧客の距離は関係性が見いだせず，地元志向が高い小売商ほど顧客と密接に接する程度は高くなることを明らかにしている［横山 2006b：11］．

城田［2002］は，国府宮商店街協同組合の会員と非会員に対するアンケートを実施している[7)]．アンケート結果の業種構成は，小売業28.4％，飲食26.0％，サービス業14.8％，その他30.7％であった．商店街の現状は，活気がなく（58.0％），車での買物に不便（54.5％）であり，駐車場・駐輪場の不足（42.0％）を抱えている．理想としては駅利用者が歩きたくなる街（47.7％），日常に買い物に便利な街（43.2％）という回答が多く，いつもイベントがおこなわれる街（8.0％）は回答が少なかった．一方，必要な施設としてはスポーツ施設（39.8％）に次いでイベント広場（31.8％）があがっている．また，協同事業では買物環境整備（44.3％）に次いでコミュニティ広場の設置（34.1％），まちづくり会社による活性（22.7％）の順に回答が多かった．

このように，商店街組織へのアンケート調査は多様におこなわれているものの，加盟店がイベントに参加した動機の分析は少なく，同時にキーパーソンによる働きかけを前提とする調査もみられなかった．次に，伊丹市が中心市街地活性化基本計画の策定に向けて実施したアンケート調査についてみていくことにしよう．

2　伊丹市による中心市街地活性化のアンケート調査

伊丹市は，中心市街地活性化基本計画の策定に向けて来街者，商業者（中心市街地エリア内の店舗），PTA（市内小学校区），大学生（伊丹市内の大学に通学中[8)]）にアンケート調査をおこなっている．そのなかで，伊丹市のイベントに関する質問項目があり，来街者，PTA，商業者が回答した結果について確認しておきたい．

「来街者アンケート[9]」によると，中心市街地への来訪者は40-60代が平日55.5%，休日55.2%であり，30-70代まで含むと86.5%，87.6%であり，いずれも女性の割合が58.0%，52.2%と多い．来訪目的は，買物がもっとも多く（平日40.3%，休日42.9%），その他（23.9%，23.8%），散歩（11.4%，14.3%），通学・塾・アルバイト（13.4%，4.8%），遊び・娯楽（7.0%，11.0%），飲食（8.5%，9.0%）と続いている．移動手段は，自転車（33.3%，30.0%），徒歩（25.4%，36.7%），バス（26.9%，15.2%），JR（9.0%，6.7%），阪急（5.5%，9.0%）の順であり，公共交通機関の割合が高く，自家用車（1.0%，7.6%）が少ない傾向にある．

まちなかイベントの参加度は，「宮前まつり（73.7%，60.9%）」，「鳴く虫と郷町（29.3%，22.6%）」，「伊丹郷町屋台村（20.2%，21.4%）」，「いたみわっしょい（13.1%，22.6%）」，「イタミ朝マルシェ（11.1%，14.3%）」，「伊丹酒造通りまち灯り（14.1%，9.5%）」の順に多かった．ただし，伊丹まちなかバルの選択肢はなかった．

「PTA アンケート[10]」もイベント参加度について質問がある．そこには，伊丹まちなかバルの選択肢も含んでいた．この参加度は，「宮前まつり（76.8%）」，「伊丹まちなかバル24.4%」，「いたみわっしょい（23.2%）」，「鳴く虫と郷町（17.3%）」，「伊丹酒造通りまち灯り（13.4%）」，「伊丹郷町屋台村（12.2%）」，「イタミ朝マルシェ（12.2%）」であった．

「商業者アンケート」は，中心市街地活性化エリア内の商店街に対して会長を通じて配布，各加盟店が回答している［伊丹市 2016：41］．11の商店街が含まれており，回収数は201であった．業種の内訳は，衣料品・寝具・身の回り品8.0%，飲食料品15.0%，耐久消費財1.5%，レジャー・文化用品8.0%，飲食業34.5%，医薬・日用品4.5%，サービス業15.5%，その他13.0%である．質問項目は，「ターゲット」，「中心市街地」，「中心市街地の課題」，「出店したことのあるイベント」などがある．そのなかで，出店したことのあるイベントでは，「伊丹まちなかバル21.4%」，「鳴く虫と郷町（15.9%）」，「はたら子（6.0%）」，「伊丹郷町屋台村（5.5%）」，「イタミ朝マルシェ（4.5%）」であった．「伊丹まちなかバル21.4%」，「伊丹郷町屋台村（5.5%）」は飲食店が対象のイベントであることから考えると高い参加率であるといえる．

以上のように，伊丹まちなかバルは市民の参加率が比較的に高く，飲食店の参加率も高いイベントであることがわかる．それでは，伊丹まちなかバルに参加した加盟店は，どのような動機でイベントに参加したのだろうか．商店街リーダーや行政の働きかけの有無についても確認していきたい．

3　伊丹郷町商業会におけるアンケート調査

荒木宏之（伊丹郷町商業会会長，伊丹商店連合会会長[11]）は，イベント「伊丹まちなかバル」の成功が商店街に飲食店の経営者を呼び込む誘因になり，新たなイベントを起こす原動力ともなったと語っている．2013年に役員が若返って20代・30代の若手経営者が9人（全16人中），飲食店やサービス店の経営者が役員の半数以上になった．商店街では新たなイベントも開催され，役員が入れ替わるなど商店街組織の内的な変化が起こったのである．

伊丹郷町商業会は2001年に50程の小売店，飲食店，サービス店，企業，医院，寺社などの会員で結成した．伊丹郷町商業会の会員は他の商店会員を兼ねることもでき，通りに集積する線の商店街ではなく，中心市街地全体に面で展開している．2004年頃の会員数85の内訳は，飲食店（喫茶店含む）14，小売店36，その他35であった．2013年6月時点では会員数が132に伸びている．その内訳は飲食店（喫茶店含む）46，小売店36，その他50であった．その間，伊丹郷町商業会では「伊丹郷町屋台村」，「はたら子」といったイベントが生まれている．これらのイベントは東日本大震災の義捐金，子供の職業体験などの目標を掲げているように経済的な利益だけを目的としたものでない．また，これらのイベントは上述の若手役員が代表を担っているように役員の育成機能も果たしている．

そこで，本研究のアンケートは次のような目的に対する質問項目を調査票に加えた．まず，伊丹郷町商業会の会員を対象としてイベントに対する意向や参加の有無，また以前と比較して個店の営業や中心市街地全体の景況感はどう変化したか，把握するための項目である．次に，伊丹まちなかバルに参加した商店街の会員を対象として分析する．具体的には，伊丹郷町商業会の会員が伊丹まちなかバルに参加した動機について考察し，商店街のリーダーや行政職員の働きかけ（コーディネーション）がどの程度に影響を与えていたか，把握するための項目である．なお，調査票の項目は「平成26年度商店街実態調査票」を参考にして作成している．

調査対象は，伊丹郷町商業会の全会員（n＝136）である．アンケートは調査票を会員住所に郵送，返信用封筒で回収，集計作業まで角谷研究室（桃山学院大学）でおこなった．期間は2015年8月28日（発送）～9月10日（返送期限），調

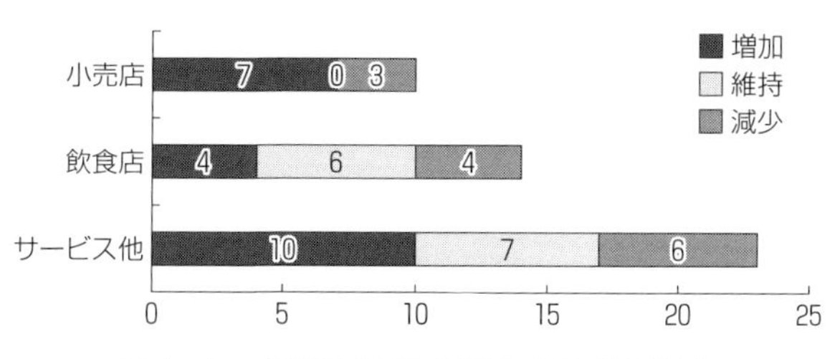

図4－1　加盟店の客の増減（5年前と比較）

出所：筆者作成（以下，図4－2～図4－11もすべて筆者作成）.

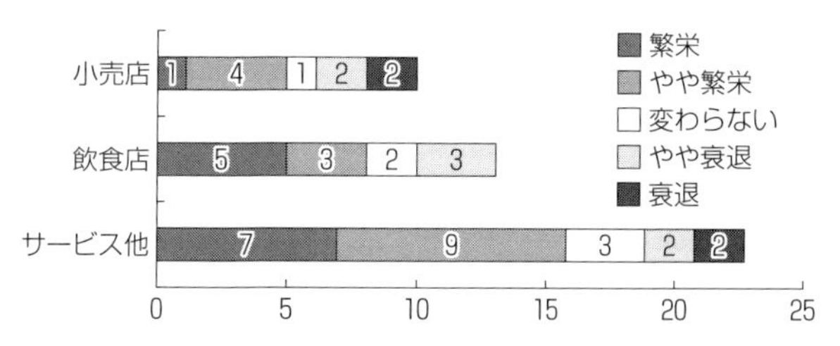

図4－2　伊丹市中心市街地の繁栄と衰退（5年前と比較）

査票回収は50票[12]，回収率36.7％であった.

4　伊丹郷町商業会へのアンケート集計結果

（1）　伊丹市中心市街地における景況感

伊丹市の中心市街地の加盟店からみた景況感を客数の増減，全体的な繁栄と衰退，その理由について質問している.

加盟店の客の増減について現在（2015年8月）とその5年前とを比較した質問は3段階で聞いている（図4－1参照）．なお，出店から5年未満の場合は出店時との比較してもらった．小売店（7：3），サービス店（10：6）およびその他（以下：「サービス他」とする）は増加の回答が多かったが，飲食店は同数（4：4）で現状維持の回答がもっとも多かった.

中心市街地の繁栄と衰退について5年前との比較した質問も5段階評価で聞いている（図4－2参照）．「繁栄」，「やや繁栄」の合計と「衰退」，「やや衰退」の合計を比較すると，小売店（5：4），飲食店（8：3），サービス他（16：4）といずれも繁栄したとする回答が多かった．「変わらない」の回答は6であった.

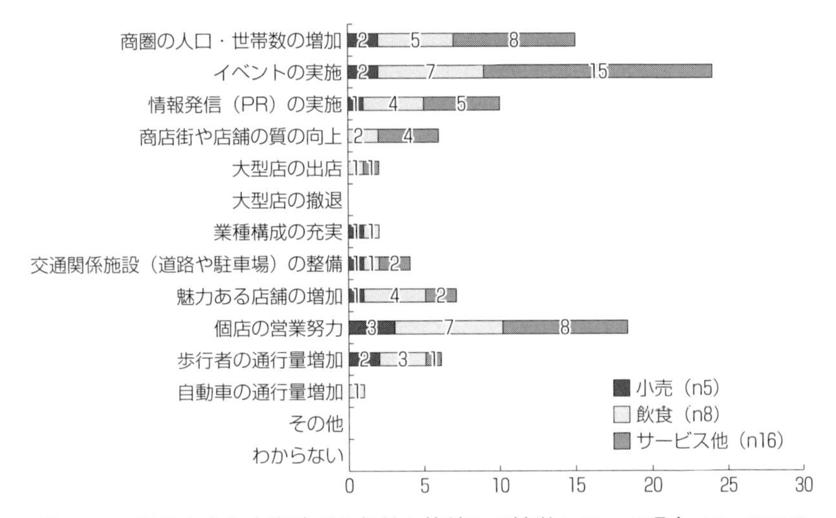

図4－3　伊丹市中心市街地が5年前と比較して繁栄している理由（3つ選択可）

まず，「繁栄」，「やや繁栄」を選択した回答についてその主要な理由3つを尋ねたところ，イベントの実施26，個店の営業努力18，商圏の人口・世帯人口の増加15，情報発信の実施10の回答が多かった（図4－3参照）．

次に，「衰退」，「やや衰退」を選択した回答についてその主要な理由を3つ尋ねたところ，郊外や周辺への大型店の進出8，商圏の人口・世帯数の減少6，歩行者の通行量の減少5の回答が多かった（図4－4参照）．

ここまでのアンケート結果に若干の考察を加えていきたい．小売店は客数が増加しているものの，中心市街地の景況感が改善したとする回答は少なかった．また，衰退している理由については大型店の進出を脅威に感じる小売店が多かったが，2011年にイオン昆陽の出店したこととの関係性も考慮する必要がある[13]．飲食は客数が増加していなくとも，中心市街地の景況感が改善していると捉える回答が多かったといえる．サービス他は，客数の増加と景況感の改善の回答が多く，クロス集計していないものの経済活動が順調な加盟店が多いことを反映しているといえそうである．

また，繁栄している理由は，イベントの実施との回答が最多であった．特に，飲食店とサービス他の回答者は，それぞれ8分の7，16分の15に到達するように多くの支持があったことも示されている．一方，商圏の人口・世帯数の増加と個店の営業努力の回答も多いが，衰退する理由のなかには2つの回答が含ま

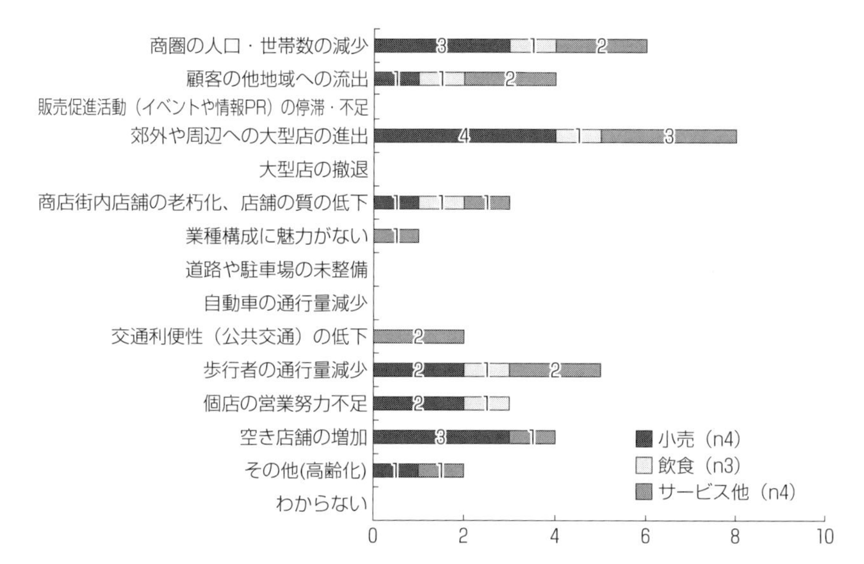

図4－4　伊丹市中心市街地が5年前と比較して衰退している理由（3つ選択可）

れるため，加盟店の固有性や立地環境による影響も排除できないと考えられる．

（2）　伊丹郷町商業会の活動

ここでは，伊丹郷町商業会の活動のなかで期待される役割，商店街組織の強み，行事・イベントへの参加について質問している．いずれの質問も複数回答可としている．

伊丹郷町商業会に期待される役割（図4－5参照）は，地域の賑わいの創出34，地域情報発信の担い手20，地域の文化・伝統の担い手16，まち並みや歴史的資産の保存14の回答が多かった．逆に，観光客へのホスピタリティの提供3，創業機会の提供1の回答は少ない．

伊丹郷町商業会の強み（図4－6参照）は，役員が若い24，リーダーがいる19，業種構成10，商圏人口が多い8，大型店と競合しない7に回答が多かった．一方，店舗の規模が大きい0，駐車場がある1，交通量がある1，郊外型専門店と競合しない1，各店舗に後継者がいる1，店舗が新しい2などは回答が少なかった．

伊丹郷町商業会が直面する課題（図4－7参照）は，業種構成15，特になし14，郊外型専門店との競合11，大型店との競合9であった．一方，リーダーの不在

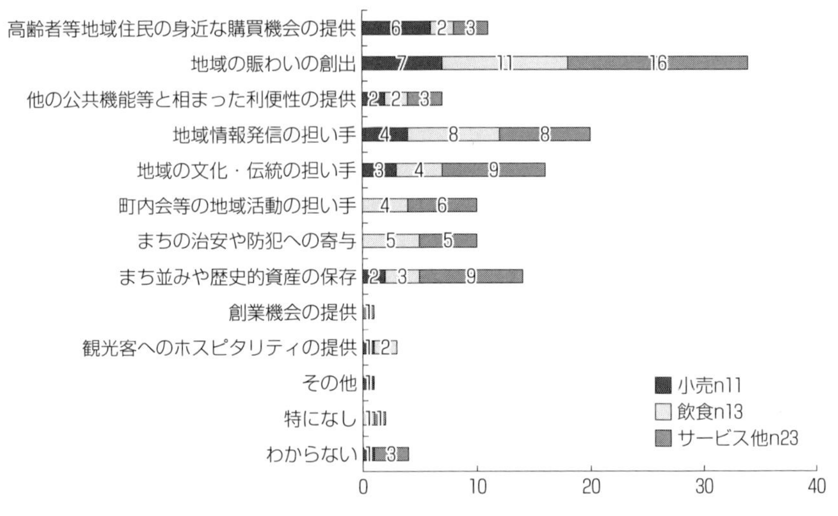

図4－5　伊丹郷町商業会が期待される役割（複数回答）

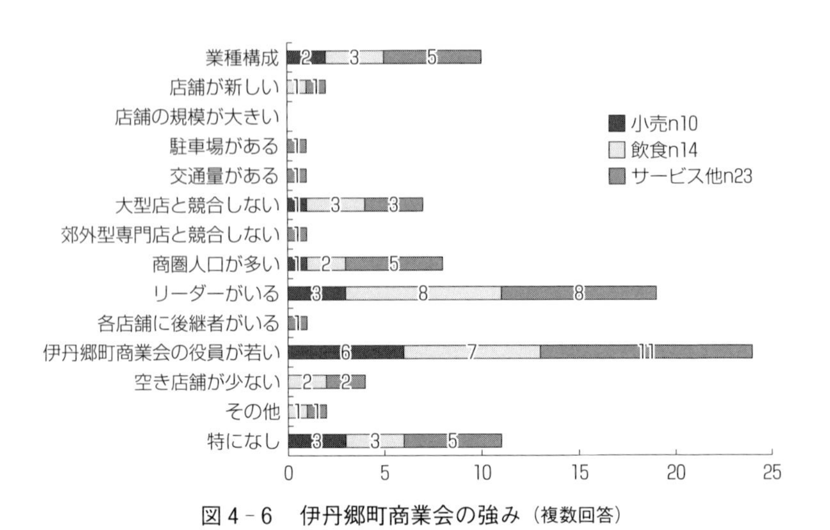

図4－6　伊丹郷町商業会の強み（複数回答）

0，役員の高齢化1，交通量の減少1の回答が少なかった．

ここまでのアンケート結果に少し考察を加えたい．伊丹郷町商業会の会員は商店街組織に期待されている役割を地域の賑わいの創出であると受け止めていた．そして，地域情報発信の回答も多いのだが，それは観光客に向けられたものではなく，市民や地域社会に向けた活動であると考えられる．商店街組織に

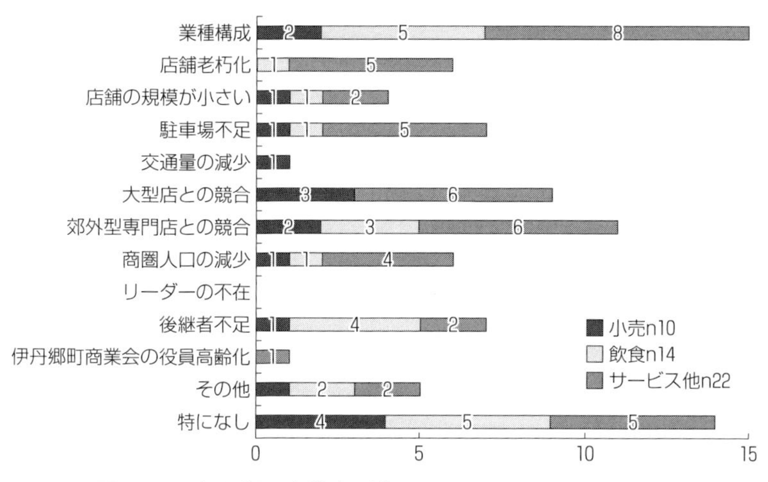

図4－7　伊丹郷町商業会が直面している課題（3つ選択可）

は，若い役員がおり，リーダーがいるため，それを課題としてあげる回答もなかった．一方，店舗構成，郊外型専門店との競合，大型店との競合は，伊丹郷町商業会の強みと課題の両方に回答があり，意見が分かれていた．意見が分かれた理由は，アンケート結果から分析するのは困難だが，加盟店は業種・業態によって脅威と捉える視点が異なった可能性があるだろう．

（3）　行事・イベントへの参加と動機

行事・イベントへの参加（図4－8参照）は，「積極的に参加」，「参加」，「不参加」のいずれかをすべての行事・イベントに対して回答する質問である．そこで，「積極的に参加」，「参加」のいずれかに回答した合計値を示したい．回答数の順に鳴く虫と郷町27，宮前まつり17，伊丹まちなかバル15，はたら子14，伊丹郷町屋台村９，愛染祭り９，伊丹市花火大会９であった．なお，伊丹郷町商業会が主催する行事・イベントは，伊丹郷町屋台村，はたら子，クラフトアート＆マルシェの３つである．

このなかで，伊丹まちなかバルに参加した加盟店について掘り下げて分析していきたい．伊丹まちなかバルに「積極的に参加」，「参加」を選択した回答に，参加理由を７項目について４択（非常に大きい，大きい，少ない，全くない）で尋ねている（図4－9参照）．

理由のなかで「非常に大きい」，「大きい」の合計でみると，地域を活性化す

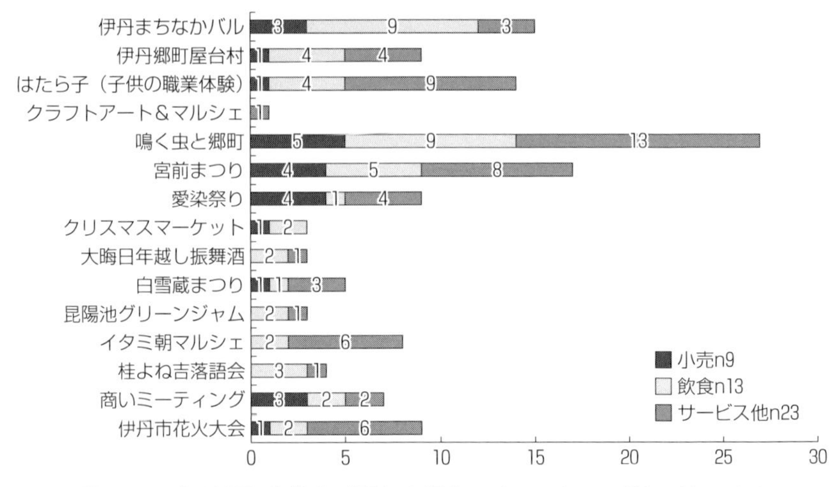

図4－8　伊丹郷町商業会が関わる行事・イベントへの参加（複数回答）

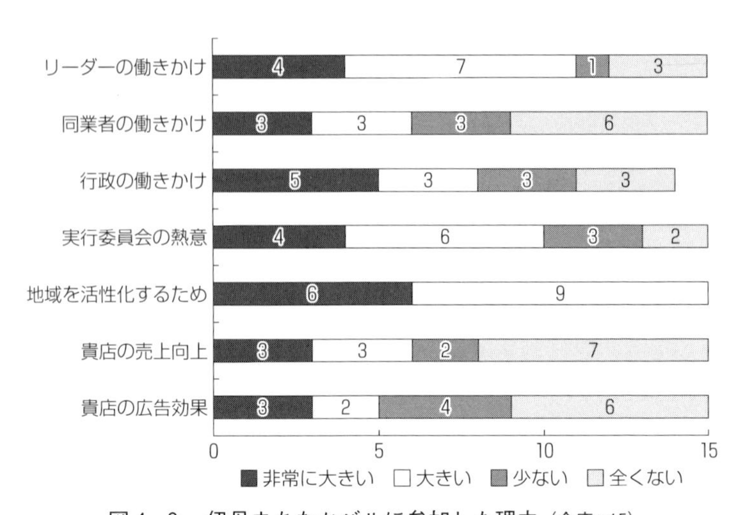

図4－9　伊丹まちなかバルに参加した理由（全店 n15）

るため15，リーダーの働きかけ11，実行委員会の熱意10の回答が多かった．一方，貴店の広告効果５，貴店の売上向上６，同業者の働きかけ６は回答が少なかった．小売店とサービス他の参加は，チケット販売，ボランティアでの参加が多いと考えられる．

次に，伊丹まちなかバルに参加した飲食店に対象を絞ると次の図になる（図

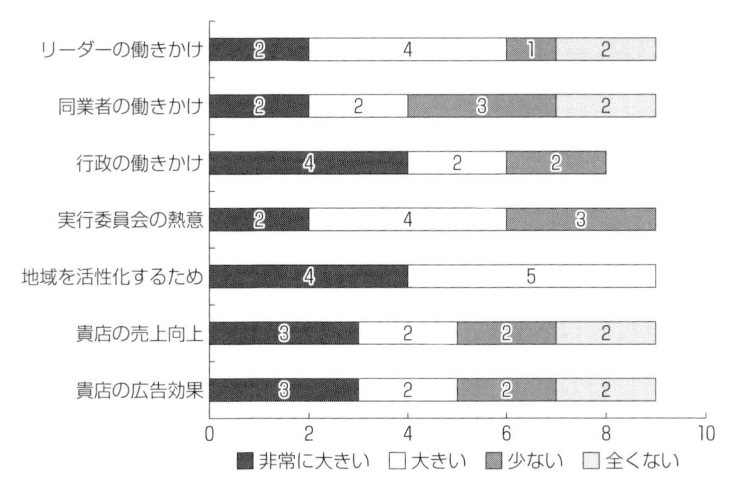

図４－10　伊丹まちなかバルに参加した理由（飲食店 n9）

4－10参照）．飲食店は自らの収益事業としても参加するため，同業者の働きかけ，売上向上，広告効果が「全くない」，「少ない」とする回答が減っている．

5　アンケート結果の分析

（１）伊丹郷町商業会におけるイベントの成果と参加

伊丹郷町商業会の会員は地域の賑わいの創出に対して使命感を持ち，イベントの実施によって中心市街地が繁栄してきたと考えている．伊丹市の中心市街地が５年前（伊丹まちなかバル創成期）と比較して繁栄したと考える傾向が強く，イベントの賑わいをその主たる理由にあげたといえる．2009年から始まった伊丹まちなかバルが会員の意向に与えた影響は大きいだろう．ただし，アンケート結果からは伊丹まちなかバルだけでなく，様々なイベントを考察し直す必要性も示している．なぜなら，伊丹まちなかバルが開催される以前からある鳴く虫と郷町や宮前まつりなどの参加者数も多かったからである．

行事・イベントの参加率を見ていくと，小売店は平均2.66回／店，飲食店3.69回／店，サービス他2.69回／店であった．この点からも，飲食店は参加しやすい行事・イベントが多く，参加回数も多くなる傾向にあったことが示されている．また実際に，飲食店やサービス他の会員はイベントを通じて商店街の役員となった若手経営者が増えている．そして，この若手役員の養成は商店街組織にとって強みと捉えられているのであり，商店街組織は経済効果だけでないイベントの成果を得ていたといえる．また，リーダーの存在も商店街組織の強みであり，荒木宏之は若手の役員を登用した点が評価されているのだろう．さらに，会員が伊丹まちなかバルに参加する際にもリーダーによる働きかけがおこなわれていることから，イベント参加率の上昇にも少なからず影響を与えたと考えられる．

（2）伊丹まちなかバルに参加した飲食店の動機

飲食店が伊丹まちなかバルに参加した理由を7項目について評価（非常に大きい4，大きい3，少ない2，全くない1）してもらい，項目間の相関係数（r）を求めた（図4－11参照）[14]．ピアソンの積率相関係数は $r>0.7$ なら正の相関関係が強いことを示している．帰無仮説の検定（自由度7：$t>2.36$，$t<-2.36$，$p<0.05$）で棄却された結果が次の通りである．

「リーダーの働きかけ」は，「同業者の働きかけ」，「実行委員会の熱意」，「貴店の売上向上」，「貴店の広告効果」との間に正の相関関係がある．また，「同業者の働きかけ」と「実行委員会の熱意」，「貴店の売上向上」と「貴店の広告効果」の間にも正の相関関係があった．リーダーが率先してイベントを企画し，加盟店が参加することで商店街組織としてイベントが繁栄の象徴になってきたと解釈すればアンケート結果とも一致する内容である．

ただし，「行政の働きかけ」，「地域を活性化するため」は，いずれの項目とも相関関係がなかった．また，「リーダーの働きかけ」と「行政からの働きかけ」に相関関係は認められないが負の数値となっているため，それぞれの働きかけは独立しており，会員は異なるコーディネーションを受けたと解釈することもできるだろう．

以上から，飲食店が伊丹まちなかバルに参加した動機は，「リーダーの働きかけ」，「売上向上と広告効果」，「行政からの働きかけ」，「地域活性化（全体の利益）」など，多様な動機の下での決定であったと推察できる．

6　結　　語

本章は，伊丹郷町商業会会員へのアンケート調査の結果をもとに中心市街地における個店の景況感や商店街組織の強みや課題について明らかにしてきた．

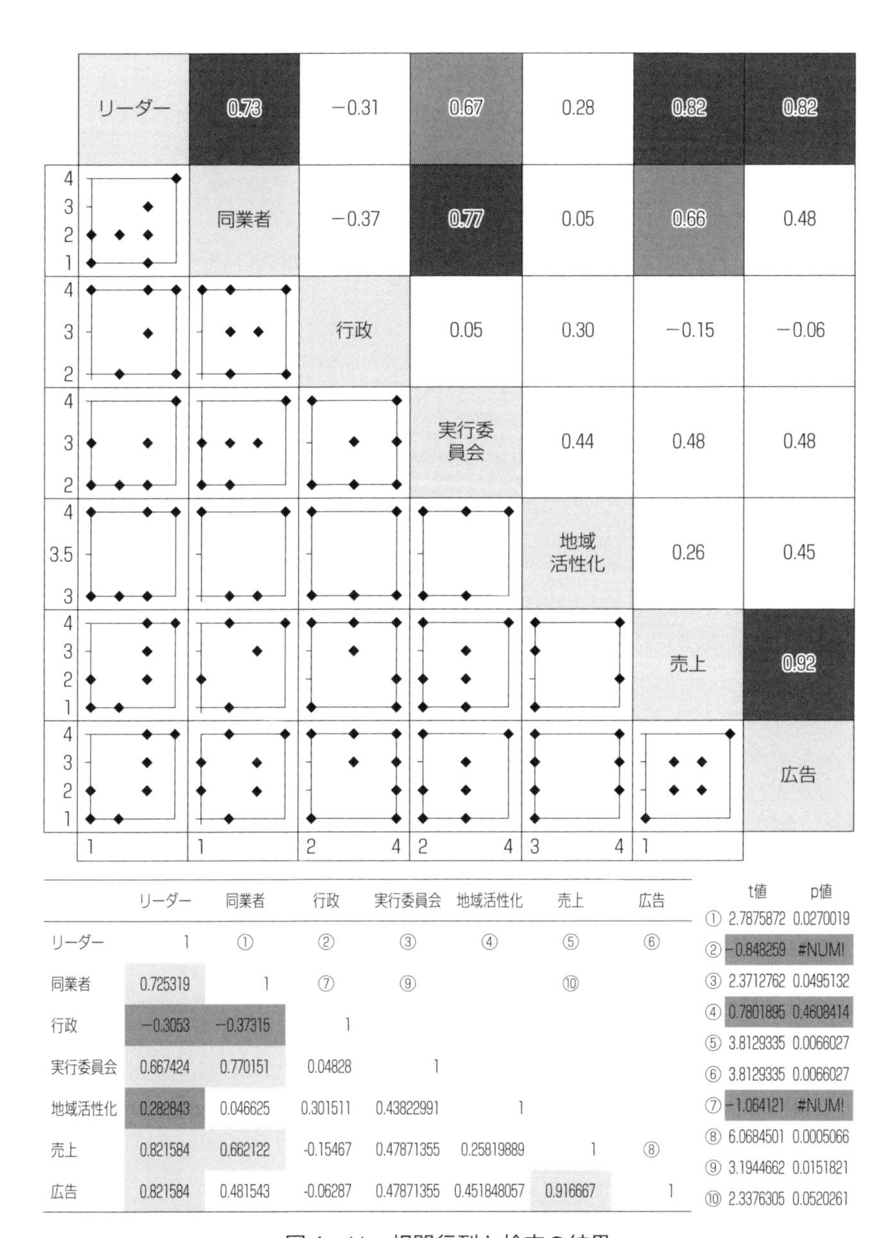

	リーダー	同業者	行政	実行委員会	地域活性化	売上	広告
リーダー	1	①	②	③	④	⑤	⑥
同業者	0.725319	1	⑦	⑨		⑩	
行政	−0.3053	−0.37315	1				
実行委員会	0.667424	0.770151	0.04828	1			
地域活性化	0.282843	0.046625	0.301511	0.43822991	1		
売上	0.821584	0.662122	-0.15467	0.47871355	0.25819889	1	⑧
広告	0.821584	0.481543	-0.06287	0.47871355	0.451848057	0.916667	1

	t値	p値
①	2.7875872	0.0270019
②	−0.848259	#NUM!
③	2.3712762	0.0495132
④	0.7801895	0.4608414
⑤	3.8129335	0.0066027
⑥	3.8129335	0.0066027
⑦	−1.064121	#NUM!
⑧	6.0684501	0.0005066
⑨	3.1944662	0.0151821
⑩	2.3376305	0.0520261

図4－11　相関行列と検定の結果

そこで浮かび上がってきたのは，商店街組織がイベントを実施したことで繁栄してきたと考え，地域のにぎわい創出を使命とし，リーダーと若手役員によってその活動をより活発化させてきたという会員の意識であった．

伊丹郷町商業会の会員は地域の賑わいの創出に対して使命感を持ち，同時にイベントの実施によって中心市街地が繁栄してきたと考えていた．特に，飲食店は小売店やサービス店・その他と比較してイベントに参加しやすく，参加回数も多くなる傾向にあった．伊丹まちなかバルや伊丹郷町屋台村などはその代表的な例である．イベントの成果は経済的な効果だけでなく，商店街組織の強みである若手役員を育成した点も強調すべきだろう．

さらに，商店街組織の会員がイベントに参加する動機の解明に踏み込んだ．伊丹まちなかバルに参加した飲食店に限定しているが，リーダーの働きかけと加盟店の売上向上や広告効果に強い相関関係があったことを示した．また，リーダーと行政の働きかけは独立性があったことも推察された．つまり，伊丹まちなかバルに参加した飲食店の動機は，商店街組織内の働きかけだけでなく，行政など外部からの働きかけから影響を受けたといえる．このことは，職域においてコーディネーションの裁量が独立的であることの1つの証左であるといえよう．

課題としては，アンケートのサンプル数が少なく，因子分析を用いることができなかった点があげられる．また，歴史的な行事や他のイベントも分析すべき点，調査方法について他の商店街でも実施して比較検討をおこなうべき点などがあげられる．事例によってはリーダーと行政との正の相関関係が認められるケースなど，多様な事例を分析できるよう検討を進めていきたい．

注

1）　自由記述による回答を分類しており，太原街と寧官市場でそれぞれ小売販売促進活動（32.5%，42.3%），品物の展覧会（29.0%，28.5%），歌と舞踊の披露（20.5%，13.0%），有名人の参加するイベント（12.4%，14.1%），その他（5.7%，2.1%）であった［岩永 2014：184］．

2）　地域や商店街への愛着はインショッピングに好影響をもたらすが，商店街へのつながりは負の影響をもたらすと結論づけている［渡邉 2014：24-25］なお，岩崎［2006］は「インショッピングの規定要因」として地元志向で買物する行動は「小規模店志向」，「商店街評価」，「人的コミュニケーション志向」が直接的・間接的に有意な影響を与えるとしていた［岩崎 2006：661］．

3）　活動の目的は，商店街を活性化するため76.4%が多かった．環境配慮の活動内容は，リサイクル拠点67.6%，ゴミ処理・リサイクル活動64.7%の回答が多かった．活動の種類は，約70%が１種類か２種類と答えているが，なかには７種類を実施する商店街もある．課題はマンパワー不足，予算不十分，コンセンサス形成の難しさの回答が多い．協力・連携先の有無は，85.2%が有と回答している．その内訳は，行政65.5%，学校44.8%，地元住民34.5%，環境 NPO 等27.6%，他のエコ商店街27.6%，町内会・自治会24.1%，他の商店街17.2%であった（複数回答）［谷村・佐藤 2003：1-11］．

4）東京都多摩市の商店会連合会に加盟する商店主を対象にアンケート調査している．有効回答数は141である［毛利 2008］．

5）吉田［2014：796-98］によると，京都商店連盟中京東支部の８つの商店街振興組合を対象に個店のベンチ設置意向を尋ねている．有効回答数は103である．ベンチ設置意向は，既設置の店舗が17%，設置可７%，客用可16%，ベンチ設置不可60%であった．設置決定権は，自店56%，不動産管理会社11%，本社30%，契約上不可２%であった．また，設置可能店舗を母数とした場合に，店舗内で可能32%，アーケードの柱や歩道までの間で可能61%となっている．

6）横山［2006a：57］は，兵庫県下の商店街，小売市場，共同店舗などを対象として小売商にアンケート調査をおこなっている．有効回答数383で有効回答率76.6%であった．

7）城田［2002］の有効回答数はであった．質問内容は来客用駐車場の台数，不動産の権利，住宅併用の有無，店舗改装，将来計画，年商の増減，後継者の育成など中小零細店舗の経営者に加え，商店街の現状，理想，駅周辺の改善問題，必要な施設，組合による協同事業など商店街組織に対する要望を聞いている．

8）大学生へのアンケートの回答数は178であった．伊丹市の中心市街地への来訪頻度は，ほとんど行かない33.7%，行ったことがない28.6%，ほとんど毎日10.3%，週に１-３回11.4%，月に１-３回8.0%であった．中心市街地に行く目的は，通学先・塾・アルバイト，最寄り品の買物，飲食の順に回答が多かった．中心市街地に行かない理由は，自宅から遠い，どんな店があるか知らない，行きたいと思う店舗・施設がないの順に回答が多かった［伊丹市 2016：54-56］．

9）来街者アンケートは，2015年６月28日（日）と30日（火）のいずれも10時～19時に中心市街地の５か所（JR 伊丹駅前（アリオ前），阪急伊丹駅前，ことば蔵前，三軒寺前広場周辺，サンロード商店街内）で調査員が調査票を持って聞き取りで実施している．回収したサンプル数は，平日201，休日210であった［伊丹市 2016：27］．

10）回答数は637通であった．回答者の属性は女性91.5%，男性8.5%であった．年齢は40代56.8%，30代38.2%であった．イベント参加度（n＝82）のほかには，中心市街地への来訪頻度，交通手段，来訪目的，来訪の増減，増減の理由，中心市街地のイメージ，中心市街地の満足と不満足，イオンモールへの来訪頻度などの質問があった．なお，アンケートは市内の全17小学校区に配布されているため，中心市街地やイオンモールは距離の近い小学校区ほど来訪頻度が多くなる傾向がみられた［伊丹市 2016：45-54］．

11）記述は2013年12月４日，2014年３月26日のヒアリング調査を基にしている．本研究のアンケートに伴う許可，会員への周知，質問項目の確認等で協力を受けた．

12）回答数は小売店11，飲食店14，サービス店・その他が24，未分類１であった．現地で開店した時期は小売店（昭和以前６，平成３，不明２），飲食店（昭和以前２，平成

11，不明1），サービス店・その他（昭和以前10，平成14），未分類（昭和以前1）であった．

13）ただし，アンケート調査の自由記述欄にはイオンモール出店の影響が予想より小さかったという意見もあった．

14）なお，小売店，サービス他を含む15店で計算すると相関関係は認められなかった．

第5章

「函館西部地区バル街」から「伊丹まちなかバル」への情報提供とその経路

1　イベントを広げたコーディネーション

兵庫県伊丹市の商店街「伊丹郷町商業会」は，近年，会員数の増大と役員の若返りに成功した全国的にも珍しい商店街である[1)]．その大きな要因は同商業会が取り組んだイベント「伊丹まちなかバル」の実施であった．これを契機に，飲食店中心のイベントが増えて外部環境の変化に対応すると同時に，組織内で抱える問題解決が促されたことが商店街に大きな変化をもたらしたのである．

「伊丹まちなかバル」は，伊丹市中心市街地活性化協議会が主催する事業であり，函館市の「函館西部地区バル街（以下：BĀR-GĀI）」からマップを手に食べ歩き飲み歩きする「バルイベント」の仕組みを学んだことに由来する．しかし，その企画が伊丹市中心市街地活性化協議会に持ち込まれて採用される過程やBĀR-GĀIと伊丹まちなかバルの類似点と相違点についての分析はない．そこで，「伊丹まちなかバル」が企画された前決定過程について検討する必要があると考えた．

また，「伊丹まちなかバル」の成功は，伊丹市の中心市街地活性化や商店街組織にとどまらず，近畿圏の各地域へと情報提供をもたらすような外部効果にもなった．特に，外部効果をもたらした要因は，「近畿バルサミット」が伊丹まちなかバルに合わせて同時開催する会議として定着したからだと考えられる．そこで，バルイベントがBĀR-GĀIを起源として広がり，「近畿バルサミット」が外部への情報伝達にどのように用いられたかも明らかにしたい．

そこで，BĀR-GĀIから伊丹まちなかバルへの情報提供がどのようにおこなわれたか分析するうえで，情報伝達経路に関わった人物（キーパーソン）に注目していく．そして，情報伝達経路に関わったキーパーソンがどのような働きかけをおこなったのかについて，コーディネーション概念を用いて分析していきたい.

コーディネーションとは，第三者的な立場で事業推進の関係調整の機能を果たす者（コーディネーター）が新たな解決策を模索するためにおこなう「働きかけ」のことをいう．この働きかけの結果，対等な関係を構築した「つながり」が生まれる．このコーディネーション概念が，商店街組織や中心市街地活性化協議会，イベント等の実行委員会など，単一でない多様な主体の連携や協働を，キーパーソンの視点から分析するのに有効性を持つことを提示している．ただし，コーディネーションはコーディネーターの裁量に規定される面もある．つまり，コーディネーターの職業や職位や個々人の選好が，コーディネーションの可否や有無に影響を与えることには留意する必要がある．

そこで，これまでにも述べてきたがコーディネーション概念の位置づけについて改めて確認していこう．

2　コーディネーション概念の位置づけと分析枠組み

（1）　コーディネーション概念の位置づけ

中小小売商業者の機能は，流通機構における小売（経済的側面）と，地域社会における主体（地域的側面）に大別できる．経済的側面は，毛細血管をはりめぐらすように生産者と消費者を架橋する機能を担っている点にある［保田 1988；番場 2003］．中小小売商業者は個々に独立しているが，商店街やショッピングセンターなど商業集積としても品揃えとサービスを形成し，組織形成を通じて事業をおこなうような社会性を担っている．地域的側面は，中小小売商業者が個々に，商店街組織としても，福祉・環境・都市再開発・自治（祭事を含む）など，まちづくりをおこなうような社会性を担っている点にある［石原 2006；出家 2008］．中小小売商業者は職住一致で生業性が高く，家族従業が主であることから，地域社会とも必然的に密接で不可分な存在であり［石井 1996；満薗 2015］，地域のなかで活動に参加することが必然となっている者も多数存在しているからである．

商店街のまちづくり，すなわち商店街組織や会員の活動は，上述の経済的側面と地域的側面を一体として捉えた分析が進められてきた．商店街の人々は，経済活動（個店および商店街組織の活性化）だけでなく，自治活動（街路や町並みなどコモンズ的な空間の活性化）にも参加しやすいからである．このような商店街や商店街活動を対象とした研究は少なくないが，なかでも石原・石井［1992］のモデルはエポックメイキングな存在であり，商業集積が革新するためのライフサイクルなど，商店街および商店街組織における発展段階ごとの要因や固有な特徴を示した．石原・石井［1992］においては，商店街が有する多くの課題が指摘されている点，とくに公共政策や外部諸機関の重要性を指摘している点は評価できるが，商店街組織と多様な主体との連携を分析しなかった．角谷［2009］はこの点に着目し批判的に検討した．すなわち，商業集積としての商店街の振興事業は，商店街組織が主導するケースだけではなく，現実には行政やまちづくり会社，NPO等が事業を主導する場合もあり，その場合は商店街組織が従属的に必要不可欠なサポートをおこなうことを示したのである．その後は，商店街組織や会員の活動は多様な主体間の連携の視点からも事例分析がおこなわれるようになってきている［福田 2009；菅原 2010；李 2010］．

そこで，新たな分析視角や分析手法の開発を目指し，中小小売商業者の役割として注目されてこなかった多様な主体間での調整機能の存在を指摘したい．多様な主体が関わる商店街のまちづくりで中小小売商業者の役割を分析するには，土居［2002］，加藤［2006］など実務家によって主張されたリーダー論や，三隅［1986］，金井［2005］などで論じられたフォロワーへの作用を解明するリーダーシップ論だけでは不十分であった．なぜなら，商店街組織や中心市街地活性化協議会などの多様な主体間の連携では，各主体が独立しているため，企業組織的リーダー像をフォロワーが求めていないし，リーダーだけがキーパーソンではなかったからである[2]．

そこで，多様な主体間の連携についてコーディネーションの概念から新たな着想を得ようとした．コーディネーション概念は，比較制度論［青木 2008］で「各個人が企業活動で収集した情報を組織内で交換し，集団的に使用する組織的仕組み」，ボランティア論［早瀬・筒井 2009］で「解決が困難な現状の問題に対して新たな解決策を生み出す話しあいを持つべく，対等な関係を構築できるような機能」としている[3]．

後者の定義を商業論に摂取して再考し，第三者的な立場で事業推進の関係調整の機能を果たす人物の行為をコーディネーションとした．コーディネーションは，コーディネーターの裁量に規定されつつも，新たな解決策を模索した「働きかけ」であり，その結果として対等な関係を構築した「つながり」が生まれることを目的としている．この対等な関係とは，情報提供に対する金銭の授受の有無を示すのではなく，意思決定において優劣や上下関係の無い状態を意味している．商店街組織にコーディネーションの分析視角や分析方法を適用し，商店街組織内で変化を促進する働きかけに加え，外部[4)]から商店街組織や会員に向けられた働きかけも分析できると考えた．

コーディネーションという何らかの目的を持った「働きかけ」によって何かと誰か（又は，誰かと誰か）が「つながり」，問題の解決策が生まれる過程の分析を対象としている．それによって捨象した分析視角は今後の研究で補いたい．

（2）　分析枠組みと調査方法

目的はBĀR-GĀIから伊丹まちなかバルへの情報提供とその経路をコーディネーションの過程から明らかにすることである．分析対象は，情報の授受に関わったキーパーソンである．キーパーソンへの聞き取り調査結果を基にコーディネーションの過程を解明していく．コーディネーションは，新たな解決策を模索した「働きかけ」である．その結果として対等な関係を構築した「つながり」が生まれるという前提に立っている．

なお，その前提となる問題設定は漸次構造化法によってデータ収集，データ分析を進めつつ，修正してきた［佐藤 2002］．データ収集は，半構造化インタビューによってキーパーソンに聞き取り調査をおこなっている．インタビューでは，あらかじめ電話やメールで連絡を取って質問状を送付し，面接時に質問状に基づいて聞き取りをおこなった．その後，聞き取った内容は必要に応じて電話やメール等で確認している．

なお，今回の調査対象である伊丹まちなかバルと近畿バルサミットには各7回参加している．また，BĀR-GĀIにも3回参加している．そのなかでインフォーマル・インタビューもおこなっており，そこで得られた体験や情報も本章の構成に役立っている．そのほか，フィールドワークで現場の様子を確認し，複数のバルイベントでは聞き取り調査やバルイベントの報告書等の提供を受けている．これらの情報は本章の議論を展開するうえで必要な材料として注に記載していきたい．

3 函館西部地区バル街の特徴と他地域への広がり

（1） BĀR-GĀIの特徴と経緯

イベントBĀR-GĀIは函館市の都市人口および商圏人口が縮小均衡している環境下で2004年に生まれた．近年，函館市は小売業の事業所数，年間商品販売額，飲食業の事業所数，人口のいずれも大幅に減少しているからである[5]．

ここからは，函館西部地区バル街実行委員会の深谷宏治（実行委員長），加納諄治（事務局長）への聞き取り調査を基に記述していく[6]．BĀR-GĀIは西部地区（十字街電停を中心とした元町・末広町・宝来町地区周辺[7]）で開催している．元町と末広町地区は都市景観形成地域に指定されて伝統的建造物群保存地区も含むため，都市計画マスタープランで観光拠点に位置づけられた観光商業地である．函館市の後援・協力は，函館市電の臨時運行，当日イベント事務局を置く函館市地域交流まちづくりセンターの貸借などで補助金はない．

BĀR-GĀIのコンセプトは深谷氏がつくった．当初は「2004スペイン料理フォーラム in HAKODATE」の前夜祭として企画された．前夜祭で1回限りの開催を予定していたが予想を超える盛況で，その後に長期的に継続できる仕組みを整えた．そのため，スペイン料理フォーラム実行委員会のメンバー10人のうち9人がそのまま函館西部地区バル街実行委員会へ移行した．実行委員会は何人かの入れ替わりはあったが，現在も13人（BĀR-GĀI参加店4人を含む）で構成される．その背景に料理人同士の連携も進んでいた[8]．実行委員はボランティアであり，事務局も専従スタッフを置いていない．

イベントには多くの特徴がある．開催日は決まっていないが年2回開催している．開催期間は1日限りであり，土曜日や祝日前日に開催していない．ただし，余ったチケットをバル街翌日から1週間ほど金券で使える仕組み（あとバル）を設けた．このように，観光集客の多い地区であるが，イベントのターゲットを観光客にしない目的がある[9]．

第1回の参加店は25店であったが，2回目37店とそれ以降も増え続け，第17回には76店が参加した．参加店の立地範囲が広がったため，イベントのマップエリアも当初と比べて北東・北西に広がってきた．ただし，飲食店は希望すれば参加できる訳ではなく，実行委員会が一定の基準に達しているかどうか判断しており，参加が認められないケースも20件ほどあったという．

参加店が増えたのは，主に 2 点の要因が考えられる．まず，参加店を増やさなければ参加者・希望者の増加に対応できなかった点である[10]．何度かはチケットを買えない客も出たので，参加店数も最大で当初の 3 倍になり60～70店台で推移している．次に，イベントは参加店にとって分かりやすく費用と労力の負担が少ない仕組みだった点である．実行委員会がマップ・ポスター等の制作と配布，チケット清算までを訪問しておこなうからである．実行委員は分担して参加店を訪問し，苦情相談や意見を聞き，同時に店の様子もみて情報収集する．

（2） BĀR-GĀI から他地域への情報伝達

加納によると，函館西部地区バル街実行委員会にこれまで多くの視察が来ており，その度に事務局はイベントの仕組みやノウハウを全て公開し，無償で提供してきたという．訪問者からは，商標を取っているので認可制を取ったらどうか，という提案もあったようだ．しかし，許可制等で管理する可能性はないという．また，全国でバルイベントを開催する地域からバルサミットの開催を打診されていた様だが，2011年の「バルまち会議 in HAKODATE（25団体参加）」を除き，サミット形式の会議も開催していない．

BĀR-GĀI の仕組みを学んだ他地域は数十に上る[11]．他地域は仕組みを学ぶだけでなく，BĀR-GĀI からの出張出店依頼，BĀR-GĀI への出張出店依頼もしている．また，BĀR-GĀI は函館市周辺の市町村からも店単位で出張出店を受け入れ続けている．

これまで，他地域は BĀR-GĀI から情報提供を受ける過程で函館市を訪問してきたが，その後，独自に集会を開いて情報提供をおこない始めた．伊丹まちなかバルは2011年から「近畿バルサミット」を開催し，バルウォーク福岡は九州沖縄バルネットワークを形成しながら2015年に「九州・山口バルまちづくり協議会」を開催して情報共有している．

以上のように，函館市内では BĀR-GĀI の開催以前からイベント運営の土台が構築されていた．また，BĀR-GĀI は情報提供を求める他地域に対して個々に対応し，地域毎に連携している．一方，全国のバルイベントをまとめて情報共有するような活動はしていない．むしろ，BĀR-GĀI から情報提供を受けた地域がさらに他地域へ情報伝達するケースや，近畿や九州などブロックごとに情報共有がなされている．

（3） 伊丹まちなかバルへの情報伝達

伊丹まちなかバルは2009年10月に近畿圏でバルイベントを初開催した[12]．伊丹市中心市街地活性化協議会（以下，協議会とする）が主催者であり，伊丹市の中心市街地で開催されている．中心市街地は，伊丹市都市景観条例で指定された郷町地区[13]が面積の約半分以上を占めている．

伊丹まちなかバルは，次の2点がBĀR-GĀIと大きく異なっている．まず，第3回までマップ制作に兵庫県の補助金を受け，費用面でイベントを導入しやすい環境を整えていた点である．次に，イベント「オトラクな一日」と同時開催して相乗効果が大きかった点である．オトラクな一日は，初回から100人のアーティストが店内，街中で音楽演奏している空間を演出し，待ち時間の対応にもなる．また，オトラクな一日も同補助金を用いることができた．このように，伊丹まちなかバルは伊丹市の関与も大きい．

伊丹まちなかバルはBĀR-GĀIからどのように情報提供を受けたのか．綾野昌幸（運営の中心人物：伊丹市役所[14]），中塚一（コンサルタント会社[15]）への聞き取り調査を基に記述していく．綾野によると，協議会で飲食関連のイベントを開催したいと模索していたところ，コンサルタント会社や2人の市議会議員からBĀR-GĀIの情報がもたらされた．さらに，コンサルタント会社から得た情報を基に模擬的に店を回ってみたところ実施できそうだとの感触を得たようである．そして，綾野は伊丹まちなかバルを実施することを決め，補助金を活用できる段取りをつけ，2009年6月に第1回の伊丹まちなかバル実行委員会を開催した．

中塚は2009年4月のBĀR-GĀI開催時に函館市を訪問し，深谷と加納からBĀR-GĀIの仕組みについて情報提供を受け，イベントの様子をビデオ撮影した．これらを協議会に報告した後，8人程のメンバーで模擬的に複数の飲食店を梯子して実験している．この点は綾野からの聞き取り内容と同様である．その後，中塚は綾野に加納を中心人物として紹介した．綾野は加納から電話やメールで情報収集し，「あとバル」や「チケットの販売と回収」など仕組みの詳細について学んだのである．

（4） 伊丹まちなかバル実行委員会の拡張と外部への情報伝達

伊丹まちなかバル実行委員会は，バルイベントの実施を決めた後，本番までの短期間に広報やチケット販売，集客の仕掛けをつくっていった．綾野は独自に集客の梃入れを図ろうとして，手作り行灯の演出，まちなかシアター（新旧の街並み），蔵富都たうんミュージアム（工芸作家のクラフト展），オトラクな一日，aruco（まちあるき）など同時開催の企画を準備した．その中で最も特徴的な例は，村上有紀子（当時主婦，後にいたみタウンセンター理事長），中脇健児（公益財団法人伊丹市文化振興事業団）を巻き込んだ点であった[16]．

さらに，伊丹まちなかバルの仕組みは他の市町村へと伝達された．その仕掛けが近畿圏で急速にバルイベントを広めた近畿バルサミット（綾野昌幸が主宰）である．近畿バルサミットは，2011年5月から伊丹まちなかバルの開催に合わせて年2回開催されている．毎回20〜30団体ほどが参加しており，その中にバルイベントが未実施であった50以上の団体（2015年10月時点）も含まれる．当初は，バルイベントの仕組みを公開し，比較的容易に模倣できるように情報伝達する場として求められた．そのため，伊丹まちなかバルに類似した名称で開催するバルイベントもみられる[17]．その後，近畿バルサミットでは，各地域や企業が新たな試みや課題を持ち寄って情報交流している．例えば，マルシェや菓子類など物販の扱い，落語寄席や温泉とのコラボレーション，スマートフォンなど情報端末の利用など，各地の新たな取り組みが紹介される．このように，綾野は近畿バルサミットによって情報発信と情報交流の場を提供するなど，中間支援的な役割で他地域へと情報伝達をおこなったといえる．

なお，近畿バルサミットは独立行政法人中小企業基盤整備機構が開催する近畿中心市街地活性化ネットワーク研究会[18]のメンバーを母体に設立された．綾野は，研究会に参加していた守山市と田辺市の担当者から乞われて研修会を開催し，その後，研修会のメンバーを中心に近畿バルサミットを発足させたのである．

4　函館西部地区バル街から伊丹まちなかバルへの情報提供の分析

（1）　運営方法の比較

BĀR-GĀIから伊丹まちなかバルには，バルイベントの仕組みについて情報が伝えられた．その結果，「マップの制作」，「チケット販売と清算」，「あとバル」など，運営方法のほとんどをそのまま取り入れたといえる（表5‑1参照）．「チケット精算方法」は部分的に異なるが，より多く売れた店が経費も多く負担する仕組みという基本設計は同じである．逆に，BĀR-GĀIから伊丹まちな

表５-１ 伊丹まちなかバルとBĀR-GĀIの運営方法の比較

	伊丹まちなかバル	函館西部地区バル街
主催者（その中心）	伊丹市中心市街地活性化協議会（伊丹市役所，伊丹商工会議所）	函館西部地区バル街実行委員会（料理人を含む市民有志）
主要な併催イベント	オトラクな一日（毎回）	スペイン料理フォーラム（２回） 世界料理学会（５回）
行政の支援	事務局機能，補助金	函館市電の臨時運行，施設利用
マップ制作	有	有
チケット販売有無	有（１冊５枚）	有（１冊５枚）
あとバル	有（7-8日間）	有（６日間）
チケット販売方法（販売順）	①インターネット予約，②参加店と協力店で販売，③当日	①参加店で販売，②実行委員会と協力店，③プレイガイド・ローソン，④インターネット予約，⑤当日
チケット精算方法	参加店が事務局に持込	実行委員が参加店を訪問
参加店の条件	なし	あり
出張出店（受け入れ）	なし（なし）	あり（毎回10店程度を受け入れ）
開催地	中心市街地	非中心市街地
開催地（景観規制等）	都市景観形成道路地区	都市景観形成地域 伝統的建造物群保存地区を含む
市内の経済環境	小売・飲食の事業所数が減少	小売・飲食の事業所数が減少

注：網掛け部分は相違点（濃い網掛けは強い，薄い網掛けは弱い）を示している．
出所：筆者作成．

かバルが取り入れなかった点は「主催者」，「併催イベント」，「行政支援」，「参加条件」，「出張出店」，「開催地」などであった．伊丹まちなかバルは伊丹市中心市街地活性化基本計画に位置づけられた事業であり，行政としての運営条件が反映したものと考えられる．一方，BĀR-GĀIは料理人が主宰するイベントであり，市民有志による実行委員会を形成していた．この５つが両者の変えられない運営方法であったといえる．また，両者は歴史ある町並みを重視した地区・地域でイベントを開催していたという共通点も見いだせる．この点は全国のバルイベントと比較する上で大きな相違点となるかもしれない．

（２） 情報伝達の経路

伊丹まちなかバルは，BĀR-GĀIの情報をどのように受け取ってきたか，そして仕組みとして構築したのか，コーディネーションの視角からまとめていく

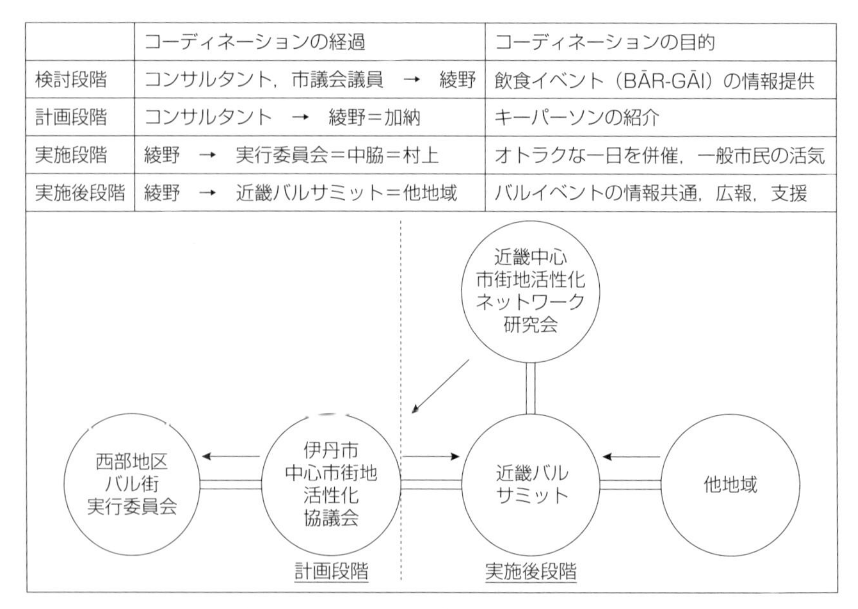

	コーディネーションの経過	コーディネーションの目的
検討段階	コンサルタント，市議会議員 → 綾野	飲食イベント（BĀR-GĀI）の情報提供
計画段階	コンサルタント → 綾野＝加納	キーパーソンの紹介
実施段階	綾野 → 実行委員会＝中脇＝村上	オトラクな一日を併催，一般市民の活気
実施後段階	綾野 → 近畿バルサミット＝他地域	バルイベントの情報共通，広報，支援

図5－1　伊丹まちなかバル開催までのコーディネーション

注：「→」は（新たな解決策を模索した）働きかけであり，「＝」は（対等な関係を構築した）つながりを意味している．

出所：筆者作成．

(図5－1参照)．

伊丹市中心市街地活性化協議会では飲食関連のイベントを開催したいと考えていたところ，綾野が中塚と市議会議員からBĀR-GĀIについて情報提供を受けて薦められるままに開催を検討した．実施計画を策定する段階では，中塚が加納からBĀR-GĀIの資料と仕組みの提供を受け，BĀR-GĀIの様子を撮影して協議会で報告した．ここでバルイベントの開催が決まる．その後，第1回伊丹まちなかバル実行委員会で報告後から開催の準備を進めることになる．中塚が加納を綾野に紹介し，綾野が仕組みの詳細について情報収集して計画を詰めていく．綾野は中脇にイベントの同時開催を働きかけ，同時に村上とともに参加店を募っている．さらに，実施後の段階では，綾野は中脇と村上とともに近畿中心市街地活性化ネットワーク研究会でバルイベントを紹介し，近畿バルサミットを主宰した．そして，近畿バルサミットはバルイベントの仕組みを伝達し，同時に各地の取り組みを発信・交流できるような情報を共有できる場となったのである．

5　コーディネーション概念の検討と考察

ここまで綾野を中心としたキーパーソン間のコーディネーションについて考察した．綾野は行政職員としての裁量権と中心市街地の飲食店を盛り上げたいという個人的意思（願望）を合わせ持っていた．さらに，中心市街地活性化に関わる他地域との交流を深めることを望んで近畿バルサミットを設置した．つまり，コーディネーターは，多様な主体間の連携において個人的意思と組織的裁量権を融合させつつ，組織内又は組織間，組織内と組織間を同時にコーディネートするのである．そして，BĀR-GĀIから情報提供を受けた地域は各地でバルイベントを開催した．そのとき，各地域のコーディネーターはBĀR-GĀIに情報提供を働きかけた．その結果，対等な関係として構築された「つながり」が生まれたのである．

以上，コーディネーション概念は，前提条件：裁量（意思・裁量権[19]），行為：働きかけ（解決策：組織内・組織間），結果：つながり（対等な関係：連携・場）の一連の過程で捉えることができるといえよう．これは，ソーシャルキャピタルにおけるブリッジングの機能（Burt 2001）とも考え方が近い[20]．コーディネーションの視点では，場と連携（ネットワーク）が相互に誕生する過程まで捉えることが可能となる点で学際的な理論的発展も望めるだろう．

6　結　　語

本章では，従来のまちづくり研究において看過されてきた，まちづくりイベントの開催過程や拡散過程でキーパーソンが果たした役割と機能を，コーディネーションの視点から分析したものである．具体的には以下の成果を得ることができた．

まず，伊丹市中心市街地活性化協議会がバルイベントの開催を検討して実施計画をまとめる段階に着目し，専門家を用いて函館市のBĀR-GĀIの情報を入手しつつ，キーパーソンの紹介を通じて必要な仕組みを取り入れ，同時に地域性も生かしながら独自のイベントとして確立していった過程を明らかにすることができた．

次に，函館市のBĀR-GĀIと伊丹まちなかバルにおける他地域とのつながり方の違いがもたらした影響を明らかにした．すなわち，両者は他地域と対等な関係を構築してきたといえるが，函館市のBĀR-GĀIは他地域への情報提供に加えて相互に出張出店をおこなうなど，地域間での連携を重視した．一方，伊丹まちなかバルはBĀR-GĀIとの連携によって得た情報を基に修正を加え，近畿バルサミットに代表される情報提供と情報発信，情報交流をおこなう場をつくったことから，近畿圏でバルイベントを急速に拡大させる結果を生んだ．それを可能にしたのは，近畿中心市街地活性化ネットワーク研究会でのつながりであった．

今後の課題としては，コーディネーション概念の精緻化が挙げられる．そのためには，コーディネーションを把握する手法の開発が求められよう．また，コーディネーションが商店街組織に与えた影響の評価や，ソーシャルキャピタルやネットワーク論などの知見の摂取も課題になると考えられる．

注

1）伊丹郷町商業会は2001年に50程の小売店，飲食店，サービス店，企業，医院，寺社などの会員で結成した．伊丹郷町商業会の会員は他の商店会員を兼ねることもでき，通りに集積する線の商店街ではなく，中心市街地全体に面で展開している．2004年頃の会員数85の内訳は，飲食店（喫茶店含む）14，小売店36，その他35であった．2013年６月時点では会員数が132に伸びている．その内訳は飲食店（喫茶店含む）46，小売店36，その他50であった．2013年に役員が若返って20代・30代の若手経営者が９人（全16人中），飲食店やサービス店の経営者が役員の半数以上になった．さらに，新たなイベント（伊丹郷町屋台村，はたら子等）が企画開催されるなど商店街組織に内的な変化が起こったといえる．

　なお，全国の商店街でも飲食店が増加傾向にあることは中小企業庁『商店街実態調査報告書』で示されている．商店街における飲食店数は増加傾向にある．飲食店の増減は，2009年度（増加20.8％，減少17.0％），2012年（増加21.1％，減少16.2％）と増加と回答した商店街の方が多いからである．その結果，商店街では飲食店とサービス店の店舗構成比率も2003年度33.9％から2012年度42.8％に上がった（http://www.syoutengai.or.jp/jittai/index.html，2014年11月30日閲覧）（http://www.chusho.meti.go.jp/shogyo/shogyo/，2014年11月30日閲覧）．

2）PM理論でいうpmのような，具体的な数値目標の設定や，人間関係を維持管理されるのを好まれない参加者が多い点でボランティア組織に似ている［三隅 1986］．逆に，多様な主体間の連携はフォロワーによる作用も見落とせない．筆者は多くの視察から，名目的なリーダーの下で事務局を担う行政や商工会議所，まちづくり会社などが連携を推進するケースが多いという実感を持っている［角谷 2009；2011］．

3）コーディネーションの概念は，制度派経済学もしくは比較制度分析で重要なキーワードとされている［Milgrom and Roberts 1992；Chavance 2007；青木 2008］．青木［2008］は,「各個人が企業活動に関連して収集する情報は，組織内で交換され，集団的に使用される」ような情報共有について，その組織的仕組みをコーディネーションと定義し，企業組織内の情報効率性を高める働きを類型化した．また，企業内部のコーディネーションの違いが，企業の競争力や生産性の違いを生み出していることを示している．早瀬・筒井［2009］は，コーディネーションの機能を「①モノ・サービスをよりよく組み合わせるはたらき，②役割や特徴を調整して全体の調和をつくるはたらき，③人々の間につながりを生み出すはたらき，④異質な存在の間に対等な関係を創り出すはたらき，⑤活動や組織への参加・参画を促すはたらき，⑥組織やセクター間の協働を実現するはたらき，⑦異なる取り組みをつなぎ，総合力や新たな解決力を生み出すはたらき」と定義している．

4） ここでいう外部とは，行政，商工会議所，組織外商業者，企業，NPO，住民等，多様な主体を指す．

5） 函館市の小売店の事業所数は1997年3877から2012年2718へ大幅に減少しており，年間商品販売額も1997年4241億円から2007年3286億円へ減少している（商業統計，経済センサス）．同様に，飲食店の事業所数は1999年2677から2012年2029へ減少している（事業所・企業統計調査，経済センサス）．また，函館市の人口も減少し続け，1980年の国勢調査では34万5165人であったが，2015年10月末時点で26万8901人であり，2004年に合併した旧4町村の人口減少率も高い．

『経済センサス』，『商業統計』，『事業所・企業統計調査』の順に次の通りである．

http://www.stat.go.jp/data/e-census/2014/index.htm（2015年11月30日閲覧）．

http://www.meti.go.jp/statistics/tyo/syougyo/（2015年11月30日閲覧）．

https://www.e-stat.go.jp/SG1/estat/GL02100104.do?gaid=GL02100102&tocd=00200551（2015年11月30日閲覧）．

6） 深谷宏治（於：レストラン・バスク）2015年6月14日，加納諄治（於：函館市地域交流まちづくりセンター）2015年6月15日に聞き取り調査をおこなった．質問項目は次の通りである．函館西部地区BĀR-GĀIが他地域へ伝播した背景について調査する目的を伝えた上で，①バル街の仕組みと工夫（運営体制，当初から変更した点など），②バル街の様子（参加店，客数の推移，満足度などアンケート結果があれば），③外部から調査訪問や情報提供（函館西部地区バル街をプロトタイプとした事例が多いが，具体的にどのような協力をしてきたか），④今後の展開の4点について聞いた．

BĀR-GĀIは，スペインのバスク地方にある飲食店街のように連なったバルを函館市で再現しようという試みであった．その誕生を分析するには深谷氏の経験を紐解く必要がある．深谷はバスク地方のサンセバスチャン市でピンチョー（楊枝に挿したつまみ料理だがおつまみを幅広く指すようにもなった）を出すバルが増え，バルの梯子を自身も楽しんでいたそうである．そして，酒を飲むことが主目的のパブやバーではなく，ピンチョーと飲み物を注文し，複数の店を梯子する習慣を街単位で再現しようというバル街の着想に辿り着いたという．

BĀR-GĀIはスペイン料理フォーラム前夜祭1回限りの開催のつもりだった．しかし，思った以上に盛況で次回以降も開催して欲しいという多くの要望もあり，同年の秋にもう一度単独で開催することが決まったという．それがまた好評だったため，翌年3月の継続開催が決まり，その3回目から概ね現在の形で運営されている．開催日は固定されていないが，初年度から年２回開催で，第４回目以降４月と９月の開催である．曜日は第７回までは火曜日や水曜日の開催があったが，それ以降は金曜日か日曜日に開催している．その背景には，参加店の多くが土曜日や祝日前日の通常営業で観光客の来店を見込んでいるからだという．

また，深谷はスペインでの修業（1975～1977年）後に函館市でレストランを開業するが，現在も定期的に師のルイス・イリサールを訪ね，料理人仲間と情報交流をおこなっている．そのため，バスク地方を中心にスペインの食文化とその変化について最新の情報を得ているという．また，2015年にはバスク地方の「ソシエダ」に倣って1902年に建設された古民家（西部地区内）を友人達と買い取って歴史的建造物を利活用する保全運動を始めている．今後も次々とイベントのモデルをつくるつもりだという．

7）西部地区は1922年函館市制施行時から函館市の中心地であった．BĀR-GĀI は，JR函館駅前の大門地区周辺での開催も検討したが実現に至らず，十字街電停を中心とした元町・末広町・宝来町地区周辺での開催となった．双方とも西部地区内であるが，大門地区は函館市中心市街地活性化基本計画の中心市街地に指定されている．一方，元町・末広町・宝来町地区周辺は指定されていない．

8）深谷によると，函館市では BĀR-GĀI の開催以前から料理人同士の連携が進んでいた．1998年に深谷は「クラブ・ガストロノミーバリアドス（函館圏の食に関するプロの同業異種の会）」の活動を主宰し，地産地消にも拘って様々なイベントを開催して函館市内の飲食店の料理のレベルを上げようと試みてきた．この取り組みは BĀR-GĀI の実行委員４人も含まれている．また，2007年に深谷氏がスペインの世界料理学会で発表したのを機に2009年から隔年で開催する「世界料理学会 in HAKODATE」を立ち上げ，BĀR-GĀI の開催に合わせて併催している．

9）BĀR-GĀI のターゲットは地元客であるため，上述したように，あえて観光客が訪れにくい曜日にイベントを開催している．地元客が日常生活で訪れなくなった西部地区を訪れてもらうことそのものも目的となっている．

また，BĀR-GĀI 当日は，協賛イベントや参加店でライブも開催するなど，楽しさの演出やホスピタリティの高さも配慮している．例えば，2014年９月開催の BĀR-GĀI では次の通りであった．協賛イベントは，振る舞いサービス（生ハム，チーズ，ワイン等），世界ガチャガチャ夜市，きもの de バル，コンペ作品展示，西部地区古建築の公開，移動お茶バル，電気自動車による電源供与，新鮮野菜マルシェであった．参加店でのライブは，ジャズ，楽器演奏，講談ライブ等15カ所で開催されている．『北海道新聞』（2015年９月３日）に掲載された遊佐順和のコメントでも音楽演奏などホスピタリティの高さを指摘している．

10）チケットの販売数は，初回が443冊のチケット（５枚／冊），第21回（2014年４月開催）4952冊，第22回（同年９月）4743冊と当初に比べて大幅に増え，店舗平均も初回75人から第10回（2008年９月開催）まで増加し続けて300人前後で推移している．チケット販売は，店舗40％，実行委員会他31％，プレイガイド・コンビニ14％，ネット予約８％，当日券７％である（2014年４月開催分）．店舗は事前にチケットを預かって店内で販売して手数料収入を得るが，売れ残っても返却できる．なお，当日はサービスと引き換えにチケットを受け取る．

11) 2008年に初開催したカリアンナイト(刈谷市),2009年に初開催したボンバールいしのまき(石巻市),伊丹まちなかバル(伊丹市),ユルベルトKASHIWAX(柏市),2010年に初開催したバルウォーク福岡(福岡市),2011年に初開催した弘前バル街(弘前市),2012年に初開催した北船場ル(大阪市),ながおかバル街(長岡市),アキタ・バール街(秋田市),あおもりバル街(青森市)などがある.そのほかにも,鹿児島市,霧島市,岡山市,清水市,三島市,長野市,青梅市,砂川市など数十に上る.この中で,ボンバールいしのまき,弘前バル街,あおもりバル街,北船場ル,ながおかバル街,カリアンナイト,アキタ・バール街にはBĀR-GĀIから出張出店している.逆に,ボンバールいしのまき,カリアンナイト,弘前バル街,あおもりバル街からは出張出店を受け入れている.

なお,ボンバールいしのまきへの出張出店は,東日本大震災の半年後であり,激励の意味も込めてBĀR-GĀIから相談したようだ.また,青森市とは青函連絡船や新幹線のつながりを重要視してロゴマークである「BĀR-GĀI」の使用を唯一認めている.スペイン料理フォーラムや世界料理学会は北船場ル(小西由企夫),弘前バル街(山崎隆),ボンバールいしのまき(岸朝子)などのつながりも関係している.

12) 近畿圏では,伊丹まちなかバルが2009年に開催して以降,バル街が増加してきた.2府4県(大阪府・京都府・滋賀県・奈良県・兵庫県・和歌山県)のバル街の実施数(延べ)は,2010年10回,2011年39回,2012年123回,2013年115回であった.新規の開催場所数は,2009年1,2010年7,2011年22,2012年60,2013年32であった.

伊丹まちなかバルは,伊丹市中心市街地活性化の一事業であり,開催場所は伊丹市中心市街地活性化基本計画で指定した中心市街地内(72.5ha)に限定されている.伊丹まちなかバルの事務局は特定非営利活動法人いたみタウンセンターが務める.伊丹商店連合会会長は協議会の運営委員,伊丹郷町商業会会長は伊丹まちなかバル実行委員を務める.参加店数は,当初54店で始まり,第13回110店である.第8回以降は100〜110店程が参加している.チケット(5枚/冊)の販売数も初回は1500冊で第12回5200冊,第13回4691冊と第8回以降は5000冊前後で推移している.参加店は,中心市街地内の飲食店に限定される.ただし,参加店の数や質等に制限はなく,商店街非加盟店も参加できる.開催日は土曜日が多く,あとバルを8日間開催している.当初のターゲットの客層は市内および近隣の女性(30〜50代)であり,実際の客層でも最も多かった.ただし,客層は女性(30〜50代)に偏っておらず,男女共年齢層も幅広く分布している.

13) 郷町地区(56ha)では大規模建築物の景観誘導(色彩や屋根に制限)がおこなわれている.また,郷町地区の一部である伊丹酒蔵通り(伊丹酒蔵通り都市景観形成道路地区:3.8ha)は2008年に更なる制限が加えられた.伊丹市は歴史的な町並みが残る地域であるため,小規模建築物やその変更も制限したのである.伊丹まちなかバルのメイン会場も伊丹酒蔵通りの三軒寺前広場に置かれている(JR伊丹駅と阪急伊丹駅の中間地点).

伊丹酒蔵通り協議会(条例を基にした協議会)は伊丹まちなかバルの開催に合わせて街路に手作りの行灯を設置している.また,伊丹市は伊丹酒蔵通りの一部は商業活性化を目的として飲食店舗の誘致し,家賃補助をおこなっている.白雪ブルワリービレッジ長寿蔵を景観重要建造物(第1号)に指定している.街並みに合う街路整備なども実施した.

14)　綾野昌幸（於：伊丹市役所）に対して2012年8月23日，2013年11月28日に聞き取りをおこなった．質問項目は，次の通りであった．① 近畿バルサミットの参加者（参加者一覧の提供），② 伊丹まちなかバルの変化（前回，前々回のチケット販売数），③ 函館西部地区との連携（現在までのつながり等），④ 近畿中心市街地活性化ネットワーク研究会（メンバーとのつながり）の4点である．綾野には，その後もインフォーマル・インタビューを数回おこなっている．

綾野への情報提供者の中で，市議会議員はBĀR-GĀIを視察訪問した体験談を語った程度の情報であり，資料提供などはなかったようである．加えて，伊丹まちなかバル実行委員会にも参加していない．一方，コンサルタント会社の中塚一は伊丹酒蔵通りの活性化に関わっていたところ，綾野から相談を受けてBĀR-GĀIの情報を提供したようである．当初の情報提供後も，函館市に訪問して情報収集するなど重要な情報提供者となった．さらに，現在まで伊丹まちなかバル実行委員会のアドバイザーとして参加している．

15)　中塚一（株式会社地域計画建築研究所）に対して2015年12月7日に聞き取りをおこなった．質問項目は，① 綾野昌幸にもたらした情報，② 函館市の訪問で得た情報，③ 伊丹まちなかバルにおける株式会社地域計画建築研究所の役割の3点である．なお，伊丹まちなかバルと株式会社地域計画建築研究所との関わりは，伊丹まちなかバルの調査を開始する以前より馬場正哲（同社副社長）から聞いていた．

中塚によると綾野に紹介したのは，『日経流通新聞』(2006年3月6日）に掲載された星野裕の記事であった．中塚は，仕事で関わっていた別の行政にバル街を紹介したがあまり乗り気ではなかったため，綾野に持ち掛けたようである．なお，中塚は伊丹市中心市街地活性化基本計画に関連する仕事を請け負っておらず，アドバイザーとしての報酬もないという．ただし，それ以前には伊丹市の仕事を請け負ったこともあるという．

16)　中脇健児（公益財団法人伊丹市文化振興事業団）に対して2014年3月31日，村上有紀子（特定非営利活動法人いたみタウンセンター）に対して2013年12月4日に聞き取り調査をおこなった．中脇への質問項目は，① バル街に関わった経緯，② オトラクの概要と運営方法，③ 公益財団法人での活動と伊丹市との関わり，の3点である．村上への質問項目は，① 伊丹まちなかバルへの参加の経緯，② 参加店舗を開拓した方法，③ いたみタウンセンターへの参画の経緯，の3点である．

綾野は，バルイベントの開催に向けて街中で音楽イベント「オトラク」を開催していた中脇にイベントの同時開催を持ち掛けた．兵庫県補助金「まちのにぎわいづくり一括助成事業（阪神淡路大震災支援）」を活用できるので酒にまつわるイベントを開催できないかと相談したという．そして，中脇は「オトラクな一日」を企画し，バルイベントの開催日に100人（25組）のミュージシャンが店舗や街角で演奏するイベントを開催した．なお，ミュージシャンには中脇が独自の基準で依頼し，店や街角などの演奏場所とのマッチングもおこなっている．スタッフは，毎回50人程度のボランティアでサポーターと呼ばれており，中脇によって育成されている．その後，バルイベントの送迎用バスの中でも演奏する「オトラクバス」も運行している．このような同時開催が可能だったのは，中脇が伊丹市の出捐する機関に所属しながら，かつ「鳴く虫と郷町」など民間企業とともにイベントを開催した実績を持っていたからだと考えられる．つまり，中脇は官民双方と連携しやすい組織的な裁量を持っていたのである．さらに，伊丹まちなかバルがオトラクな一日と同時開催した点は，スペイン料理フォーラムの前夜祭として同時開催したBĀR-GĀIとの共通点だといえる．

村上は，主婦であったが様々なイベントで参加者募集の手伝いやボランティア活動に携わる中で見いだされて実行委員会に誘われた人物である．村上は参加店を増やすべく，飲食店を訪ねてまわったのだが，その方法が独特であった．村上は営業中の店に客として訪問して協力を依頼したのである．その数は50店以上に上る．その結果，当初に予想していた20～30店舗の規模での開催を大きく超える54店舗で開催することになった．このように，村上が独特な方法で参加店を募ったのは，行政でもなく飲食業者・商業者でもない一市民（主婦）だったからだと考えられる．つまり，村上は組織的な裁量に左右されなかったのである．この点は市民が積極的に参加することで実行委員会も盛り上がっていったと綾野も証言している．このように市民がイベントの企画と運営に参加した点はBĀR-GĀIと共通する．ただし，BĀR-GĀIは事務局まで市民運営する面で異なる．

その後，村上は特定非営利活動法人いたみタウンセンターの理事を任され，副理事長を経て，2013年から理事長になっている．伊丹市の中心市街地活性化事業を推進する上でも綾野と密に連絡を取る活動が増えたのであり，同時に商店街組織と他機関との調整をおこなう機会が増えることになった．中脇は，バルイベントの企画会議に常時参加するようになり，同時開催という枠組みを超えて実行委員会の内部に入っていった．また，市内のイベントでは，ミュージシャンの調整だけでなく，様々な企画の調整にもコンサルタント的な立場で携わるようになったのである．

17）「まちなかバル」という名称は，伊丹市以外に大津市，堺市，奈良市，姫路市，赤穂市，明石市，神戸市長田区，四日市市などでの開催名にみられる．

18）近畿中心市街地活性化ネットワーク研究会とは，近畿経済産業局管内で中心市街地活性化に取り組む自治体及び中心市街地活性化協議会の運営者を会員として，各地域の中心市街地活性化の実現に向けての課題を解決するためのネットワークである．2009年2月に初開催した．当初は中心市街地活性化協議会交流会の名称であった．研究会は，3，4カ月間隔で開催され，各地域の課題・情報の共有化，意見交換がおこなわれる．2010年1月に綾野，村上，中脇が伊丹市の報告をおこなっており，その中で伊丹まちなかバルを紹介している．兵庫県伊丹市，尼崎市，神戸市，丹波市，川西市，明石市，姫路市，篠山市，三田市，滋賀県大津市，守山市，長浜市，京都府福知山市，大阪府高槻市，堺市，奈良県奈良市，和歌山県田辺市，福井県福井市，小浜市が参加する．当初は，近畿ブロックのみで開催されたが，その後に北海道，東北，関東，中部，中国，四国，九州・沖縄の各ブロックにも広がった．

19）第3章では，同じ個人でも役割が異なれば裁量が異なることを個人的裁量と組織的裁量とに分けて分析している．すなわち，地域社会での職務に関わらないボランティアや市民活動，友人間の互助などでの役割を個人的裁量として捉え，企業や行政，組合などでの活動の役割を組織的裁量として捉えて区別しようとした．しかし，本章は個々人が複数の役割を持っている点から分析するのではなく，個人の活動を意思と裁量に分けて捉えようとしている．

20）ブリッジングの機能とは，閉鎖された（密度の高い）ネットワーク同士の間にある構造的隙間をつなぐネットワークであり，隙間を埋めるようにアクター間のネットワークを仲介して新たな結合を生み出す．この議論は複数の場を結ぶネットワークを前提としている．

第 III 部

商店街における再開発とエリアマネジメントの可能性

第6章

商店街における再々開発の困難性

1　中心市街地における環境の変化と都市再開発による商店街への影響

ここまで第Ⅰ部と第Ⅱ部をとおして中心市街地活性化法における政策実施過程を検討してきた．第Ⅰ部では主にハード事業を第Ⅱ部ではソフト事業を対象とし，政策実施過程におけるキーパーソンのコーディネーションを分析してきた．そして，第Ⅰ部では政策実施過程においてキーパーソンを通じた情報の流れから，政策意図の変容の有無を判断できることを示した．第Ⅱ部では複数のキーパーソン間でコーディネーションをおこなう場合には裁量や意思の違いから独立的におこなわれていることを示している．

ただし，第2章でも論じたように高松市，長浜市，青森市の事例は中心市街地活性化法以前から自治体や商店街組織，まちづくり会社が計画を策定していたのであり，中心市街地活性化法の政策実施過程を分析するだけでは政策意図やその課題についての分析は片手落ちになってしまう危険性があるだろう．

逆に，1998年の中心市街地活性化法下で中心市街地活性化基本計画を策定しても事業を実施できた地区は全体の3分の1程しかなかった．その他の地区は都市再開発など他の計画に移行しながら補助金の活用方法を変更したり，その際には規模を変更したりと計画の遂行に向けて事業の目的を継承するケースが多いのではないだろうか．その際には，時間経過にともなって社会環境が変化し，事業の目的が変更されるケースもあるだろう．

例えば，人口の都心回帰について考えてみたい．2000年頃から大阪市や東京23区の人口増加が顕著になるなど，都心回帰が進んでいる[1)]．都心回帰は大都市でもその中心部に人口が増える現象であり，大阪市によると中央区や北区などが増加した一方で東住吉区，西成区などは減少している[2)]．京都市においても都市中心部の中京区や下京区では増加しており，北区や伏見区では人口を減らしている［鰺坂 2016][3]．それは，都市再生法が施行されて以降，大都市の中心部に再開発が促されたことと無関係ではないだろう．特に，改正都市再生法では都市再生緊急整備地域を指定し，東京都特別区，大阪市内などの主要な再開拠点で商業施設，居住施設，ビジネスオフィス，広場などが一体的に整備されてきたからである．

では，大都市の人口増加は，衛星都市にどのような影響を与えているだろうか．日本の総人口が減少する中，多くの衛星都市は人口減少に直面しているのか．都心回帰はドーナツ化現象とは正反対の効果となり，衛星都市の人口が減少するなどの現象が起こっていると予想される．ただし，短期的に見れば，衛星都市の中でも副次核都市として周辺から人口が流入する地区もある．そこで，大阪府内の衛星都市の中でも近年まで人口が増えてきた和泉市に着目し，人口動態の変化，都市再開発による中心市街地（和泉府中駅周辺）の変化について分析していきたい．

和泉市は，1956年に和泉町と6カ村が合併して6万人の都市となり，1960年に2町村を編入合併，その後も人口は増え続けてきた．特に，1965年前後から大阪市内の人口が減少するドーナツ化現象が起こると，農地は次第に住居へと土地利用が変わり，紡績工場も住居や道路，商業地へと変貌を遂げてきた．その過程では，宮本［1999］が指摘するように大阪市の都市環境の悪化が大きな問題[4]であったが，千里ニュータウンと泉北ニュータウンなどニュータウン開発が進み，衛星都市のインフラも整ってきた．つまり，衛星都市の側からすると，居住人口が増加するのにあわせて住宅，商業施設が整備され，公共交通機関も充実していく時代であったといえる．

そこで，和泉市はドーナツ化現象が起こっていた当時にどのような都市再開発をおこない，人口の増加に対応しようとしたか，について明らかにしたい．次に，都市再開発によって造成された商店街の組織活動，商業集積の変化について分析していく．特に，都市再開発による整備後，スーパーの成長とともに商店街の業種構成も変化し，さらに郊外の大型店の出店によって商店街から小売業が減少する中で，和泉府中駅前商店街はどのような組織的課題を抱え，再々開発計画の阻害要因となっているか検討していきたい．

2　和泉府中駅前地区の再々開発調査

1960年代に大阪府内でドーナツ化現象が進んだ時期の衛星都市の駅前再開発を検討していくうえで問題がある．それは，都市再開発の研究は多数あるが，都市再開発法（1969年に法制化）以前の再開発は既往研究が少ないことである．特に，駅前商店街の整備の分析は近年までほとんどみられなかった．さらに，その当時の建造物は再々開発で現存しないか，取り壊す計画も多く，今後の資料収集は困難を伴うことが予想されるからである．

衛星都市が再開発によってどのように変化したか，歴史的な変化について資料を基に考察を進めていく．戦後の再開発は，耐火建築促進法（1952年）や防災建築街区造成法（1961年）のもとで実施されてきた．この再開発の目的は都市の不燃化や防災であったが，戦後復興や土地の高度利用のための造成も含まれている．また，その当時に再開発の対象となった場所は商店街が多かった．商店街では，不燃領域を拡張するべくコンクリート造のビル建設が推進され，建築物の高層化や居住スペースの確保に用いられた．

対象とする事例は，大阪市の衛星都市である和泉市の和泉府中駅前地区である．和泉市の人口動態を時系列的に追いながら，再開発によって小売業を中心とした和泉府中駅前商店街がどのように形成されたか，その後の商店街の事業展開についても分析していく．

次に，和泉府中駅前商店街では再開発計画から60年ほど経過しているが，現在まで再々開発を計画していない．再々開発計画によって土地の利便性を向上させようとする地域もあるが，さまざまな課題によってそれが実施できないでいる地域も多い．和泉市は，1988年に「和泉府中駅周辺地区再生計画[5]」による都市再開発を検討したがすぐには実現せず，2001年に『和泉市中心市街地活性化基本計画[6]』を策定して一体的な整備を目指すが，TMO 構想や実施計画を策定することはなかった．その後，「都市再生整備計画（和泉府中駅前地区[7]）」のもと事業は実現するが，和泉府中駅前商店街の再々開発は検討さえしなかった．そこで，和泉府中駅前商店街における再々開発の阻害要因を内的要因と外的要因とに整理して分析していく．

調査方法は，質問内容を事前に送付して面接しながら回答を得て必要に応じて追加で質問する半構造化面接法を用いる．加えて，和泉市役所から貸与された再開発関連資料，和泉府中駅前商店街協同組合から提供された再開発関連資料も用いながら考察を進めていく．

3．1950年代以降の再開発と再々開発への課題

（1）戦後再開発の特徴

戦後は都市戦禍からの復興が主要な目的であったため，大規模な区画整理事業を実施した[8]．この頃の都市再開発は，耐火建築促進法（1952年施行）によって都市を不燃化し，特に繁華街の商店街を耐火構造の建築物を連ねる「防火建築帯」として整備した．当時，鳥取県鳥取市や秋田県大館市などでは大火災からの復興にも用いられた[9]．初田［2011］によると，防火建築帯は鉄筋コンクリート造の共同建築を用い，同時に平屋建てを3階や4階建てに高度利用しつつ，高層部分を居住スペースとして整備した．このように，都市における大火の被害を防止する手段であり，同時に商業施設の近代化，住宅機能を付与しようとした政策であった［初田 2011；藤岡 2017］．

耐火建築促進法は9年間で84都市38.8kmを整備してその役割を終え，防災建築街区造成法（1961年）へと移行した．防災建築街区造成法は，105都市824棟のビル整備に用いられた．耐火建築促進法の理念を受け継ぎ，非戦災都市の不燃化にも同様の開発を広げ，駅前で平屋建ての集積をビルにするなど耐火構造と高度利用をめざした．さらに，コンクリート造による高層化，地下道を整備してビルをつなぐ通路を建設するなど，現在の都市再開発の先駆けとなる取り組みが全国で実施された［中島 2013］．このように，耐火建築促進法は，共同建築を長屋のように線として捉えて整備したのに対し，防災建築街区は集積を面として整備した点に違いがある[10]．また，補助対象は，耐火建築促進法と防災建築街区造成法では異なっており，建築費（木造との差額の一部）から計画費・設計費・共同付帯設備費へ変更している（表6-1参照）．

その後，防災建築街区造成法および市街地改造法（1961年施行）[11]は廃止され，現行の都市再開発法（1969年施行）[12]にまとめられていく．都市再開発法は，防火建築帯や防災建築街区の法律趣旨を引継ぎながら，事業計画の実施は保留床の売却益を開発費用に充てる手法として確立してきた．ただし，再開発は，そもそも黒字化する事業は少ないため，赤字部分を補填するべく，国からの補助金や規制緩和などの支援も必要となるケースが多い[13]．

表６－１　都市再開発関連法の分類

法律名	施行年	目　的	実施数	対象・補助率
耐火建築促進法	1952年	都市の枢要地帯に地上３階以上の耐火建築物を帯状に建築する（防火建築帯造成）	84都市，64ha，38.8km	対象：三階建以上の耐火建築帯（１戸以上） 補助率：木造建築との差額の1/2
防災建築街区造成法	1961年	防災と土地の合理的利用を増進（面的な整備）	105都市，334ha，824棟	対象：街区単位，発起人５人以上 補助率：計画・設計等の2/3

出所：初田［2011］，中島［2013］，藤岡［2017］，柳谷［2011］を基に筆者作成．

既往研究では，再開発法の制定までのプロセスを都市不燃化運動に求める分析［初田 2007］[14]，融資耐火建築群の初期形成過程における横浜市建築局と民間の役割の分析［藤岡 2017］[15]，名古屋市における防火建築帯の開発を補助金の活用や規模からの分類［柳谷 2011］[16]，藤沢駅南部第一防災建築街区造成の事例からその造成過程と各主体の活動を明らかにした研究［中島 2013］など，いずれも都市計画に関わる主体の歴史的な考察であった．

また，岡・鳴海［1999］は，都心地域において地権者が店舗や事務所等の建替えをおこなう際，建物の不燃化と住宅供給を同時に実現する事業として「併存住宅（混合利用型集合住宅）」を整備したのを中高層分譲集合住宅（マンション）建設の萌芽とみなしている．公的セクターによる併存住宅の整備は，大阪市内だけでも1950年代から1970年にかけて74件の事例があった．この併存住宅には，耐火建築促進法の支援事業も含まれており，その立地は商業地域43事例（58.1%），住居地域19事例（25.7%），準工業地域６事例（8.1%），工業地域６事例（8.1%）であった．このように公的セクターの整備においても，都市中心部の商業地域の比重が高い．

この中でも示されているように商業地域での開発が多いのだが，商店街組織や商業者を主体として捉えた研究は，石原［2011］，渡辺［2018］，松田［2019］など近年まで非常に少なかった．そこで，耐火建築促進法と防災建築街区造成法に基づく事業が，地域商業や商業者にどのような影響を与えたかを分析していく．

表6-2　耐火建築促進法制度および防災建築街区造成法制度における再開発の類型化

	沼津市	高岡市	和泉市	東大阪市	藤沢市	坂出市
法律	耐火	耐火	防災	防災	防災	防災
建築形態	路線型開発	街区型開発	跡地型開発	中庭型開発	中庭型開発	人工土地型
権利調整	従前通り	換地	分譲	従前に近い	換地	屋上権
区画整理	○	○	×	×	○	○
住居配置	○	○	○	○	×	○
店舗配置	○	○	○	○	○	○

出所：西村［2014］を参考にしながら筆者加筆修正.

（2）都市再開発法以前の再開発における類型化

西村［2014］は，防火建築帯と防災建築街区の整備にはいくつかのパターンがあることを指摘している．再開発に伴う設計やコンサルティングを請け負う会社 RIA 建築綜合研究所の事業を中心にその資料から，建築形態，土地所有形態（事業後），区画整理事業の有無，権利調整の有無，店舗配置に基づいて地域を分類している[17]．例えば，建築形態から分類すると，既存の商店街をそのまま共同建築化した路線型開発（沼津市，大阪市立売堀地区，厚木市），集積を面として捉えた街区型開発（高岡市），跡地型開発（和泉市，泉佐野市），中庭型開発（東大阪市，藤枝市），人工土地型開発（坂出市）に分けられる．**表6-2**を見ていくと，すべての事例が店舗配置をおこなっており，住宅を整備するケースも多いことが分かる．また，権利調整の仕方は事例毎に大きく異なっており，従来通りの所有権を維持，換地，行政が整備後に分譲，屋上権の設置など複雑である．それは，地域性によるものもあるが，耐火建築促進法や防災建築街区造成法の補助だけでなく，土地区画整理事業など戦災復興を含めて他の制度を同時に活用した影響もあっただろう．

泉佐野市の駅上名店街・駅上一番街は，和泉市と開発が類似しており，小学校跡地に商店街を整備するべく，商業者を誘致した．再開発ビルはいずれも店舗が1～2階にあり，それより上は住居となっている．また，坂出市のように商業施設の屋上に屋上権を設定して公営団地を整備した例もある．一方，藤沢市の391街区（藤沢駅南部第一防災建築街区）は7階すべてが店舗である．この造成事業は3棟のビルの1階に十字の通路と中庭を設け，上層階では3棟のフロアをジョイントでつなげて1棟のビルのように利用でき，地下道で藤沢駅とつなぐ大規模な計画であった．このような複雑な再開発を実施できたのは，都市計画家の思想をベースに持ちながら，同時並行で行政主導の区画整理事業を実施し，大規模土地所有者が少数で，かつ地権者によるリーダーシップと協働があったからである［中島 2013］.

ただし，これらは再開発から50年以上が経過しており，老朽化が進んでいるだけでなく，当初とは用途が変更されていたり，一部を取り壊したり増改築するなど，様々な課題に直面している．次に，都市再開法以前の制度を初期に導入した地域は，再々開発に対してどのように向き合おうとしてきたか，確認していこう．

（3）再々開発の目的と課題

現在，耐火建築促進法と防災建築街区造成法による再開発から50年以上が経過し，すでに60年を超えた建造物も少なくない．その中で，再開発ビルをリノベーションして継続的に利用しようとする例や，所有者の移転や取り壊しおよび転用する例も後を絶たない．さらに，国土交通省でも30年以上経過した初期の再開発事業や，防火建築帯および防災建築街区の建造物は耐用年数を超えている可能性があるとのことから，安全性や耐久性の確保を喫緊の課題としている[18]．今後，再開発事業のビルを再々開発する必要性や耐震補強する必要性などを検討する地区が増えると推測される．そこで，戦後の都市再開発における再々開発に向けた課題について整理していきたい．

佐藤・中井・中西［2007］は，再開発後30年以上経過した防災建築街区，市街地改造地区，市街地再開発地区を持つ自治体にアンケート調査（2006年12月）をおこなっている．その結果（カッコ内は母数），それぞれ258地区（325地区），18地区（20地区），12地区（12地区）から有効回答を得ている．その中で，初期再開発ビルの約18％が再々開発をおこなっていた．その内訳は，一部のビルを再開発した地区が41と多く，ビルの撤去や更地化した地区17，すべてのビルを再々開発した地区も14あった．また，再々開発事業に至る要因は，老朽化が最も多く，時流にそぐわない，その他，商業上の観点の順であった．

柳沢・海道・脇坂ほか［2019］のアンケート結果によると，防災建築街区造成事業で造成したビル319棟は，約4分の3がほぼそのまま存在，またはリノベーションして存在しており，再々開発した棟は約4分の1であった．さらに，防災建築街区の現状について45都市の自治体にアンケートし，「かなり空き店舗・シャッターが降りた店舗がある」12,「ビルオーナーたちが維持や建替えで困っていると聞いている」13のように商業の衰退やテナントビルとしての魅力低下という課題が浮き彫りになった都市がある（複数回答可）．一方,「それほど衰退している状況ではない」16,「店舗には新たな入居が見られる」14, ビルの再生に関して「商店街として活発に取り組んでいる」7という回答もみられるなど，組織的な活動を維持している都市も少なくなかった（複数回答可）．

また，都市再開発法下においても，すでに同様の問題が起こっている．井竿・松行［2016］では，市街地再開発事業を実施して30年以上が経過した121地区（86自治体）に再々開発の実施と検討についてのアンケート調査をおこなっている．有効回答110地区（81自治体）の中で再々開発を実施したのは13地区であった．未実施97地区（内：一部が除去で更地の地区５，更地の地区４）では，14地区が再々開発を検討中であった．再々開発実施した地区の要因は，テナントの撤退と空き床の発生が６地区と最も多く，商業テナント経営悪化が２地区，老朽化は１地区のみであった．未実施97地区の課題では，建物の老朽化が28地区と最も多いものの，周辺地区の活気にぎわい低下15地区，テナント撤退による空き床発生14地区など，商業地の質的な変化とその対応が望まれているといえよう．

アンケート結果から，再々開発を必要とする理由は，建物の老朽化および地震対策などの課題，商業が衰退して施設の魅力低下やテナントが集まらないなどの課題を解消するためであった．しかし，再々開発は防災上の課題を解決できたとしても，それに必要な事業費を捻出するのは容易ではない．なぜなら，商業施設の魅力を以前より高め，費用に見合った投資にしなければならないからである．

共同研究による調査では，2016年から３年間で15都市の防火建築帯と防災建築街区を訪問した[19)]．その中でも，再々開発を実施済や商業集積の規模を見直しながら計画を策定する地域があった．再々開発を実施済の都市としては，大垣市，福山市などがあげられる．大垣市では，行政主導による再々開発により，防火建築帯を取り壊してオフィスビルと商業，住居等の複合ビルの建設を進め，1996年に Kix 中央ビル，2016年にスイトスクエア大垣が竣工している．福山市では1966年に防災建築街区造成事業を用いて商店街の組合員20人が集まって福山本通ショッピングセンターを整備した．このビルを建設したのは，福山駅前に出店するスーパーに対抗することが目的だったが，駐車場もなく，徐々に衰退して1980年代後半には倒産してしまい，その跡地をディベロッパーが購入して1998年にマンションを建設した[20)].

佐久市の岩村田本町商店街では，商店街で計画をつくり，行政に再開発を働きかけているが，行政は商店街の再々開発よりも立地適正化計画を進める方針であり，官民の意見が食い違っている．このように再々開発に向けて共同建築ビルの権利者間で合意形成するだけでなく，官民での合意形成も非常に難しい課題である．沼津市は長年かけて再々開発計画を策定したので，その過程について述べていきたい．

沼津市のアーケード名店街では，耐火建築促進法の制度を用いて再開発を1953年から実施した．沼津市の事例は，防火建築帯を導入した地区の中でも初期にあたり，商店街を「横のデパート」として1953-54年に完成した［石原 2011；渡辺 2018］．当時の再開発の様子を見ると，道路に仮店舗を設置し，従前の土地所有をそのままにしながら，長屋のような防火建築帯の建造物に建替えている．さらに，建物はセットバックをおこなって道路（公道）を拡幅し歩道を整備し（その代わりに道路の上空は住居用として貸与されている），美観地区（現在：景観地区）にも指定されている．

しかし，建造物の老朽化も激しく，郊外に専門店やショッピングセンター（以下：SCとする）が設置されるなど，商業環境の変化によって商店街は衰退しており，市街地再開発事業を策定して商業施設と集合住宅を整備する予定である．再々開発に向けてまちづくり会社を設立し，再々開発計画を練り上げてきた．まちづくり会社は，10年以上の長い年月をかけて再々開発計画を作成し，2010年に再開発準備組合の設立，2015年に沼津市の都市計画決定，2018年に沼津市町方町・通横町第一地区市街地再開発組合を設立するなど，再々開発の目玉として道路と街路の広場化，ライフスタイルセンターの整備を進めている．しかし，地区を2つに分けるため，別組織で組合を設立するなど，再々開発に向けて計画が順調に進んできた訳ではないようである．

再々開発に向けた課題としては，共同建築は部分的に取り壊すことが難しいこと，建替え費用を捻出する上での合意形成も困難なことがあげられそうである．それでは次に，和泉市の事例を分析していきたい．

4　和泉市の防災建築街区造成事業を事例として

（1）　防災建築街区造成事業の経緯と計画

和泉府中駅前商店街の事例について，河合徹（和泉府中駅前商店街協同組合理事長），西岡功（和泉ショッピングセンター協同組合元理事長），大内浩平，奥野泰史（和泉市都市デザイン部道路河川室）への聞き取り調査，および，和泉府中駅前商店街（1975）を基に論じていく．

和泉府中駅前の防災建築街区造成事業は工業跡地を再開発したものである．1962年に駅前の工場が移転したため[21]，その跡地を和泉市が買収し，駅前再開発を計画した．和泉市は，駅前道路を自動車が通れるように整備し，商店街および商業業務地区の区画を整備したのである．さらに，その数年後に駅前ロータリーを整備してバス停留所を拡張するなど，駅前の機能を向上させた．和泉市は再開発にあたって財団法人和泉市開発協会を設立して１万9700 m^2[22]の用地を整地し，約６万6000 m^{2}の周辺地域を都市改造法による防災地区に指定している．用地内の6500 m^{2}を道路および公共スペースとし，残り１万3200 m^{2}を８つのブロックに分けて整備を進めた（図６－４参照）．この再開発計画の核は，防災建築街区造成事業制度を用いた共同建築型ビルの建設にあった．共同建築型ビルは，火災，地震，台風にも耐える「防災建築」である．和泉市は，この制度で国の補助金を受けており，事業計画作成費，建築設計費，共同付帯施設整備費，付帯事務費の総額の2/3となる9950万円の交付を受けた．総事業費が８万7058万円であることから，実質的な補助率は約11.4％であった．

最初に整備されたのは商店街（ロードインいずみ）であり，第１～４ブロックに７棟の共同建築型ビルを建設し，ビルの間の街路にはアーケードを架け，1965年７月に竣工している．その前年（1964年）にはビルの分譲が終わっており，小売業51とその他29で80の事業所が入居した[23]．河合徹によると，商店街の分譲区画（面積）は，20坪（66 m^2）を基本としていたという[24]．この分譲は，大資本による出店や大型店の出店を阻止する目的も包摂していた．そのため，分譲区画には中小零細の小売業者を対象として同業種を入れないように募集段階で調整している．店舗やオフィスなどの事業所が整備され，ほぼ同数の住居と世帯が増え，多数の従業員の雇用が生まれたのである．

また，ビルの所有権は一筆の区分所有であり，マンション等の分譲と同様の形式である．ビルは共同建築のため，単独で取り壊すことができず，壁面が敷地の境界線となっている．ただし，通常の区分所有の物件と異なるのは，敷地の面積がそのまま所有する区分に指定されている点であり，土地・建物を個人で所有しているのと同様の配慮がなされている．さらに，1～2階の店舗と2～3階の住居が行き来できるように内側でつながっているが，同時に別の入口を設けて分離できるように整備されている．

ルールを設けた点も特徴的で，共同施設の整備や街の構成に秩序を与えるため，協定を締結している．まず，建築協定を締結し，1階の道路に面する敷地は1m後退させて建築したこと，ビル間にもサービス通路を設けるためビルの背面も1m後退させて建築したこと，サービス通路に浄化槽などを集約したこと，上階も通風・採光を良くするために勾配をつけて後退させたこと，1階と屋上の高さを統一したことが挙げられている．次に，商店街の区画街路には車両通行制限時間（午前8時から午後10時）協定が設けられた．これによって商店街は歩行者と自転車のみが通行できる空間となったのである．共同建築の角地の一部を銀行が購入して取り壊した箇所があるものの，2019年現在まで開発当時の姿を維持している．

その他のブロックでは，第5ブロックに住友銀行（現：三井住友銀行）と泉州銀行（現：池田泉州銀行），第6ブロックに商業施設と住居を兼ねたショッピングビル「和泉ショッピングセンター」が設置された．第7・第8ブロックは保険会社，証券会社，医療機関，オフィスとその上層部に住居が整備された．和泉ショッピングセンターは，地上5階建て地下1階の百貨店方式でビルを建設した．このビルは商業床のフロア（地下1階，地上1～2階）と住居床のフロア（3～5階）を完全に分離している．当初の計画では53店を募集する設計であったが変更され，33店舗（組合員数）でスタートした（2019年現在で12店舗，住居24世帯）．このビルを運営するために各店舗が申込金100万円を拠出して和泉ショッピングセンター協同組合を設立した．この協同組合は商業床を所有して運用しており，住居床は個人（組合員）が区分所有している．当初，このビルの屋上には遊園地のような観覧車とビルの屋上を一周する電車の遊具が設置され，和泉府中駅で最も高い建築物としてランドマークと位置づけられていたようである[25]．また，地下は飲食店4店（寿司，中華，喫茶，お好み焼き）が営業していたが1階に移動して，1989年前後にスーパーに変わり，2004年頃までパチンコ店になっていた．現在，組合のイベント備品倉庫になっている．

（2）　商店街組織による事業展開

和泉府中駅前商店街協同組合は，防災建築街区の竣工した7月25日に発足した[26]．竣工記念式典は，祝賀パレードに加え，商店街も同日から大売出し[27]を開催するなど，盛大におこなわれた．翌月にはアーケードの完成と従業員の制服を統一し，年度末には納税貯蓄組合も結成している．和泉府中駅前商店街［1975］によると，その後も商店街活動は活発であり，他の商店街の催事と比較しても凝っていたという［和泉府中駅前商店街 1975：36-39］．その一端を紹介すると，年3回の大売出し，商品券の発行，店主へのゼミナール，視察調査，通行量調査，慰安旅行などに加え，長崎くんち龍踊り，鳥取しゃんしゃん傘踊り，チンドン屋大会，阿波踊りなどを毎年招いており，駐車場も運営するなど，商店街活動が非常に活発であったことが裏づけられる．

このように商店街活動が活発だったのは，いくつかの要因が考えられる．まず，河合徹によると，当時は20～30代の若手経営者や家族従業者が多数いたし，商店街で100人以上の従業員も雇えていた．言い換えれば，店主は各店舗の商売に専念しなくて済む余裕があったので商店街活動に尽力できたというのである．さらに，商店街組織では1972年に従業員宿舎を整備している．従業員宿舎は，単身者用34，世帯持ち用18の52世帯が入居できる鉄筋コンクリート造6階建ての施設であった．その目的は，商店街の人手不足を解消するためであり，従業員を定着させるための対策であった．このように商店街組織は従業員宿舎を整備することによって店主たちが事業に専念するための前提条件を整えたともみてとれよう．

次に，防災建築街区の整備は，和泉府中駅前に小売業を中心として100以上の事業所を誕生させた．その結果，和泉市域の小売事業所数は1000（1964年）から1161（1966年）に16.1％増加，従業者数は26.9％増加，年間商品販売額は38.6％伸びた（図6-1参照）．和泉府中駅前商店街はオーバーストアを懸念したが，人口増加はその懸念を払しょくした．和泉市の人口は，1965年から1970年まで13.2％増加，1970年から1975年まで23.1％増加している（図6-2参照）．この当時，商圏人口と居住人口は等比的に増加しただろう．ただし，和泉市の中心市街地[28]の人口を見ると，1970年まで増加し，その後は1990年代まで減少するものの，2000年の統計では大幅に人口が増加している．市域の人口占める比率も，13.2％（1965年）から7.0％（1990年）に減少し，その後，9.4％（2015年）に上昇している．人口増加の時期は，大阪市の都心回帰と同様の傾向とみてとれ

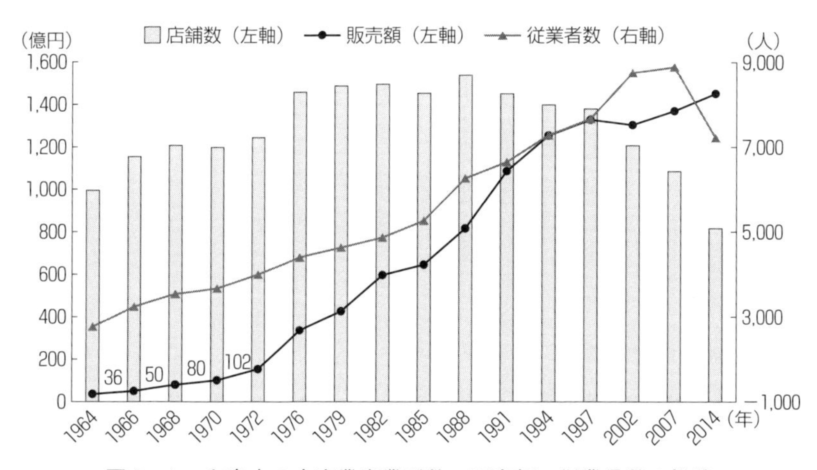

図６－１　和泉市の小売業事業所数，販売額，従業員数の推移

出所：和泉市『統計いずみ』(各年)，経済産業省『商業統計（各年)』.

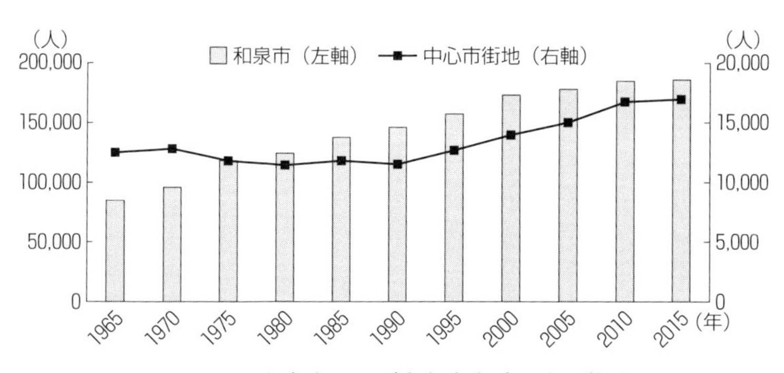

図６－２　和泉市および中心市街地の人口推移

注：1965年時点では繁和町は和気町の一部であった．そのため，1965年の繁和町の人口は1970年の人口で代替している．

出所：和泉市『統計いずみ』(各年).

る．また，和泉府中商店街の小売業はこの間に業種構成が大きく変化したのだが，その詳細は後述する．

最後に，組合員の共同意識である．庄司武は，アパートのようにつながった建築物の構造でともに住みながら商いをしていたこと，商業者たちの多くは資金面で余裕がなく，連帯保証で資金を借りていたことから，共同意識を育んだと述べた[29]．そして，庄司武は共同意識こそが10年間の繁栄を育んだと考え，その気持ちを持ち続けるべきだとも説いている．そのような意識があったからこ

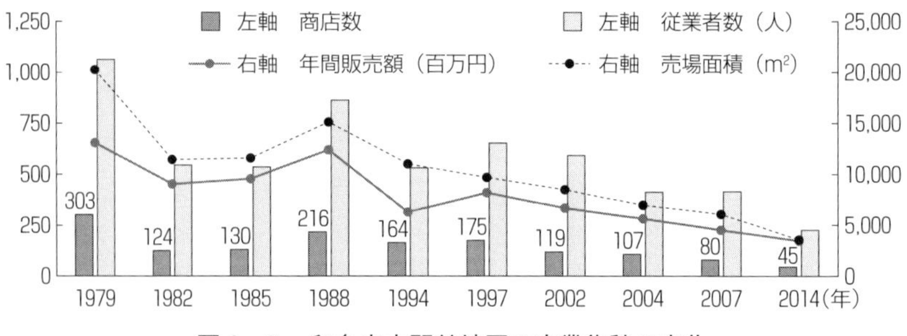

図6－3　和泉府中駅前地区の商業集積の変化

出所：経済産業省『商業統計――立地環境特性別統計編』(各年).

そ，前述の建築協定によって1階部分の壁面を前後に1m後退させたことや，区画道路は車輌通行制限時間協定を定めたことなど，共通のルールを適応して共有地を管理できたのであろう[30]．また，商店街組織では，長期的な繁栄を目指しており，10年後の1975年時点においても，さらに10年後の将来に向かって新たな目標を定めており，駐車場の整備，歩行者天国などを企画して実現していった．

（3）　商店街の周辺環境の変化と和泉府中駅周辺地区再生計画

河合徹によると，1970年代は商店街に人だかりがあり，和泉府中駅前商店街にとって一番良かった時代であった[31]．しかし，図6－3の和泉府中駅前地区（商店街5団体，商業ビル3棟[32]）の小売業の店舗数や販売額などの推移から減少傾向が読み解ける．来街客も約9000人／日（1970年時点）から約3000人／日（2012年）へと大きく減少している[33]．河合徹によると，2019年現在の売上げはピーク時の半分程度だという．1980年代以降，商店街は縮小均衡してきたのである．そこで，商店街をめぐる周辺環境の変化について再考していきたい．特に，1970年代から総合スーパー（以下：「GMS」とする）の出店と立地の影響，商店街の質的な変化，和泉市の和泉府中駅前地区再開発事業計画について述べていく．

まず，和泉府中駅周辺でGMSが出店した影響についてみていこう．1970年代，和泉府中駅周辺にはGMSが出店し，ロードサイドにもSCが開設し，駅前商店街にとって大きな環境の変化が起こった．最初に出店したニチイのGMSは，1970年前後に和泉府中駅前商店街の北東側に出店した．

一方，商店街の反対となる和泉府中駅西側に次々とGMSが出店していく．まず，1973年にイズミヤの出店である．和泉府中駅から徒歩10分圏でありながら，ロードサイド（第二阪和国道[34]）にも面していた[35]．次に，1990年に和泉府中サティ（現在：イオン和泉府中店）である．サティはGMSを中心に専門店85[36]で売場面積2万 m^2 を超えるSCであり，小売業だけでも年間207億円（1997年商業統計）の売上げを誇っていた．また，サティは1000台を超える大規模な駐車場を備え，自動車による買い物客に対応していた．このように商店街を取り巻く競争環境は，自家用車による買い物客を中心に変わってきたといえる．

次に，商業集積としての商店街の質的な変化についてである．和泉府中駅前商店街協同組合は，1975年時点において会員71，準会員6であったが，その事業別の内訳を見ると，小売業51，飲食11，サービス14[37]，未利用1であった．このように商店街の事業所の大多数は，小売業であったことが分かる．その後，組合員数とは異なるが商店街（和泉府中駅前商店街店舗会）の事業所数は49に減少した（2019年8月1日時点）．事業別の内訳は，小売業11，飲食17，サービス21であった[38]．特に，飲食店が増加しており，オフィス事務所も増えている．商店街組織としても，飲食店を誘致するため，リノベーションを伴う支援策を用いた．2014年には，空き店舗へ飲食店を誘致するために地域商業自立促進事業[39]の補助金を用いている．飲食店に絞ったのは，昼の商売では儲からないことから，単価の高い夜に集客できる店舗がよいだろうと考えたからだという．個人が所有する店舗を改装し，3件の飲食店を誘致した．また，サービスの中には，駐輪場経営も2店舗含まれている．商店街では，バブルの崩壊後に数軒の店舗が入れ替わり，組合員も欠け始め，会費を払わない者も出てくるようになったという．また，不動産業者が競売によって不動産を購入して転売する例も増えたようだ．さらに，1階の店舗と2～3階の住居の入口を完全に分離できるため，1階の店舗部分にテナントを入れることができた．そのため，居住部分は当初から住み続けているものの，店舗部分にテナントを入れる者も増えたという．

最後に，和泉市が1988年に策定した「和泉府中駅周辺地区再生計画」である．和泉市は，この計画で上述の防災建築街区を除く和泉府中駅東側エリアの再開発を目指した．JR和泉府中駅の駅舎および周辺施設，街路などを一体的に整備しようとするものであり，2001年には「和泉市中心市街地活性化基本計画」を策定して一体的な事業推進を検討したが，最終的には2008年に「都市再生整備計画（JR和泉府中駅周辺地区）」による事業として実施した．和泉市が用地買収による第2種市街地再開発事業を実施し，2011年にテナントミックス型の商業施設フチュール和泉[40]が竣工した．また，2013年にJR和泉府中駅舎が完成，

2015年には駅舎と商店街を結ぶペデストリアンデッキも整備された．ただし，この計画は，策定から完成まで実に27年を要しており，事業規模を縮小させ，和泉市主導の方向へと修正している[41]．それでは，この計画は和泉府中駅前地区にどのような影響を与えたのであろうか．

まず，再開発を計画した1988年当時は，GMSやSCの出店を控えていたことから，和泉府中駅前地区の商業集積への影響を測定している．ニチイがスクラップアンドビルドで駅西側に大規模なSC（前述のサティ和泉府中店）を整備する計画を立て，ダイエー（敷地面積2.6 ha）も中心市街地近隣の和気町に出店計画を出していた．これらの用途地域は，いずれも準工業地域であって買物する場所ではなかったが，大規模な駐車場を設置する用地を確保できた．これに対して再開発計画は，駅前の商業集積の面積を増やし，大規模店との競争力を向上させるべく，SC，百貨店，ホテルなどの整備を目指した．しかし，計画変更は商業集積の規模をかなり縮小し，競合する大規模店や商業集積に対抗する意図も消えていった[42]．

2015年に再開発が完成し，和泉府中駅前の導線が大きく変わった．駅舎は2階に設置されてペデストリアンデッキで商店街と結ばれた．特に，階段だけでなく，上りエスカレーターとエレベーターも設置され，バリアフリー化も進んだ．しかし，和泉府中駅に直結する道路の導線は，駅舎の位置が南側（和歌山方面）に50 m程移動したため，駅前通り（和泉府中東通線）がロータリーを挟んで駅舎の入口に直結していたのに比べて遠くなった．さらに，和泉中央線（和泉府中駅から和泉中央駅を結ぶ幹線道路）から駅前ロータリーを結ぶ道路（和泉府中南通線）を新たに整備した．この導線には，和泉市の駐車場，駐輪場も整備されている．これによって，駅前通りの北側にある商店街は，駅交通の導線の中心ではなくなったのである．実際に商店街の通行量も減少したと河合徹は述べている．

さらに，再開発は長い年月をかけて完成したが，防災建築街区も50年以上を経過して，再々開発の必要性が生じている．その理由は，老朽化に加え，現在の建築基準法の耐震基準を維持できているかどうか分からないためである．そこで，和泉市職員が市街地再開発事業のコンサルタントであった民間企業に依頼し，第1～4ブロックを更地にして高層化（商業床と分譲マンションの整備）する再々開発の簡単な見積もりを和泉府中駅前商店街に届けた．しかし，河合徹によると商店街組織で見積りを基に検討しようとしたが，まったく採算が合わないことから再々開発を議論することさえできなかったという．

5　なぜ再々開発が計画されないのか

防災建築街区が整備されて50年以上が経過していても，再々開発が計画されにくい要因について分析していこう．

（1）　商店街の内的要因

商店街の内的要因について考えると，商店街の店舗構成が変化する過程で，権利関係の複雑化と商店街組織の弱体化に結びついていたことがあげられる．さらに，商店街の地権者は，安定的なテナント収入を確保できるため，再々開発を回避しがちになり，再々開発に魅力を感じていなかったことがあげられる．

まず，商店街の店舗構成の変化についてみていこう．上述のように，和泉府中駅前地区の商業集積では，小売業が顕著に減少している（図６－３参照）．しかし，小売業がこれほど減少したにもかかわらず，1999年時点でも和泉府中駅前地区の空き店舗率は10.4％であった[43)]．それは，商店街から小売業の事業所が減少し，飲食やサービスの事業所が増加したからであろう．和泉府中駅前商店街協同組合も事業所に占める小売業の比率は66.2％（1975年）から22.4％（2019年）に減少し，飲食の比率も14.4％から34.6％へ，サービスとその他も18.4％から42.8％へと増加している（小数点２位以下省略）．

このような店舗構成の変化は，商業集積としての客層（ターゲット）に影響を与えただろう．かつて和泉府中駅前地区の商業集積は広域から集客することを目的とし，泉大津や他都市の商業集積との競争を商業者たちは意識していたし，行政も再開発で広域の商圏分析をおこなっていた．ところが，和泉府中駅前地区の小売業はGMSの出店後から徐々に減少し，再開発で計画していた百貨店やSCなど広域型小売業の誘致も断念した．また，河合徹によるとテナントを入れたオーナーの側からしても，小売業では昼夜に安定的な売上が見込めないことから，夜間が中心でも安定的な収入を見込める飲食店に賃貸したいと考える者が増えたからだという．そのため，商店街の飲食やサービスは，広域商圏よりも近隣商圏に訴求する店舗が多かったと考えられる．つまり，店舗構成の変化は，商業集積として広域よりも近隣にターゲットを絞ってきた結果だと考えられる．

さらに，店舗構成の変化の背景には，テナントの増加や不動産売買の増加がある．和泉府中駅前商店街で営業している店舗（店舗会）の内訳をみると，当初から経営を続ける組合会員の店が12事業所，組合員がテナント貸ししている店26事業所，非会員11店舗となっている．当初，土地建物の所有と事業所の運営は一体であり，自営業者として上層階に住居を構えていた．しかし，現在では居住スペースと１～２階の商業床を分離できたため，商業床を貸し出す店が増えてきた．また，不動産業者に売却された物件もあり，11以上の事業所は当初と所有者が変わった．つまり，商店街の所有権は，全事業所が不動産の所有者で権利関係も非常に明確であった頃と比べて複雑化したといえる．さらに，商店街では，組合費を払わない非会員が増えた．和泉府中商店街協同組合は組合員の出資によって整備した駐車場の収入を基に事業をおこなっているのだが，非会員だとフリーライダーになってしまう．商店街組織では，イベントで補助金を活用するために非会員を巻き込む必要が生じ，別組織「店舗会」を設立しなければならなくなった．このように，和泉府中駅前商店街では，再々開発以前に所有権の複雑化や商店街組織の維持の困難性という大きな課題を抱えている．

そして最も大きな要因は，再々開発に魅力を感じる者が少ない点であろう．商店街では地権者が不動産賃貸によって安定的な収入を得ている者も多い．河合徹によると，20坪の敷地（延床面積はその２～３倍）で40～60万円／月程の賃貸収入を得ている者もいるのではないか，と話す．ただし，商店街内で同じ面積であっても，その何分の一のという地権者もいるため，その差は場所によって何倍も異なる．一方，公示される路線価は，商店街で差がない．そのため，再々開発となれば，現状の賃貸収入の差を反映しづらく，評価額上は見えなくても不動産の価値が減損する者がでてしまう．

また，本章４節の（３）で述べたが，河合徹は，再々開発の概算を受け取っている．それは，地権者が定期借地権を設定した上で，上層に分譲用の高層マンション，下層の商業床を自ら購入してリースする計画であった．しかし，商業床を買い戻すには，定期借地権の売却額だけでは足りないため，追加の費用が発生する見込みで，住居用に分譲マンションも購入するとなれば，地権者が新たに多額の借金をする必要性が生じる．さらに，商業床の賃貸料が上がると見込んでも，費用負担が増える分，現在よりも収入が増える可能性は低く，リスクが高すぎると感じたという．

和泉府中駅前商店街協同組合の空き店舗は4店あり，内3店の上層階で住居利用中だという．また，賃貸借で借り手を探すのに困ることが少なく，現状でもそれなりに需要があるので再々開発計画を想起しづらいのだろう．さらに，河合徹によると，ビルの耐震性についても，災害でも壊れ難いと期待してか，再々開発せずそのままでよいと判断する者が大多数ではないかという．

以上から，商店街で店舗構成が変化して権利関係の複雑化と商店街組織の弱体化に結びついたこと，商店街の地権者が安定的な収入を確保できることから再々開発のリスクを受容し難いことなどが再々開発計画の阻害要因となっているといえよう．

（2）　商店街の外的要因

和泉市中心市街地では人口が増加しており，さらに和泉市域においても同様であった（図6－2参照）．それにも関わらず，和泉府中駅前地区は小売業の事業所数を減少させた（図6－3参照）．また，2000年代には駅周辺のGMSも売上が大幅に減少するなど，和泉府中駅前地区の商業集積は縮小傾向がみられた．その背景には，買い物客の選択が大阪市内や郊外のSCに移り，商圏人口が縮小したからだと考えられる．そこで，商店街の外的要因について分析していきたい．

まず，和泉府中駅の乗降者数は，大阪府統計年鑑（各年）によると1965年と2017年を比較すると1万506人／日から1万7632人／日に増加している．これを見ると和泉府中駅前の商業集積にとって潜在的な客は減少していないように見える．JRを利用する買い物客は大阪市内に流出するだろうが，石淵順也（2019）に従えば大阪大都市圏内の駅周辺の商業集積では，居住する消費者の距離的な抵抗が高まり，フロー阻止効果があるとも考えられる．例えば，JR阪和線の沿線でも大阪駅までに鳳駅，天王寺駅など駅周辺で商業集積の整備が進んでいる[44]．1965年に和泉府中駅前商店街が整備された時点では，フロー阻止効果が働いたと考えられる．なぜなら，中心地性指数は0.345（1960年）から0.401（1966年），0.426（1970年）となり，市域外への買物客の流出が相対的に減ったことを意味しているからである（表6－3参照）．これは，和泉府中駅周辺の再開発により，商業集積が拡張したことと無関係ではないだろう．その後，中心地性指数は0.835（2016年）まで上昇し続けている．しかし，図6－3で示したように，和泉府中駅周辺の小売業の販売額は低下していく．つまり，和泉

表6－3　和泉市の中心地性指数の推移

1960年	1966年	1970年	1979年	1985年	1991年	2002年	2007年	2016年
0.345	0.401	0.426	0.509	0.515	0.562	0.677	0.691	0.835

注：中心地性指数＝和泉市小売業年間販売額÷和泉市人口／大阪府小売業年間販売額÷大阪府人口.
出所：『商業統計（各年）』，大阪府「平成12年度国勢調査（基礎資料編）」表2－3，2002年以降は『統計いずみ（各年）』，『大阪府推計人口（各年）』を用いて筆者作成.

市内の中心地性指数の上昇と小売販売額低下の負の相関は，フロー阻止効果がなくなったから発生したのではなく，市域内に整備された新たな商業集積との競争の結果であると考えられる.

また，和泉市内の中心地性指数を経年変化で改善傾向が読み取れるのだが，この点をもう少し掘り下げて分析しよう．前述のように和泉市内の人口が増加するのと同時にSCや専門店が郊外に出店した．和泉市ではUR都市機構と大阪府が中心となって「トリヴェール和泉」[45]の開発が進み，1995年には泉北高速鉄道が和泉中央駅に延伸し，駅前にエコール・いずみや大型専門店が次々と開業してきた．また，都市郊外にも，SCや専門店が次々と整備された．特に，2014年に準工業地域に開発されたららぽーと和泉は，コストコホールセール和泉倉庫店をテナントに抱えるなど半径15 km（125万人の人口）を商圏とする広域型SCであった[46]．さらなる分析には，都市内と都市間の商圏分析をおこなうべきだが，和泉市内の商業集積の規模や立地が大きく変化したことは明らかだろう.

6　結　　語

本章は，2点の目的を基に分析を進めてきた．1点目は，和泉市の和泉府中駅前地区を対象とし，和泉市の人口動態を時系列的に追いながら，再開発による商業集積の変化を明らかにする点である．2点目は，和泉府中駅前商店街における再々開発の阻害要因について内的要因と外的要因を明らかにする点である.

和泉市では，和泉市が工場跡地を開発し，1965年に防災建築街区造成事業が完成した．これによって和泉府中駅前地区には100以上の事業所が増加し，その内の6割以上が小売業であり，商店街組織の活動も活発で商業集積としての魅力が高まった時期であった．和泉市は人口増加しており，さらに中心地性指

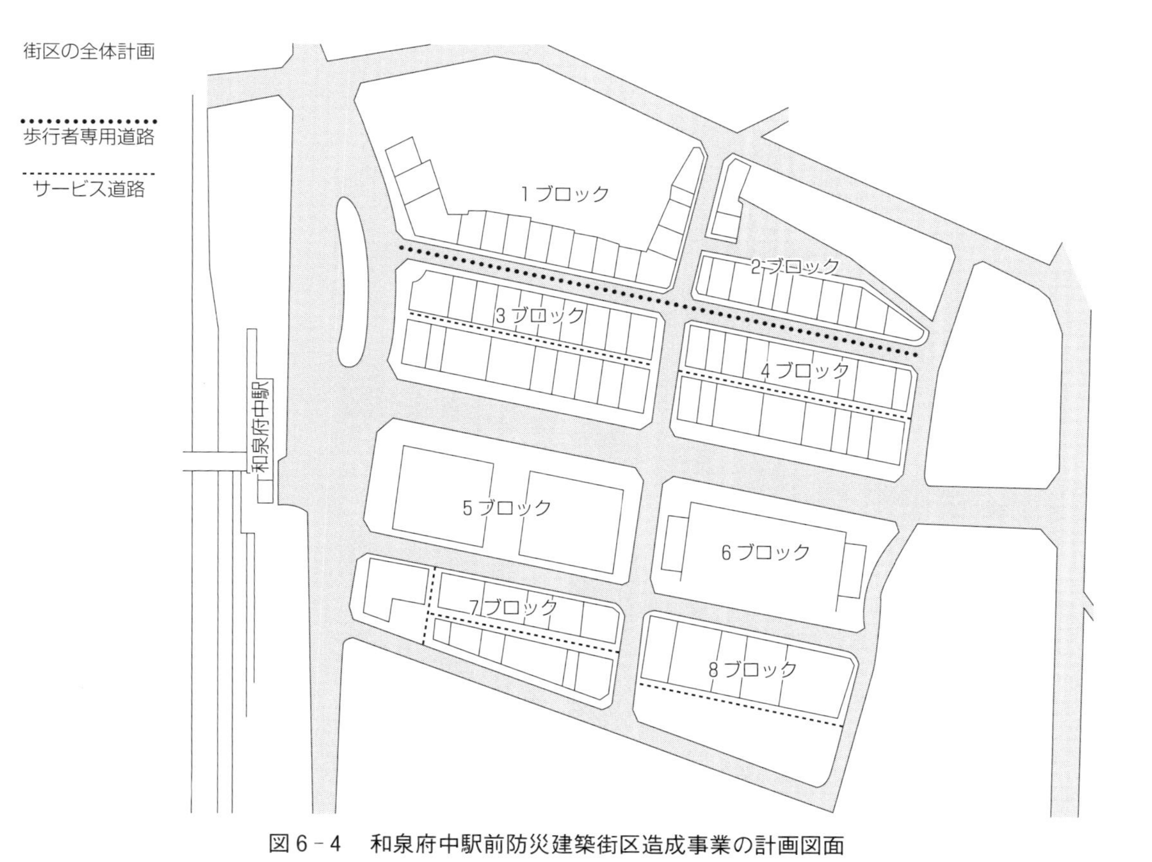

図6－4　和泉府中駅前防災建築街区造成事業の計画図面

出所：和泉府中駅前商店街［1975］.

数も増大するなど，商圏人口が増えたことが示されている．ただし，1980年代からは顕著に小売業の事業所が減少し，飲食やサービスの事業所が増加してきた．また，和泉市中心市街地の人口は，1970年代から減少し，2000年代から増加するなど，大阪市のドーナツ化現象と都心回帰と同様の傾向がみられた．

和泉府中駅前商店街における再々開発の阻害要因として内的要因３点を確認した．まず，不動産所有者が事業者でなくなり，大家としてテナントに賃貸することで権利関係が複雑化した点があげられる．商店街組織は，テナントが増加しても非会員が増え，組織活動の持続性が危ぶまれている．次に，不動産賃貸でテナントになったのは，賃貸料を支払える飲食やサービスの業種だった点である．飲食やサービスの事業所が増加し，ターゲットがより近隣商圏になったとも考えられる．最後に，再々開発のコストが高いため，不動産所有者にとっては大きな借金を背負うリスクよりも，安定した賃貸収入が魅力的だからである．また，土地所有者が小規模（20-40坪）で多数のため，採算に合うような計画を立て難い．

外的要因は，和泉府中駅前地区の商業集積は，1960年代から1970年代にかけて他都市へのフロー阻止効果によって商圏人口を増やした．しかし，1980年代以降に和泉府中駅周辺にSC整備され，1995年以降に和泉中央駅周辺にSCや大型専門店が整備され，2015年以降に和泉市郊外に広域型SCや専門店街が続々と開設した．その結果，和泉市の中心地性指数は一貫して上昇し，和泉府中駅前地区の商業集積は縮小均衡したのである．このことは，和泉府中駅前地区が再々開発を計画する上での選択肢を狭める阻止要因として作用するのではないだろうか．

注

1）　鯵坂［2015：23-24］によると，東京と大阪の都心部は1990年代後半から人口増加に転じ，札幌，福岡，名古屋の都心部などは2000年代から増加に転じたという．ただし，郊外化も加速している．鯵坂は，都心部の人口増加によって生じたマンション住民のつきあい，支持政党の違い，職業階層の変化など，コミュニティへの影響をジェントリフィケーションやプロフェッショナリゼーションを基に分析している．

2）　2000年と2015年の国勢調査の結果によると，大阪市の人口は21万人程増加した．北区（８万8000人→12万3000人），中央区（５万3000人→９万3000人），西区（６万人→９万2000人），浪速区（４万8000人→６万1000人）を中心に17区が増加している．港区，大正区，生野区，旭区，住之江区，東住吉区，西成区の７区は人口が減少している（https://www.city.osaka.lg.jp/shisei/category/3055-2-3-2-0-0-0-0-0-0.html，2021

年9月8日閲覧).

3) 鯵坂［2016］によると京都市の都心回帰は，増加したマンション住民とマンション外の住民とのコミュニケーションが少ないなどの課題を指摘している［鯵坂 2016：221-23］．職業別就業構造の変化も指摘しており，特に中京区では製造業や卸・小売業に従事する住民が減少し，サービス業や専門的技術職などに従事する住民が増えている［鯵坂 2016：223-30］．

4) 宮本［1999］はドーナツ化現象の原因として都市環境，自動車交通の発展，ニュータウン開発の3点をあげている．つまり，生活者は住居の狭隘化から抜け出すため，自然環境のよい郊外で子供を育てるために郊外開発を求めた．日本の人口は増加傾向にあって，都市中心部の地価が上昇するなかで，都市公害，自家用車の増加，鉄道の整備がそれを後押しした［宮本 1999：220］．

5) 当初は5ブロック約8.0haの範囲であり，そのうちの2ブロック4.9haで市街地再開発事業を実施する計画であった．その後，1994年の報告書では市街地再開発事業を実施する2ブロック4.9haに範囲を縮小している．

6) 和泉市［2001］「和泉市中心市街地活性化基本計画（概要版）」によると，中心市街地活性化の範囲は165haであり，「都市基盤の整ったアクセスの便利なまち・歩いて楽しいまちをつくる」，「地区の歴史や自然，施設集積などの立地特性を活かし多様なまちの表情をつくる」，「広域から集客し，多彩な個性が競う商業集積をつくる（テナントミックス，人々が滞留する仕掛け）」，「すべての人々にとって安心で暮らしやすい住宅や生活環境をつくる」，「住民の生活を支える買物環境や新たな仕事の場をつくる」，「府中プロモーションを推進する協働の仕組みをつくる」6つの目標を掲げた．そして，中核商業・業務ゾーンにゾーニングされたなかに，駅西側（新界隈エリア），駅北側・南側（住商融合エリア），和泉府中駅前商店街（チャレンジコア），大阪和泉泉南線沿い（老舗かいわい）と細かくエリアイメージを決めている．関連プロジェクトとして，和泉府中駅東第一地区第二種市街地再開発事業が掲載されている．

なお，旧法下では中心市街地活性化基本計画683地区，TMO構想405地区，TMO計画225地区であり，実施計画であるTMO計画までたどりついた地区は1/3程度とかなり少なかった［渡辺 2016］．

7) 和泉市の「都市再生整備計画事業」は，社会資本整備総合交付金による補助金を活用しており，交付対象事業費は44.02億円で国費率約42.1%であった．なお，対象地区の範囲はJR和泉府中駅の東西をまたぐ14.8haであった．この範囲には，和泉府中駅前商店街も含まれている．基幹事業は道路（和泉府中西線），自由通路，和泉府中駅東第一地区第二種市街地再開発事業など，提案事業は図書館，共同施設整備，駅舎橋上化，関連事業は駅前広場，公共駐輪場，ペデストリアンデッキなどがあがっている．

8) 中島［2013］によると，1946年の特別都市計画法に基づいて「戦災都市」に指定された全国115都市（戦災都市215の内，特に被害が大きかった都市）を対象として，当初9割の国庫負担で開始された「戦災復興区画整理事業」は1949年以降に国庫負担が1/2となり，最終的に1959年に打ち切られた．ただし，1956年には新たな国庫補助事業として幹線道路整備を目的として「都市改造土地区画整理事業」が創設され，1965年度までに全国147都市（戦災都市66都市を含む）で実施された［中島 2013：1303］．

9) ドッジラインによる厳しい財政収支を求められていた時代であったので，地方自治体には復興資金の捻出が困難であった．そこで，補助金などの財政支援を政府に強く要望している．

10）ただし，耐火建築促進法下でも，面的な開発による新しい街づくりを目指した地域がある．高岡市，横須賀市の防火建築帯は，防災建築街区による整備と遜色ない整備であった．当初は，単独建築が多く，集団造成，共同建築だが，点と線を基調としていたが，次第に面的な整備にも用いられ，それが全国のモデルになっていった［松田 2019］．

11）正式名称「公共施設の整備に関連する市街地の改造に関する法律」であった．市街地改造法は，大都市の街路拡幅や新設，駅前での再開発を目的とし，行政が土地を（補償しながらも）強制的に収用する超過収容制度を採用したために受け入れられず，制度を上手く活用できた事例は非常に少なかった［鈴木 1991］．

12）都市再開発法は，都市の土地の合理的かつ健全な高度利用と都市機能の更新（耐火建築比率向上）を目的としている．都市再開発法の市街地再開発事業は，民間手法による第一種，行政手法による第二種に分けられ，これまで1000以上の地区で計画されている．2013年時点において完成した地区は864地区で 1283 ha である．事業の実施主体は権利所有者による組合を設立し，権利者および総地積の2/3以上の合意によって事業を遂行する．また，再開発の場所は，権利関係が複雑な不動産（土地，建物）を伴うケースが多いことから，非常に長い年月をかけて合意形成がはかられる．また，市街地再開発事業は，土地区画整理事業や都市再生整備計画と同時に用いられるケースもある．

13）明石達生（東京都市大学都市生活学部教授）への聞き取り調査による（2016年８月５日）．

14）初田［2007：415-18］は耐火建築促進法の政策形成過程において都市不燃化運動が初期の都市再開発を方向づけたと指摘している．しかし，この都市不燃化運動は，不燃化を推進した団体（不燃住宅協会，日本不燃住宅普及協会，パスキン協会，全国コンクリートブロック協会，日本軽量鉄骨建築協会，日本ブロック建築協会，日本科学防火協会，日本損害保険協会，日本セメント協会）の活動に加え，1948年に都市不燃化同盟が結成されて学会・建設省官僚・産業界から129人の会員で組織された．この都市不燃化同盟は，住宅金融公庫の融資，公共建築の不燃化，政府の補助金，防火地区の徹底，土地収用などの意見具申や建議，陳情などを繰り返し，1949年には「都市不燃化長期計画要綱」を策定して15年間で鉄筋コンクリート造アパート300万戸の建設を計画していく．そして，国会議員との懇談会を経て，不燃化促進議員連盟が結成され，耐火建築促進法案の制定に結びついていく．

15）耐火建築促進法の補助金は，当初２億円の予算が組まれたが，その後に予算が縮小しながらも９年間で10億7000万円が組まれた．それによって，防火建築帯造成間口延長も38.8 km が整備された．藤岡［2017］によると，その間に補助金から住宅金融公庫の融資に移行しようとした（同時に，融資制度では非住宅部分への融資，４戸建て以上の条件を外し，中高層耐火建築物融資制度も整備した）のだが，着工が伸びなかったため，補助金が維持されたようである．

16）柳谷［2011］によると，愛知県名古屋市では９年間に135件の補助事業を実施して間口延長1394 m が整備されている．その補助金総額は9212万円であった（国２分の１，県4分の1，市4分の1）．

17）西村［2014：100］によると，防火建築帯，防災建築街区を対象にして開発方式を7つのパターンに分類している．路線型再開発（既存の商店街の共同建築化），街区型再開発（≒防災建築街区造成事業），中庭型街区権利変換未発達時，中庭型街区行政主導型，商店街型再開発防火建築帯を継承，跡地型再開発・変化を享受するプランニング，現行型再開発コンサルティング≠デザインの7つである．この中で，高岡市は耐火建築促進法下に整備されたが，防災建築街区と類似した開発であった点などを明らかにしている．なお，坂出市の分類は筆者が独自につけたものである．

18）国土交通省「市街地整備のあり方について」(https://www.mlit.go.jp/common/001083937.pdf，2019年11月17日閲覧)．

19）沼津市，富士市，静岡市，蒲郡市，大垣市，伊万里市，氷見市，南砺市，魚津市，横須賀市，佐久市，飯田市，岡山市，福山市，坂出市の15都市である．筆者は下線部12都市の調査に参加した．

20）マンションの1階部分は，多目的ホールを備えた「とおり町交流館」を整備し，福山本通商店街振興組合が管理している．この施設は，1992年「本通コミュニティー・マート計画」で立案したものであり，1億1000万円の半分を補助金，もう半分を高度化資金で借りて整備したという（2019年2月26日に木村恭之氏より聞き取り）．

21）丸井繊維工業株式会社が愛知県一宮市へ工場を移転したため，駅前の一等地が空き地となった．駅前の一等地だったことから，丸井繊維工業株式会社側から和泉市に空き地の購入を打診し，和泉市が購入し再開発を計画することになった．丸井繊維工業は，毛織物工場であったが，戦時中は軍事用品を製造していた．

22）工場跡地1万8800 m^2 と周辺900 m^2 を買収して1万9700 m^2 となった．買収および整地に3億5000万円を要している．

23）和泉市（1965年）「広報いずみ NO. 88」によると，77の業者で80の事業所ができたという．業種は，衣料品26，日用雑貨8，文化品10，食料品7，専門卸5，喫茶・食堂・料理10，理容・美容・その他6，銀行・保険・証券4，医療3，その他1であった．小売業は51，その他29であった．

24）全ブロックの分譲区画は，48～144 m^2 の4種類に限定されており，小規模であることが分かる．また，当時の分譲価格は，30坪（99 m^2）でおよそ800万円であったという．

25）西岡功によると，PL 学園の花火大会（教祖祭 PL 芸術花火）を鑑賞する際には視界を遮る建物が存在していなかったという．さらに，当時では珍しい水洗トイレを設置した商業ビルであった．また，住居は306万円/戸を負担して区分所有した．駅周辺の建売住宅が280万円前後だった時代なので高価だったという．この返済金額が高額であったので，個店の経営は厳しかったそうである．なお，商業床は組合員の会費から返済しており，すでに返済は完了している（2018年10月11日）．

26）商店街の包装紙の統一は5月，駅前商店街のマークは6月にそれぞれ決定している．

27）景品総額400万円（特賞は自動車）を付けた10日間の大売出しであった．その後も，年内に3回の大売出しをおこなっている．

28）和泉市の中心市街地とは，奈良時代に国府が置かれた泉州地域の政治的・経済的・文化的な中心を担った場所として，2001年の「和泉市中心市街地活性化基本計画」で位置づけられた165 ha の区域であり（全市域 8499 ha の約1.94%），和泉府中駅周辺約1 km を指している．対象区域の町名は，府中町１－８丁目，府中町，井ノ口町，和気町２丁目，肥子町１－２丁目，繁和町である．ただし，中心市街地の人口は，和気町２丁目を除いている．

29）「和泉市ができたことの産業といえば，織業と農業，それに模造真珠が後から出てきた．それがダメになって来て，市民は隣接する堺や岸和田を見て，ひがんでいた．たまたまそういう時期に駅前の丸井工場が移転することになった．この社長さんが偉い人で，跡地を不動産屋には売らんという．ここは和泉市の玄関口だから，公共的に開発すべきだというので，市に骨を折れといって，当時の横田市長の処へ話を持ち込んで来た．そこで，市は開発協会を作って，市長が理事長になって，土地を買った．それであとの計画を市会にかけたら，これが猛反対，そんなもの作っても売れんだろうという．それを協会が押し切って，和泉市民優先ということで分譲希望者を公募したんです．将来の値上がりを見込んで，土地だけ買いたいという人もあったが，それはダメ．商売をしなきゃいかんという．バラックを建てるという意見もあったが，防災街区だから鉄筋でなきゃいかん，それも三階建以上でないとダメだという．市の条件は金のある人ということで，土地，建物の金を支払える人ばかりだったはずだが，実際には，大方の人は金がなかったんじゃないかと思う．そこに共同意識が生まれたんですね．建物もアパートみたいにつながっているし，金を借りるにも連帯保証だというので共同意識が生まれた．この意識が現在の繁栄につながったのであって，この気持ちは，いつまでも持っていなければならないと思います」［和泉府中駅前商店街 1975：38-39］．

30）　西村［2014］によると RIA の設計であり，ビルが建設される前の時点で介入したコンサルタント会社の影響も考察する必要があるだろう．和泉府中駅前商店街［1975］では，スペースコンサルティング社が設計を担当していたと記述がある．

31）　河合徹氏からの聞き取りによる（2018年10月11日，2019年５月17日）．

32）　和泉府中駅前商店街（事業協同組合）1965年設立，和泉府中駅西商店街（事業協同組合）1975年設立，和泉府中駅前南通商店街（任意団体）1968年設立，和泉市中央商店街（事業協同組合）1965年設立，イズミ通り商店会（任意団体）1973年設立，和泉ショッピングセンター（事業協同組合）1964年設立，阪和ストア（事業協同組合）1965年設立，府中センター（事業協同組合）1965年設立の８団体である．いずれも再開発前後に設立された．

33）　アソシエ［2014］によると，2012年８月31日（金），９月１日（土）にロードインいずみでおこなった通行量調査の結果，西側（駅側）で3248人，2378人であった．1970年の推計は，和泉府中駅前商店街［1975］に記載された結果を基にしている．

34）　第２阪和国道の和泉市域部分の開通は1981年である．

35）　イズミヤは泉大津市内だが，和泉府中駅の西側は和泉市との境界上にあって徒歩圏内である．和泉府中駅前通商店街［1975］によると，イズミヤの中で専門店として出店するため，和泉府中駅前商店街に店を残しながら多店舗化を計画する経営者もいた．

36）　当初，専門店会はサティ協友店会の名称であった．専門店の内訳は，物販（小売業）64，飲食13，サービス８であった．現在は，51店舗で物販（小売業）26，飲食８，サービス17となっている．店舗数は物販と飲食を中心に30以上減少しているが，サービスが増えるなど，構成も大きく変化している（イオン和泉府中同友会，竹中氏より聞き取り）.

37）サービスには，クリーニングや美容室などに加え，病院，オフィスも含まれている.

38）和泉府中駅前商店街の店舗会は，イベント等の事業を実施するために設立された.その理由は，協同組合の非会員の店舗も参加できる枠組みを作る必要が生じたからだという．事業協同組合の会員・非会員で分類した内訳は，当初から経営を続ける会員12店舗，テナント貸ししている会員26店舗，非会員11店舗であった.

39）事業主体は，商店街組織を想定しているが，まちづくり会社，民間企業，特定非営利活動法人等と連携しておこなうことも可能である．2014年時点では，中小企業庁が地域資源活用，外国人対応，少子・高齢化対応，創業支援，地域交流の5つの分野に係る公共性の高い取組を補助する目的である.

40）第2種市街地再開発事業では，1階に食品スーパーと商業テナント，2階に医療施設，3階に市立図書館，4・5階にフィットネスクラブが入居するビルを整備した.また，隣接地に駐車場と駐輪場（市営だが一部別），分譲マンションも併設されている.

41）例えば，地区面積4.9haの再開発を予定していたが，1997年には2つの地区に分割することを決めた．それは，再開発組合の参加を渋る権利者がいて合意形成に時間がかかり，バブル崩壊によって計画通りに事業の遂行が困難になったからである．和泉市は，第1地区2.3haの用地買収による再開発をおこなうことになる．用地買収は，2000年から2009年にかけておこなわれた．また，和泉府中駅舎の西口にも出入口が設けられたことから，和泉市は西口駅前のロータリーも整備した.

42）1994年「和泉府中駅前地区市街地再開発事業推進業務報告書」では，和泉府中駅前に百貨店（大型商業施設）の出店を前提としていた．しかし，1996年の同報告書では，企業へのヒアリングの結果，百官店は，再開発に時間がかかり，費用が高く収益性が見込めないなど，出店の魅力に欠けると回答した．さらに，量販店からもサティの既存店があることから，商業テナントを6階まで埋めるのは困難であり，生鮮・日用雑貨中心のスーパーマーケットしかない，との回答だった．実際には，その指摘通りスーパーの出店となった.

43）和泉市［2001］によると，1999年時点では，和泉府中駅前地区499店舗中52店が空き店舗であった．和泉府中駅前商店街58会員，和泉府中駅西商店街138会員，和泉府中駅前南通商店街55会員，和泉市中央商店街87会員，イズミ通り商店会21会員，和泉ショッピングセンター14会員，阪和ストア20会員，府中センター13会員，和泉府中サティ協友店会70会員でる.

44）2008年，アリオ鳳（RSC）が鳳駅と富木駅の間に開設した．2011年，あべのキューズタウン（SRSC），2014年，あべのハルカス（近鉄百貨店を中心としたホテル，展望台，オフィスの複合ビル）が開設した．和泉府中駅から特別料金を伴わない最速の電車に乗ると天王寺駅まで22分，大阪駅まで39分で到着できる（2019年10月時点）.

45）和泉府中駅前商店街［1975］によると，泉北ニュータウンの開発は，光明池駅に商業集積を整備する計画であり，そこに進出しようとする店もあったようだ．泉北高速鉄道は将来的に岸和田市まで延伸する計画だったため，和泉府中駅が谷間となり，玄関口でなくなってしまう危惧もあった．1995年に和泉中央駅，阪和自動車道の岸和田和泉インターチェンジが設置され，住宅と人口が増加した．さらに，春木・久井地区は，大阪府によるコスモポリス構想でテクノステージ和泉を整備し，工業団地が整備された．

46）桃山学院大学角谷ゼミによる自動車のナンバー調査では，和泉55.5%，堺13.2%，なにわ4.7%，大阪6.0%，和歌山12.3%，その他（他府県）7.9%であった．買物客は，15km 半径に止まらず，20%程は他府県からも集客していた．ららぽーと和泉への来客は，98%以上が自家用車であるため，この分布は概ね商圏を現しているといえよう．2018年度の販売額は推定500億円以上だと考えられる．なお，ナンバー調査は，2014年12月3日（水），7日（日）12～13時にららぽーと和泉の立体駐車場で実施した．

第7章 イギリスのBID制度によるエリアマネジメントの特徴と効果

1 BID制度によるエリアマネジメントの可能性

まず，エリアマネジメントとその主体を分析する意図について述べていきたい．日本の再開発は，組合の設立から地区計画が策定された後も合意形成にさらなる長い年月がかかるなど，実施に至るまでの障壁が小さくなかった．都市再生特別措置法（2002年）は，再開発計画を早急に進めるために施行された．特に，同法の都市再生緊急整備地域の指定を受ければ，高さ制限や容積率などの規制緩和，無利子貸付などの金融支援，国税・地方税の税制優遇を受けることができるため，東京や大阪を中心とした大都市のビジネスオフィス，商業テナント，宿泊施設をテナントミックスした再開発に用いられてきた．これによって，手元の資金が足りなくても容積率の緩和など建築物の高層化による保留床の売却で開発費用を捻出できるようになった．同法改正（2011年）によって国際競争力を高めるべく，特定都市再生緊急整備地域が設定され，それまで以上の支援策が盛り込まれた．その結果，大阪市内では大阪駅周辺・中之島・御堂筋周辺地域，コスモスクエア駅周辺地域が特定都市再生緊急整備地域の指定を受けて百貨店を核とした高層ビルなどを次々とリニューアルオープンさせてきた．さらに，大阪駅周辺地域はエリアマネジメントを導入する．大阪市は「大阪市エリアマネジメント活動促進条例」[1)]を2014年に施行し，大阪市が不動産を所有する企業から警備や美化活動などの管理運営費となる負担金（条例上は分担金）を代理徴収し，タウンマネジメント機関に補助金として渡す仕組みを導入した．そして，一般社団法人グランフロント大阪 TMO（都市再生推進法人）がその第一号として認定された．

大阪市の条例は，欧米の BID（Business Improvement District）の仕組みを日本版エリアマネジメントにアレンジして取り入れた初の条例であった．エリアマネジメントとは，土地の価値を維持または高めるべく，イベントの実施，警備，清掃，観光案内用サインの設置などをおこなう仕組みである．また，エリアマネジメントは，開発による「つくる」時代から「育てる」時代への変化の中で生まれ，社会資本整備からソーシャルキャピタルやソーシャルファンドの手法を用いた都市づくりという点に特徴がある（小林 2015）．日本政府も BID によるエリアマネジメントの導入を模索し，改正地域再生法（2018年）の中で方針を示し，エリアマネジメント組織の創設を支援しようとしている[2]．内閣府から認定を受けた市区町村は，5年以内のエリアマネジメントに対して，負担金を受益者から代理徴収し，同額を管理組織に交付することで活動費を捻出できる．

このように，都市再生法とその改正および関連する制度の創設は，大規模な商業施設，オフィスビル，宿泊施設の複合ビルなどの設置を促すだけでなく，エリアマネジメントを用いる点においても大きな変化となった．そこで，エリアマネジメントのモデルの1つであったイギリスの BID 制度について考察していく．

イギリスではエリアマネジメントを担う BID（Business Improvement District）が2000年代に導入された．2018年までに約300地区で BID が設立され，中心市街地（City Centre，Town Centre）の清掃活動や警備から観光案内やイベントの実施まで，中心市街地の魅力向上に向けた取り組みがおこなわれている．保井美樹（2015）は，アメリカとイギリスの共通点は BID が治安維持や美化など公共サービスの上乗せ事業をおこなう点であり，相違点はアメリカの BID が「資産所有者の視点から公共空間の活用，社会サービスの提供など，魅力的な投資環境づくり」であるのに対し，イギリスは「ショップモビリティや共通カードの導入など商業振興の側面が強い」と指摘している．

BID の仕組みは，エリア内の事業所または地権者がフリーライドするのを妨げる上で画期的であったはずだが，むしろ，エリアにとって不都合な存在を排除する手段にもなりえるのではないか，という問いもある．高村［2017a；2017b］は，BID には多極的ガバナンスにおいて正の側面があるものの，アメリカで多くの研究者から批判されており，特にインナーシティの問題解決に関連した公共空間の商業化，地区のジェントリフィケーション，地域民主主義の空洞化，地域間格差の拡大，貧窮者の排除といったガバナンスへの批判も多数あることを指摘している[3]．イギリスでも同様の指摘はあるが，イギリスの取り組みは行政による関与も大きいことから単純な比較はできない．そこで，BID

に関する行政の関与という視点からも分析を進めていく．

エリアマネジメントとその主体の分析を進めることで，これまでの流通政策では分析できていなかった商業集積の変化を都市政策の視点から分析しようと考えている．また，イギリスでは郊外のショッピングモールや専門店が増える中で，中心市街地（City Centre）の活性化（投資，維持管理）に向けてBIDがどのような役割を果たし効果をあげているのか，民間企業と行政の連携という視点から考察していく．それでは，まずイギリスのBID制度の創設とその背景について確認していこう．

2　イギリスの都市政策における商業振興とBID

（1）BID制度の導入

イギリスでは都市政策の中に流通政策が組み込まれている．中央政府は大規模小売店舗の出店規制の緩和と強化（PPG6制定と改定）をおこない，中心市街地の振興や維持のために立地誘導や集積の階層秩序をつくってきた[4)]．特に，郊外での開発を抑止するためにシーケンシャルテストアプローチを用いて大規模商業施設の立地誘導をおこなっている．その反面，都市の産業構造の変化によって失業者が増えた問題に対応するべく，1980年代から都市再生制度によってエンタープライズゾーン[5)]を設定するなど，規制緩和による大規模なショッピングモールの出店や工業団地の整備を促した．同時に，都市再生の目的の1つとして中心市街地活性化が掲げられ，再開発やタウンマネジメントが導入された．その後，タウンマネジメントの仕組みは，BIDによるエリアマネジメントへと移行してきた．

BIDはカナダ・トロント市の商店街で1970年に始まった取り組みである．商店街が清掃活動や街の美化のためにエリアマネジメント地区Bloor West Village BIA（Business Improvement Association）を設置し，市から認定を受けておこなう事業であった．トロント市が事業者から負担金を代理徴収し，その資金をボランティアで運営する理事会（board）に渡し，理事会は地域の改善とマーケティング活動に専念できる仕組みとして創設された．その結果，商業者だけでなく，地元住民の利用客にも好評を得たのである．その後，BIDの仕組みはアメリカで広がり，ヨーロッパを中心に全世界に広がっている[6)]．

イギリスのエリアマネジメントは，1997年にBIDの導入が検討され，2001

年に複数の都市でパイロットプロジェクトが実施された．その後，地方自治法（Local Government Act）にBIDの制度が記載され，イングランド（2004年），ウェールズ（2005年），スコットランド（2007年），北アイルランド（2014年）にBID法が制定されている．いずれのBIDの仕組みも，5年間以内の計画（ビジネスプラン）を組合のような組織の理事会が作成・公開し，その計画に対してエリア内の有権者（事業所）の投票によって採否を決めるものである．投票では負担金総額および事業所数の50％以上で実施が決定する．なお，負担金は反対者からも徴収され，事業税（Business Rate）に1～2％程度上乗せして行政が集める．

イギリスのBIDの多くは中心市街地に設置された．同時に，中心市街地ではTCM（Town Centre Management），CCM（City Centre Management）からBIDによるエリアマネジメントへ移行してきた．そこで，イギリスの中心市街地活性化制度について確認しておこう．

イギリスでは中心市街地活性化の主体として1980年代にTCM・CCMが設立された．2000年代の中頃までに350ほどの団体が設立された．TCM・CCMは基本的に行政との連携によって設立されるが，運営形態も民間と行政の合同，行政内に組織が形成される場合や，民間企業のみの場合もある．1980年代初頭は大都市の大手ドラッグストアや百貨店など街の有力企業が理事会に名を連ねて資金提供をおこないながら，タウンマネジメントを導入した．その後，都市再開発や都市再生に関わる事業推進の主体として，イギリス全土で設立される．特に，1990年代からは中心市街地の再開発や公共交通整備などの開発に用いる一括補助金SRB（Single Regeneration Budget）などが創設され，EUの補助金も活用できるようになったことがタウンマネジメントの導入を後押しした．さらに，会員制のコンサルティング会社ATCM（Association of Town Centre Management）は600もの会員を抱えるなど，タウンマネジメントの仕組みを拡散し，拡張する役割を果たした．

また，TCM・CCMはランドマークの整備や大規模商業施設のリニューアルなど開発行為だけでなく，地方政府の都市開発や都市再生部局と連携しながら，清掃や防犯対策，観光案内など維持管理業務を担っているなど，地域に応じて実に多様な運営がおこなわれてきた点にも特徴があった［Otsuka 2007］．ただし，TCM・CCMは行政の財政危機によって継続上の問題を抱える．さらに，上述の一括補助金が削減・終了したことも追い打ちをかけた［足立 2012］．南

表7-1　ボルレンゲ市におけるTCMの会員と非会員の状況

	全数	TCM会員	TCM非会員
小売業者	69	48	21
銀行，ビル管理者	10	5	5
レストラン・カフェ	38	13	25
パブ，ナイトクラブ	4	0	4
ホテル	5	4	1
ガソリンスタンド	1	0	1
美容室，理容室	19	6	13
健康，美容	19	10	9
文化施設	5	3	2
旅行，レジャー	7	5	2
スポーツ，トレーニング	3	1	2
合計	180	95	85

出所：Håkansson and Madelen [2015].

方［2013］によると，TCM・CCMがBIDへ組織を移行する団体が増えており，ロンドン（London）では75地区のうち26地区がBIDに移行したという（2011年時点）．今後もTCM・CCMからBIDへの移行や統合が進められる可能性が高いだろう．

さらに，BIDとTCM・CCMは，行政サービスとの類似性が高いという指摘がある．Cook［2010］は，警備活動においてBIDとTCMと行政の役割を分析しており，警備活動はそのエリアと内容が重なっている点を指摘している．主体間での連携の仕方は各地域で異なるが，CCTVによる監視など警察の補助的な役割を果たす点でTCM・CCMとBIDの取り組みには共通する部分も多い．このように，BIDとTCM・CCMの事業は類似点が多いと言えそうである．

一方，BIDとTCM・CCMの相違点は，事業所の参加比率，特に負担金の分担についてである．BIDはエリア内の事業所は仮に反対者であっても全事業所が負担金を分担する仕組みであり，フリーライダーを生み出さない仕組みになっている．TCM・CCMは，全員参加が義務づけられておらず，任意に戦略的に連携している．Håkansson and Madelen［2015］によると，スウェーデンのボルレンゲ市（Borlänge）では業種によって参加率は異なるが，小売業者

表7-2　BIDの目的と期間

	1期	2期	3期	開発中	合計
タウンセンター型	141	68	26	26	261
工業団地型	7	17	3	—	27
商業業務地区型	1	3	1	—	5
ツーリズム型	4	1	—	—	5
その他	8	0	3	—	11

出所：British BIDs [2017] National-BID-Survey-2017.

の参加率は高く，レストラン・カフェ，パブ・ナイトクラブ，美容室・理容室の参加率は低い（表7-1参照）．全体で見ても，非参加の事業者が半数近くにのぼっている．つまり，TCMの制度上，負担金や事業運営においてフリーライダーの発生を前提としているのである．この点は，日本の商店街組織とも類似している．

（2）イギリスにおけるBIDの類型化

BIDは，2018年までにイギリス全土で約300地区が設立されている．2017年までに設立または開発中のBIDの内訳は，イングランドが最も多く248地区であり，スコットランド39地区，ウェールズ12地区，北アイルランド6地区の順に続き，イギリスではないがアイルランドにも4地区ある．

BIDの計画は投票によって実施の有無が決まるのだが，上述のように，事業所の負担金総額および事業所数がともに50％以上なら可決される．British BIDsの報告書によると，2015-2016年の期間で3期目のBIDは33地区，2期目が89地区，1期目が161地区となっている（表7-2参照）．BIDの取組は継続的なものであるため，2期目以降も継続出来ているかどうか，という点はBIDの成否を示している．なお，投票の可決率は84.5％であった．

BIDの設立目的は，タウンセンター型が圧倒的に多く261地区，工業団地型が次いで27地区となっている．前述したTCM・CCMの活動を引継ぐためにBIDを設立するケースも含まれるからであろう．工業団地型は，インフラ整備の維持管理費の捻出，美観維持，事業所間のネットワーク構築等を目的とする例が多く，行政や商工会議所との連携も前提としている．その他，商業業務地区型5地区，ツーリズム型5地区，リゾート型2地区がある．このように，大多数のBIDは都市の中心市街地活性化を目的として設立されている．ただ

表7－3　BID団体の設立数と場所からみた都市類型

	複　数	単　数
中心市街地	ロンドン，バーミンガム，ブリストル，エディンバラ（Edinburgh），ベルファスト（Belfast）	シェフィールド，マンチェスター，リバプール，リーズ，ノッティンガム，ケンブリッジ，ノリッジ，プリマス，レディング（Reading），レッチワース（Letchworth），グラスゴー（Glasgow），スウォンジー（Swansea）
非中心市街地	ロンドン，バーミンガム，ブリストル，グラスゴー	シェフィールド，プリマス，ランコーン，モーカム，フェアラム

出所：Institute of Place Management 'BIDs Map' を参考に筆者作成（http://www.placemanagement.org/news/uk-ireland-bids-map-launched/，2019年11月27日閲覧）．

し，BIDは，工業団地，リゾート，防災対策など，地域や目的に応じて多様な活用法として用いられてもいる．

BIDの規模は，その地区ごとに異なるが，事業所数が1000を超える地区から，100未満の地区まで幅広い．中央値は400-600事業所と推計されている．ロンドンや大都市圏では，事業所数および事業規模が比較的に大きい団体が多い．BIDの運営費は負担金を用いる比率が高く，負担金が事業収入全体に占める割合は76.1%（BID261団体の総額の割合）となっている．負担金は市役所（City Council）が事業所税に上乗せして代理徴収するが[7]，そのレートは0.25%～5%である．全団体の約62%がレート1%～2%に設定し，約32%が1%未満であった．また，BIDの負担金による収入は最小2万2000£，最大380万£，BIDの負担金を含む全収入も最小7万6500£，最大1100万8000£と団体間での差は大きい．

次に，BIDの設立数と設置場所で類型化してみよう（表7－3参照）．都市単位で中心市街地に設立されたBID数（開発中を含む）をみると，ロンドン市62地区，バーミンガム市（Birmingham）11地区は多数のBIDを設置しているが，リーズ市（Leeds），シェフィールド市（Sheffield），マンチェスター市（Manchester），リバプール市（Liverpool），ノッティンガム市（Nottingham）では1地区にとどまる．ロンドン市とバーミンガム市は中心市街地内の集積（エリア）ごとにBIDが設置されたが，ブリストル（Bristol）を除くとイングランドの大都市では1地区のBIDが中心市街地全体をカバーしているのである．ケンブリッジ市（Cambridge），ノリッジ市（Norwich）など地方都市も中心市街地に1地区を設置する都市が大半であり，プリマス市（Plymouth）のように中心市街地と重複するウォーターフロントで別地区として設置する事例の方が例外に近い．この点は，中心市街地のTCM・CCM，行政とBIDがどのように連携しているか確認する必要があるだろう．

中心市街地以外では，ランコーン町（Runcorn）やフェアラム町（Fareham）郊外に工業団地，モーカム町（Morecombe）にリゾート地区がある．後述するが，シェフィールド市郊外では，防災対策として行政が設立したケースもあるなど，実に多様な目的で活用されている．

（3）分析視角と調査方法

BIDによるエリアマネジメントを明らかにするべく，実証研究をおこなっていく．主に3点の問いがある．1点目は，BIDによるエリアマネジメントの導入によって都市の中心市街地活性化の手法が変化したか，という点である．先行研究からは，中心市街地ではタウンマネジメント（TCM・CCM）からエリアマネジメント（BID）へ移行が進んだのではないか，という仮説が与えられている．それに加え，もしTCM・CCMとBIDが共存しながら事業が進めているとすれば，どのような役割分担がおこなわれているか，明らかにしたい．

2点目は，BIDの運営主体は，日本の商店街組織と比較してどのような違いがあるのか，という点である．日本の商店街は，1980年代から暮らしの広場の設置（コミュニティマート構想）を実施し，祭りなど行事や生活者支援の場（コモンズ）にもなっている．さらに，近年では防犯カメラの設置，街路灯のLED化，外国人観光客向けのサインやWi-Fiの設置，アーケードの設置と撤去など，エリアマネジメントと類似する取り組みもおこなっている．そこで，法人化した商店街組織である事業協同組合1137団体，商店街振興組合2350団体[8]を対象として比較し，事業規模や負担金，事業所数などの相違点や類似点を明らかにしたい．

3点目は，エリアマネジメントにおいてエリア内の産官学連携はどのように進められているか，という点である．特に，BIDの事業は，行政サービスと類似性が高いという指摘があるため，産官学連携の中でも行政の役割に着目し，どのような働きかけをおこなっているのか明らかにしたい．また，イギリスのBIDは商業振興の目的が強いという指摘もあることから，イギリスでは郊外のショッピングモールや専門店が増える中で，エリアマネジメントが商業機能の維持にとってどの程度の効果を果たしたのか，明らかにしたい．

これらの実証研究は，シェフィールド市の事例分析を通じておこなっていく．シェフィールド市を取り上げる理由は，中心市街地でBIDを導入している点，以前から都市再生のためにCCMを導入している点があげられる．また，イギリスの大都市の中では，路面電車を復活させ，工業用地にショッピングセンターを誘致するなど，都市再生のモデルの1つであり，日本でも多くの研究者によって調査が進められてきたからである[9)]．

調査方法は，半構造化面接によるインタビューであり，事前に質問項目を伝え，インタビューの回答に応じて追加で質問をおこなう形式である．対象は，シェフィールド市のCCM責任者Richard Eyre[10)]，都市再生の責任者Simon Ogden[11)]である．Richard Eyreは中心市街地で都市再生の取り組みが始まる黎明期からCCMに携わっており，BIDの理事会メンバーの1人であった．Simon Ogdenは1990年代の中心市街地の都市再生の計画と再開発の事業ほとんどに責任者として関わっている．質問内容は，シェフィールド市においてBIDを設立した目的は何か，BIDの設立が遅かった理由，BIDとCCMの連携はあるか，市役所の関与と連携（負担金とその他），郊外のショッピングモールや専門店が増えたことによる影響，中心市街地の小売店の状況，BIDはどのような効果を上げているか，などである．なお，シェフィールド市のマスタープランなどドキュメント調査を並行でおこなった．

3　シェフィールド市の事例

シェフィールド市の分析をおこなう前に，イギリスと日本を取り巻く商業の環境変化について確認しておく．まず，イギリスの小売販売額に占めるインターネット販売額の割合は16.3%（ガソリン等の販売を除く）である[12)]．また，小売販売額に占める非店舗（インターネット・通信販売等）の割合も9.64%（2017年）に達し，前年比で20%ほど成長している[13)]．日本の電子商取引（B2C）は5.79%（2017年）であり，年々10%ほど取引額を伸ばしている[14)]．単純な比較は困難だが，両国とも実店舗での購買機会が減少していると推測できる．

次に，イギリスの人口は1980年代から増加傾向で，特に他国生の外国人が増加した．他国生人口の増加は日本にも共通する（表7-4参照）．その結果，商業集積の店舗や品揃え，労働者，買い物行動などにも変化があったと考えられる．これらの点は，シェフィールド市にもあてはまるだろう．それでは，シェ

表7－4　イギリスと日本の人口変化

（単位：千人）

2000年	総人口	本国生	他国生(人口比%)	内：EU	内：EU外
日本	126,926	125,615	1,311 (1.0%)		
イギリス	57,928	53,500	4,423 (7.6%)	1,148	3,275
イングランド	48,398	44,253	4,140 (8.5%)	1,026	3,114
シェフィールド	509	480	28 (5.5%)	4	24
2015年					
日本	127,095	125,253	1,752 (1.3%)		
イギリス	64,265	55,642	8,569 (13.3%)	3,183	5,387
イングランド	54,086	46,166	7,877 (14.5%)	2,827	5,050
シェフィールド	562	501	61 (10.8%)	18	43

出所：総務省［2015］『国勢調査』，Office for National statistics［2000, 2015］*Population of the UK by country of birth and nationality.*

フィールド市の取り組みについて分析していこう．

（1）都市再生計画によるショッピングモールの誘致

シェフィールド市は，イギリス中部のサウスヨークシャー州の中心となる大都市であり，人口もイングランドで4番目である（2018年6月）．また，シェフィールド市は工業都市として有名であり，ステンレス発祥の地でナイフや包丁など金属加工業も盛んであった．特に，1890年代には鉄鋼業で世界最大の工場群となり，その後も鉄鋼業が街のシンボルとなっていた．しかし，イギリス国内の鉄鋼業は世界市場の拡大とともに製造拠点が海外に移転するなど徐々に衰退し，1980年代にはシェフィールドでも最大手の企業が倒産して工場が閉鎖された．イギリスの全土で失業率は高まったが，シェフィールド市の失業率は10%近くまで達するなど大都市全体で最悪の数値であった［辻 2001］.

そこで，シェフィールド市（City Council）および広域自治体[15)]は，公共事業を用いて都市への投資を増加し，産業構造を転換させようとして1980年代後半から都市再生計画を打ち出した．都市再生の目的は，都市機能を向上させ，同時に民間企業を誘致して雇用者数を増加させるなど経済的な活性化を目指すことにある．シェフィールド市の計画では，都市再生会社やパートナーシップを運営する公企業を設立し，小売業やサービス業など商業機能を維持・改善や，工業地区の再整備に向け情報や先端技術を開発する民間企業の誘致なども含まれていた．そして，行政は産官学連携を軸に地元大学の研究開発部門と企業をマッチングさせ，企業と連携しながら再開発ビルや市内の空き地に誘致を進めている[16].

1980年代当時の話に戻すと，具体的な事業計画としては，ユニバーシアードの誘致による競技場等の整備，埠頭や空港の整備，工業団地の再整備，そして工場跡地への大型ショッピングモールの建設に許可を与え，同時に周辺道路を高速道路に接続するバイパスなどを整備してきた．その実施主体は，政府および広域自治体とシェフィールド市が連携したまちづくり会社であった[17].

シェフィールド市が工場跡地にショッピングモールを誘致したのも，都市再生計画の一環であった[18]．工場跡地の開発の目玉は，民間企業が２億3000万￡をかけて整備した全英で最大規模となるショッピングモール「メドーホール」である．メドーホールは1990年にオープンしている．約11万6000 m^2（125万平方フィート）の売場面積には，３つの核となるデパート（Marks＆Spencer，Debenhams，House of Fraser）と大型スーパーマーケット，220以上の専門店を含むショッピング，飲食，サービスに加え，休息場所やシネマなどレジャー施設も備える．駐車場は，自動車１万2000台と巨大であり，バスも300台が駐車できる．また，１万5000本の植林，公園の整備に加え，隣接する敷地にはホテルも併設する．同時に，市民がショッピングモールへアクセスできるようにバス停留所，電車の駅，トラム[19]，パーク＆ライド用の駐車場も隣接して整備されるなど，新たな交通のハブの機能が付与された．そして，新たな従業員5000人以上の雇用を生み出すことが，当時の様子を紹介する紙面で大きくうたわれている．そして，計画当初から年間3000万人の集客によって中心市街地の売上を大きく上回ることが予測されていた[20].

（２）　都市再生計画による中心市街地の整備

Richard Eyreによるとシェフィールド市の中心市街地は，1960年代から70年代に買い物の中心地であったが，1980年代から店の品質が落ち始めた．特に，1990年にメドーホールが完成すると，アパレル関連の店舗が中心市街地から減少した[21]［根田 2008].

シェフィールド市は，1994年に都市マスタープランで中心市街地の再生計画を策定する．その後，1996年に中心市街地活性化に向けた計画「Millennium Project」，1997年に実施計画書「Remaking the Heart of the City」を策定し，都市再生計画による中心市街地の大規模な再開発を進めることが決まった．広場，文化施設，商業施設，高層住居，宿泊施設を一体的に整備する計画である．その核として整備されたのが，1998年のピースガーデンズ（Peace Gardens）であった．ピースガーデンズは，もともとタウンホール教会跡地のイングリッシュガーデン（芝生を基調とした公園）であったが，それを市のアイデンティティである石，鉄，水路を設けて親水性のある噴水も盛り込んだリニューアルをおこなった．

では，シェフィールド市が，都市再生計画の中でピースガーデンズの整備から始めたのはなぜだったか．Simon Ogden によると，その当時，映画「フルモンティ」の世界そのままにシェフィールド市では失業率が高く，市民が自信を失っていた．そこで，市民が集い，子供が遊び，お祝いに来る場所として優先的に整備したかったからだという．また，Richard Eyre は，広場整備から始めたのは正解だったと語っている．さらに，空き店舗や不足業種など，経済活動への梃入れを最初にするような間違いを犯さなくて良かった，とも述べている．このように，シェフィールド市によるピースガーデンズの整備は，中心市街地の商業集積とメドーホールなど郊外の商業施設との競争的な意識よりも差別化する意識の方が強かった証左だといえよう．

ピースガーデンズが整備された後，ウィンターガーデン（Winter Garden），ミレニアムギャラリーズ（Millennium Galleries），セントポールズタワー（St Paul's Tower，タワーマンション300の賃貸住宅），セントポールズプレイス（St Paul's Place，3棟：ビジネスオフィス，1階にカフェ・レストラン），新市庁舎，カジノ，ホテルを整備してきた．現在，中心市街地の都市再生計画の最後のピースとされる Sheffield Retail Quarter の整備が進められている．Sheffield Retail Quarter は2016年から2024年にかけて8ブロックを連続的に整備する再開発計画（Hert of the City Ⅱ）である．この第1期整備では，再開発ビルの整備費用19億円に対して政府補助（LEP：100万￡）と市開発基金（約150万￡）で約5分の1に相当する費用に補助金を充てている．同ビルは，オフィス1万4864 m^2，小売5341 m^2 の銀行を核テナントとした商業ビジネスの複合ビルで2019年に完成予定である．当初は大規模な商業施設として計画されていたが，工事の中断を経て計画が見直され，オフィスビルの要素が強まったようである．

また，中心市街地では行政組織内に CCM が設立されて活動している．CCM は，市役所職員が運営してマーケット（市場）を4カ所で管理し，イベントの誘致や企画・運営・広報をおこなっている．そして，ピースガーデンズの整備にも関与してきた．Richard Eyreによると，当初，職員5人で花壇を整備するところから始まり，植栽の管理運営業務を担い，イベント会場として活用してきたという．これらの経費もシェフィールド市が担ってきたのである．しかし，シェフィールド市の財政に余裕がなくなり，イベントの運営資金が調達できなくなった．そこで，中心市街地でイベントを実施するためには新たな財源をつくる必要があったため，BID制度による財源確保を目指したのである．仮に，シェフィールド市の財政に余裕があったなら，BIDは設置しなかったのだそうである．

それでは，次にSheffield City Centre BID Limited（以下：Sheffield BID）の取り組みについて見ていくことにしよう．ビジネスプランの策定では，4つの目的を掲げており，その実施計画では来街客数を増加させるべく，観光集客型のイベント，中心市街地で夜の経済を活性化させるイベントを実施している．

（3）Sheffield BIDの目的と効果

シェフィールド市では，2015年3月の投票でBID計画が承認され，Sheffield BIDが設立された．その後，2015年10月からSheffield BIDの事業が開始されている．このBIDは，商店街を含む中心市街地（City Centre）全体を範囲とし，511事業所が参加している．事業所には，民間企業のオフィス，行政施設，大学等も含まれるが，小学校や福祉施設の一部が対象から外されている．まず，Sheffield BIDの計画書（ビジネスプラン）に基づいて，設立目的や事業内容を確認していこう．

ビジネスプランの事業は次の5つのプロジェクトに集約されている．まず，集客事業（Busier）は，集客を目的としたイベントの開催についてであり，シェフィールドの群れ（18万人，2億4000万円），Cliffhanger（4万人／年），Feature Walls，Alive After Five（約45万人）などを企画・協賛している．例えば，Cliffhangerはマウンテンバイクやボルダリングなどスポーツ競技のイベントであり，前述したピースガーデンズも会場の一つとなっている．これらのイベントやキャンペーンはこれまで累計で約88万人の来街者を増やし，1087万£ほどの消費を増加させた［Sheffield BID 2018］．次に，安全対策（Safer）は街の安心・安全を確保するための事業であり，具体的には，防犯カメラ・CCTVの設置と維持，セキュリティティトレーニング等をおこなっている．清掃活動（Cleaner）は，清掃活動であり，壁面等の落書き消し，街路のクリーニング（6－9時

表7-5　Sheffield BID の事業収支

（単位：£）

		1年目	2年目
収入		849,085	841,530
	負担金（BID Levy）	847,263	840,587
	受取利息（Bunk interest received）	1,822	943
支出		468,563	667,513
	集客事業（BUSIER）	215,947	320,188
	安全対策（SAFER）	49,506	68,104
	清掃活動（CLEANER）	25,558	57,708
	共益事業（TOGETHER）	4,986	8,253
	快適性向上（EASIER）	—	30,522
	負担金の徴収手数料（Levy collection fee）	17,843	17,951
	人件費（Administrative expenditure）	154,538	164,423
	税金（Taxation）	185	364
繰越し金（単年）		380,522	174,017

注：1年目は2015年10月～2016年7月，2年目は2016年8月～2017年7月．
出所：Sheffield BID [2016, 2017], "Annual Report 2016, 2017".

毎朝）などである．快適性向上（Easier）は，来街客の快適性を向上させる取り組みであり，街中で活動するアンバサダーの配置，高齢者用モビリティ貸し出し，トイレ案内マップ，無料の高速 Wi-Fi，AED 設置などである．共益事業（Together）は，エリア内の事業所にとって共益的な取り組みで，具体的には，コスト削減（設備，流通，廃棄物取引，保険），ヘルプセンター（資料提供，情報発信）がある．これらの成果も毎年報告されている[22]．

また，ビジネスプランには示されていないが，BID 設立の背景にはイベント事業費の捻出をおこなう目的が非常に大きかった．前述のように，シェフィールド市の CCM では，ガーデン整備やイベントを実施する際に市財政を基盤としてきたが，市財政がひっ迫したので財源を確保しなければならなくなったからである[23]．そこで，BID の負担金を活用したイベントが企画提案されたのである．事業報告書の会計資料（表7-5参照）をみても，支出費目ではイベント関連費が最も多いことが分かる．このことからも，イベントの実施は BID にとって最大の目的であることが示されているといえよう．また，支出項目では人件費が次に高いが，人件費の大部分は事務局職員によるものである．職員は計画実施期間である5年任期で雇用している．なお，BID の理事会は，エリア内の事業所から選出され，市職員もその中に必ず含まれており，基本的に無給となっている．

事業を支える収入は，ほぼすべてを負担金が占めている．負担金は，全事業所から5年間で420万£（£84万7000/年）を集める．負担金の徴収は，不動産（事業所）に対して事業所税を1％上乗せしてシェフィールド市が集める．なお，シェフィールド市の場合は，土地所有者をBIDの負担者に含んでいないが，市役所や大学などごく少数は土地を所有しながら事業者でもある．事業分類による負担金の分担率は，レジャー・文化11％，市役所5％，2大学8％，小売業39％，オフィス37％である．市役所と2大学で約12万£/年を負担しているが，事業所数と負担率はともに小売業の事業者が最大である．

4　シェフィールド市におけるBIDの特徴

次に，BIDの特徴を明らかにするためにCCMとの比較，日本の商店街との比較，行政による関与について分析を加えていきたい．

（1）BIDとCCMの比較

Cook［2010］が指摘したように，BIDは行政サービスと重複するケースも見られる．そこで，シェフィールド市のCCMの業務とSheffield BIDの業務が重複していたかどうか確認しよう．まず，シェフィールド市のCCMは行政によって運営されてきた．CCMの業務内容を再確認すると，市内の4か所の市場の施設管理，イベントを企画・開催，誘致する業務がある．市内の再開発は市予算，政府補助金，EU補助金を活用しており，行政が強く関与している．そして，CCMは行政によって整備された公園，公共交通，街路などを用いたイベントを開催している．CCMのイベント業務はBIDのイベント業務と重なる点が多く，常に連携しているといっても過言ではない．また，市場はムーアマーケット（Moor Market），野外市場は中心市街地内にある．CCMの本部も同施設内にある．ムーアマーケットは2013年に再開発されて90ほどの店舗が軒を連ねており，BIDの事業所に含まれている．ただし，BIDは中心市街地のみを活動範囲とするのに対して，CCMは中心市街地外の市域で市場管理やイベント運営もおこなっている点でBIDと活動範囲が異なる面もある．

次に，Sheffield BIDは産官学が連携した組織であった．事業は観光客への

表７－６　商店街法人組織とBID運営組織の比較

法　律	中小企業等協同組合法	商店街振興組合法	BID法（英国）
設立・提案できる者	組合員４人以上（発起人）：小規模事業者（小売・サービス業：資本金５千万，従業員50人）	組合員７人以上：30以上の小売・サービス業が近接し，資格有2/3以上参加，組合員1/2以上が小売・サービス業※地域再生法で緩和	対象地区内で事業税の納税者，土地所有者，抵当権者，借地人，BID設立提案の主体，自治体※法改正で追加
負担金／総収入 負担金（1事業所）	54.5% 558,216円	62.4% 181,104円	99.7%（イギリス平均55.9%） 298,446円※
会員・事業所数	57.5	67	551（イギリス中央値400－500）
総事業費	1,994万円（2015年）	1,478万円（2015年）	8,430万円（2015年）※

注：※は，当時の為替レート180円／£で計算した．
出所：中小企業庁「平成27年度商店街実態調査報告書」（Sheffield BID webサイト）．

広報やデジタルサイネージ設置など幅広いソフト事業も実施している．中心市街地のイベントではCCMが果たしていた役割を担っているように，業務内容は重複しているといえる．特に，市役所の予算が低減し，中心市街地でのイベントの開催や継続するためにBIDが設立されたからである．さらに，Sheffield BIDのビジネスプランに示された範囲は，中心市街地全域であった．シェフィールド市が都市再生計画で指定する中心市街地の範囲と同様である．

以上のように，シェフィールド市におけるCCMとBIDの財源は異なるが，その活動の目的と内容は類似性が高いといえる．

（２）　BIDと商店街組織との比較

Sheffield BIDは，2015年５月に保証有限会社（private limited company by guarantee）として設立された．保証有限会社は非営利団体を対象とした法人である．Sheffield BIDの場合，理事会は会員の中から選ばれ，事務局は専従スタッフを置くなど組合組織に類似した特徴を持っている[24]．そこで，Sheffield BIDと日本の商店街組織を比較してみたい．日本の商店街組織は実質的に非営利活動をおこなう団体であるが[25]，その中でも中小企業等協同組合法，商店街振興組合法による法人組織を対象としてBIDと比較していく（表７－６参照）．

まず，組織形成の条件では，日本の商店街組織は組合員数や小売業者の比率等を設定しているのに対し，イギリスのBIDでは発起人になれる資格者は幅広く，人数制限等を設けていない．負担金では，日本の商店街組織も負担金（賦課金）や会費を徴収しているようにBIDと共通している．さらに，商店街組織とBIDの総事業費に占める負担金の比率もイギリス平均55.9%とはほとんど差がない．ただし，Sheffield BIDは負担金比率（負担金／総収入）が99%以上であり，負担金の割合が高くなっている．また，根本的に異なる点としては，商店街組織は会員から負担金（会費，賦課金）を徴収する仕組みだが，BIDの負担金はエリア内のすべての事業所に義務づけられる点である．そのため，日本の商店街組織では，年間総事業予算5000万円以上の団体数が事業協同組合7.4%，商店街振興組合5.0%，会員数200人以上の団体数も事業協同組合1.4%，商店街振興組合1.3%に止まっている（中小企業庁 2016）．それは，日本の商店街組織が面よりも線として展開し，例えば駅前の集積にも複数の組織が設立されることが多いからである．その結果，商店街組織とBIDの事業所数と総事業費は，平均でみても大きな差が生じている．以上のように，商店街組織は，TCMと同様で全員参加を義務づけていない点こそが，BIDとの最大の相違点だといえる．

（3）　行政によるBIDへの関与

シェフィールド市では，郊外のショッピングセンター，エンターテインメント施設，専門店などが増えて商業集積の機能が高まり，公共交通整備も充実したことで中心市街地の小売販売額を上回っていった．そこで，行政は都市再生計画によって中心市街地の商業機能の維持を図ってきた．1990年代後半から実施した前述の都市再生事業である．それによって中心市街地へ投資してビジネスオフィス，ホテル，住宅，飲食店などを誘致し，広場もリニューアルすることで中心市街地の魅力を高めてきた．さらに，シーケンシャルテストが示すように中心市街地内での開発を優先するべく，シェフィールド市はメドーホールから出された店舗拡張の開発を基本的に許可しなかった．その結果，小売販売額は，中心市街地8.30億£，メドーホール6億7000万£であった［Sheffield City Council 2013］．都市再生計画の効果もあり，中心市街地の商業機能が維持できたと考えられる（2010年）．ただし，その数年後の小売販売額は，中心市街地7億3200万£，メドーホール8億1300£であった（2016年）[26]．それゆえ，中心市街地は商業集積として差別化を必要としていた．

そこで，Sheffield BIDが2015年からエリアマネジメントを開始し，イベント支援・観光案内・清掃活動・警備など，行政・CCMと重複するサービスの提供を開始した．シェフィールド市役所はBIDに対してどのように働きかけたのだろうか．

Sheffield BIDの事業は産官学連携で進められているが，行政は大学・企業関係者とイベントの企画やさまざまな部署での委員会を通じて交流を育んでいたので，既存のネットワークを活用できたという．例えば，委員を務めるシェフィールド大学の教員が，BIDの文化イベントや夜イベントの企画に賛同し，教員自身のアイデアを反映させたいと思っているので，日常的に意見交換できているという．また，シェフィールド市役所から理事会の役員になったRichard Eyreの取り組みからみていこう．BIDの設立以前，初代BIDの理事長（chair）を選出した際には，当時のM&Sのシェフィールド店のマネージャーが就任している．この人物が理事長に就任したのは，Richard EyreからBIDのアイデアについて先に提供を受けたからであった．二人にはBIDが始まる以前から，CCMの活動を通じて親交があり，マネージャー本人も役職を務める意思とリーダシップを持つ人物だった．このように，シェフィールド市はBIDに適材適所の人材を配置できるよう，やる気と実力がある有望な人材の確保に向けて常にアンテナを張っていたのである．つまり，シェフィールド市は，BID設置に積極的に関連したといえる．

また，シェフィールド市はSheffield BIDが設立される以前からBIDの仕組みを熟知していた．それはSheffield BIDが設立される前年に，Sheffield Lower Don Valley Flood Defence Project（2014年～）で行政と商工会議所がBIDを設置し，河川管理の非営利法人[27]に業務委託したからである．このプロジェクトは，シェフィールド市がBIDを導入する嚆矢となったものであった．対象エリアは工業地帯のロワードンバレー地区であり，2007年に起こった洪水によって，メドーホールなど商業施設が1m以上も浸水するなど深刻な被害を受けた．防災対策事業には政府の補助金も利用したが，維持管理費を賄いきれないため，受益者負担させようとしたのである．そのため，影響が大きいエリアほど負担金が高くなるようにビジネスレートを0.75～2.25%に設定している．事業内容は，洪水予防，リスク管理，ボランティア活動の支援，外来植物の排除，清掃など多岐に及ぶ．このような活動の展開は，シェフィールド市が主導してBIDを導入した点で，Sheffield City Centre BID Limitedと異なる面もあるが，市財政の負担を軽減する点で共通点もあるといえよう．

5 結　　語

本章は，イギリスのBIDによるエリアマネジメントの特徴と効果を明らかにするべく，シェフィールド市の取り組みから主に3点の問いを基に実証研究をおこなってきた．

まず1点目は，BIDによるエリアマネジメントの導入によって都市の中心市街地活性化の手法が変化したか，という点である．イギリスではBIDが300地区ほど設置され，その後も毎年20地区が新たに設置されている．エリアマネジメントの成功は，継続されているBIDが多いことにも示されているといえよう．また，BIDは主にソフト事業をおこなう主体であり，TCM・CCMはハード事業とソフト事業を包括する主体であった．BIDとTCM・CCMの両者は，行政サービスとの類似性が高く，警備活動等はそのエリアと内容が重なっていた．また，シェフィールド市のCCMは行政によるサービスである．Sheffield BIDは産官学連携によって運営されており，CCMや行政サービスと類似性も高く，同時にシェフィールド市の関与も大きい．その背景には，BIDの設置は行政による財源確保が困難になった経緯もある．BIDとTCM・CCMの相違点は，BIDはエリア内の事業所は仮に反対者であっても全事業所が負担金を分担し，フリーライダーを生み出さない点である．一方，TCM・CCMは，全員参加が義務づけられておらず，任意に戦略的に連携している．

2点目は，BIDの運営主体と日本の商店街組織と比較した類似点と相違点についてである．両者は，理事会の設置や事務局の運営などの共通点もあり，さらに事業内容や負担金の比率等でも類似点が多い．ただし，日本の商店街組織は小規模で独立しているのに対し，BIDは大規模で単数の設立が多かった．さらに，上述の通りエリア内で反対する事業所も負担金を義務づけられる点で全く異なっている．この点は商店街にとって参考になるだろう．

3点目は，BIDのエリアマネジメントにおける行政の関与だが，負担金の徴収だけでなく，エリア内の事業所1つとして参画している．また，シェフィールド市は都市マスタープランを作成し，都市再生計画によってピースガーデンズを整備してその一帯を再開発した．さらに，行政はCCMに直接的に関与し，Sheffield BIDには間接的に関与することで，都市再生計画の再開発地区においてイベントを企画するソフト事業をおこなってきた．とりわけ，

Sheffield BID は広場や飲食店を最大限に活用できるようなイベントを実施し，88万人の来街者を増やし，1087万￡ほどの消費を増加させた．その結果，中心市街地は郊外の商業集積と差別化し，人々が集まる新たな機能を付加してきたといえる．

最後に今後の課題として，シェフィールド市の都市再生計画の変遷を都市マスタープラン等から分析すること，他都市の BID の事業や組織との比較することがあげられる．また，BID によるエリアマネジメントの分析についても，政策の窓モデルを修正したコーディネーションのモデルによる分析によって理論構築に結びつけていこうと考えている．

注

1）　大阪市は企業（不動産所有者12社）から運営管理費となる分担金（2800万円）を徴収し，タウンマネジメント機関に補助金として渡す．タウンマネジメント機関は警備や美化活動を補助金充当によりおこなうが，イベント運営は自主財源でおこなう必要がある．

2）　同時に，改正地域再生法では商店街活性化推進事業計画として，商店街振興組合の設立条件の緩和，資金調達の支援，空き店舗の利活用の誘導，交付金による支援が制度化されている．また，同法では空き地や空き家への立地誘導（土地の所有と利用を分離）を行政がコーディネートする取り組みに加え，商店街組織の新たな役割も期待している．都市のスポンジ化を防止するべく，商店街組織や住民組織が立地誘導促進施設協定の下で都市計画協力団体として活動中である．

3）　例えば，De Magalhães［2014］などがある．

4）　現在，National Planning Policy Framework が，中心市街地を優先的に整備し，大規模小売店舗の出店規制をおこなっている．シーケンシャルテストや交通アクセス条件の設定は，PPG6（Department of the Environment, Planning Policy Guidance Note6）・PPS6（Department of the Environment, Planning Policy Statement Note6）を踏襲した．

5）　パートナーシップを前提とした工業団地などの整備をおこなう場合，国の指定を受ければ基盤整備に補助金を受けることができる仕組みである．現在は，LEPs など，パートナーシップ民間企業の投資を引き出すような投資を現在も続けている．

6）　アメリカでは，大都市で広まり，全国1000以上の地区で実施されている．その後，南アフリカ，ニュージーランド，ドイツへの広がり，世界中で取り組まれている．

7）　なお，行政は１％ほどの手数料を取るケースが一般的であり，最小200￡から最大４慢4900￡となっている．ただし，21％ほどの地域では手数料を取っていない．

8）　中小企業庁［2016］「平成27年度商店街実態調査報告書」の商店街数を引用した．

9）　例えば，根本［1997］は都市再生とエンタープライズゾーンを分析しており，根田［2006］は中心市街地の業種構成の変化を分析している．小篠［2008］，山口・柊・山本ほか［2017］は産官学連携の分析をおこなっている．

10) Richard Eyre は，CCM とイベントの責任者（Head of City Centre Management and Event）であり，シティセンターマネージャーを兼務する．さらに，取材当時の2017年1月～9月まで Sheffield BID の理事（非執行役員）を務めていた．

11) Simon Ogden は都市再生部責任者（Head of Regeneration）であり，シェフィールド市の都市再生計画に当初から参画し，高速道路のインターチェンジおよびメドーホール周辺道路の整備にも関わっている．特に，Heart of the City，Millennium Project では，ピースガーデンズのコンセプトと設計に携わっている．さらに，Sheffield Lower Don Valley Flood Defence Project で BID の設置にも参画している．

12) 2017年1月から12月の週平均でインターネット小売販売額の和を小売販売額の和で除した（Office for National statistics, "Retail Sales Index: Internet Reference Tables,"（https://www.ons.gov.uk/businessindustryandtrade/retailindustry，2018年11月30日閲覧）．

13) 2017年1月から12月の無店舗販売額の和を小売販売額の和で除した（Office for National statistics, "Retail Sales Index: Internet Reference Tables,"（https://www.ons.gov.uk/businessindustryandtrade/retailindustry，2018年11月30日閲覧）．

14) 経済産業省 商務情報政策局 情報経済課「平成29年度我が国におけるデータ駆動型社会に係る基盤整備（電子商取引に関する市場調査）」を引用した（http://www.meti.go.jp/press/2018/04/20180425001/20180425001.html，2018年11月30日閲覧）．

15) サウスヨークシャー州の政治体は1990年代に解体されている．警察や交通等は州単位で残されている．

16) 小篠［2008］によると，シェフィールド市は産官学の連携を進め，新たな製造業の拠点を整備しようとしている．山口・柊・山本ほか［2017］では，シェフィールド大学が AMRC という組織を設立し，ボーイング社をはじめとする80社の会員を募って先端製造研究のガバナンスを構築している．

17) Sheffield Development Corporations（1988年～），Sheffield One（2000年～），Creative Sheffield（2007年～）である．そのほか，大都市圏の広域自治体として Yorkshire Forward（1999～2012年）を設立している．地域内での連携では，Sheffield City Region LEP（2012年～）を設置している．

18) 根本［1997］は，エンタープライズゾーン（ロザラム）と都市開発公社（シェフィールド）によるショッピングモール誘致において，都市開発公社の権限が優先されたと主張している．

19) Sheffield Supertram は，1994年に導入された LRT（Light Rail Transit）の車両であり，鉄道のシェフィールド駅から市内中心部を通り，郊外のメドーホールまで敷設された．

20) 開業前から350万£の売上げが予測されていた．現在，メドーホール SC は，全英 SC で8番目の規模（Super Regional Shopping Centre）であり，14万 m^2（150万平方 ft.）の面積を持つ．2018年改装し，2021年3万 m^2 増床を予定している．自動車の駐車場1万2000台であり，テナント280（M&S，Debenhams，Fraser 等の百貨店を含む），約2400万人／年を集客している（出所：British Land HP およびアニュアルレポート）．

21) 特に，アパレル専門店の減少数は多く，105事業所（1989年）から55事業所（2003

年）へ，食料品小売業も55事業所（1989年）から28事業所（2003年）へと減少した［根田 2008］．その後も2017年まで減少傾向が続いてきたという（Richard Eyre）．

22）例えば，落書き消去は1224時間で4500 m^2 ほどおこなった．清掃活動は事業所にとって37万￡の節約につながった．物乞いの発生率の低下も見られた．そして，事業開始以来の１￡あたりの投資効果は5.44￡であると発表されている（Sheffield BID 2018）．

23）Sheffield City Centre BID Limited は，政府の緊縮財政を背景としてスタートした．他の大都市（バーミンガム）も同様の理由で新設されている．

24）ただし，商店街組織の事務局における専従職員の比率は，商店街振興組合42.7％，事業協同組合48.4％と高くはない（０人と無回答を含む比率）（中小企業庁「平成27年度商店街実態調査報告書」）．BID では，146団体で722人のスタッフ（フルタイム，パートタイム，コンサルタント含む）がおり，０人の団体はない（Nationwide BID SURVEY 2015）．

25）法律で配当を可能とする条項はあるが，共益事業のための会費を徴収して事業をおこなうなど，実質的に商店街で配当がおこなわれるケースはないと考えられる．

26）Sheffield City Council & Rotherham Metropolitan Borough Council［2017］から引用した．さらに，コストコ，イケアといった大規模ホールセール，バルキー家具・家電店が郊外に増加する傾向は強まっている．その結果，EC 市場が拡大する中で両地区の合計販売額は伸びている．

27）River Stewardship Company は，業務委託を受ける団体であり，洪水対策のために設立された．市民はコモンズとしての川や河川敷を維持管理するため，ボランティアで毎週清掃活動をおこなっており，遊歩道整備も実施している．

終　章

まちづくりにおけるコーディネーション概念の役割

1　本書の成果

本書の目的は，商業論における分析視角としてコーディネーション概念の有用性を指摘することである．また，それに付随して「流通政策においてまちづくり会社が活用され，増加し，運用の範囲が広がってきたのはなぜか」，「中心市街地活性化法の政策実施過程を可視化するためにコーディネーション概念が有用か」，「日本の商店街組織とまちづくり会社がエリアマネジメント制度を取り入れるために何が必要か」といった問いを明らかにするべく事例分析をすすめてきた．本書の成果について各部・各章を振り返ろう．

第Ⅰ部では，流通政策のなかでも中心市街地活性化法に焦点を絞り，その政策実施過程に限定して分析を進めてきた．中心市街地活性化法の政策形成過程は，制度について歴史的な考察，諸外国との比較，都市計画や建築からの考察など学際的に多数の既往研究があり，政策の窓モデルなど分析方法も用いられてきた．しかし，政策実施過程の既往研究は，事例研究が大多数を占めるが，事業主体やキーパーソンの分析方法が定まっていなかったからである．

第1章は，中心市街地活性化法の政策実施過程を分析するモデルを提唱した．すなわち，コーディネーション概念を用いるモデルである．コーディネーションは，リーダーのカリスマ性やリーダーシップ論のフォロワーへの作用と異なり，個人間，個人と組織間，組織間のつなぎ役となるキーパーソンに焦点をあて，その働きかける機能のことを指す．そして，政策実施過程において公的部門と民間部門の間で政策意図が変容したかどうかを検証するツールとしても検討が可能であることを提案した．

第2章は，中心市街地活性化法の政策実施過程の事例分析からコーディネーション概念を用いたモデルが有効であることを示した．高松市，長浜市，青森市の3市のハード事業の主体に焦点をあて，政策実施過程におけるキーパーソンの行為を結果から判断し，働きかけの切っ掛け，情報の経路を明示した．これによって，キーパーソンの所属先と働きかけからコーディネーションを確認し，同時に政策意図の変容の有無も確認できることを明らかにした．なお，キーパーソンの所属先は，高松市が商店街組織，長浜市が自治体，青森市が自治体，商工会議所，商店街組織を対象とした．このように，コーディネーションは事業主体と多様な主体間の連携を分析するツールになりえることを証明した．

第Ⅱ部では，伊丹市中心市街地活性化基本計画のソフト事業である伊丹まちなかバルを事例とし，事業主体である伊丹中心市街地活性化協議会と事務局である特定非営利活動法人いたみタウンセンターのキーパーソンに焦点をあてた．伊丹まちなかバルは，商店街組織である伊丹郷町商業会が発展的に変化する切っ掛けを与え，近畿バルサミットを開催して近畿圏でバルイベントの仕組みを共有する役割を果たした．そこで，伊丹まちなかバルの政策実施過程におけるキーパーソンの働きかけからコーディネーションの有無を確認した．また，伊丹郷町商業会の加盟店が伊丹まちなかバルに参加する動機からキーパーソンのコーディネーションを実証分析している．そして，伊丹まちなかバルの起源は函館西部地区バル街であり，その情報伝達経路のコーディネーションを分析し，バルイベントの類似点と相違点を明らかにした．

第3章は，日本全国の商店街では業種構成が変化しており，小売店が減少し，飲食店が増加する傾向にあることを統計資料から示した．そのような商店街の構造変化のなかで，伊丹まちなかバルが伊丹郷町商業会の組織改革（若手役員の台頭，新規イベント企画）を促進したことに着目し，伊丹まちなかバルを事業として遂行するうえで必要不可欠であった4人のキーパーソンに焦点をあて，所属先と組織的裁量の違いだけでなく，個人的裁量もコーディネーションに影響を与えていたことを明らかにした．この分析結果から，コーディネーターの「裁量」，「働きかけ」，「つながり」という段階があることも示した．

第4章は，伊丹郷町商業会の加盟店が伊丹まちなかバルに参加する際にどのような動機であったか，その際にコーディネーションの影響を受けたか，アンケートによる実証分析をおこなった．その結果，加盟店は伊丹郷町商業会がイベントを実施したことで繁栄してきたと考えており，地域のにぎわい創出を使命とし，リーダーと若手役員によってその活動をより活発化させてきたことが明らかとなった．伊丹まちなかバルに参加した飲食店に限定しているが，リーダーの働きかけと加盟店の売上向上や広告効果に強い相関関係があったことを示した．また，リーダーと行政の働きかけは独立性があったことも推察された．つまり，伊丹まちなかバルに参加した飲食店の動機は，商店街組織リーダーのコーディネーションだけでなく，行政など外部からのコーディネーションに影響を受けたといえる．

第5章は，函館西部地区バル街から伊丹まちなかバルへの情報伝達経路をつきとめ，まちづくりイベントとして開催にいたる過程やバルイベントの情報が拡散する過程でキーパーソンが果たした役割と機能をコーディネーションの視点から解明した．そして，両バルイベントの共通点や相違点を比較しつつ，伊丹まちなかバルが近畿圏でバル街を広めるような模倣可能なモデルへ変容したことを明らかにした．

第Ⅲ部では，コーディネーション概念を用いた分析からは離れ，都市政策の変遷に着目しながら，中心市街地活性化法に関連した商店街の再々開発やまちづくり会社の課題を掘り下げて論じた．自治体は長期間に渡る都市再開発の計画を遂行するために中心市街地活性化基本計画を策定して実現を目指すが，それでも実施にいたらない場合も多い．また，中心市街地活性化法制におけるまちづくり会社の課題を解決する方法としてBID制度を導入したイギリスの事例を分析しその可能性を検討した．

第6章は，都市政策の視点から商店街の外部環境の変化や商店街組織の課題を分析する狙いがある．和泉市の和泉府中駅前地区は，1965年に防災建築街区造成事業が完成し，100以上の事業所が増加し，その内の6割以上が小売業であった．1980年代に顕著に小売業の事業所が減少し，飲食やサービスの事業所が増加する．このときに自治体が駅前の都市再開発計画を策定したものの実現できず，2008年に「都市再生整備計画事業」を用いて実現することになる．しかし，このときに1965年に完成した和泉府中駅前商店街の再々開発は検討さえされなかった．その内的要因は，不動産所有者が事業者でなくなり，大家としてテナントに賃貸することで権利関係が複雑化した点，不動産賃貸でテナントは飲食やサービスの業種が増加してターゲットがより近隣商圏になった点，再々開発のコストが高いため，不動産所有者にとっては大きな借金を背負うリスクが高い点があげられる．外的要因は，1980年代以降に和泉府中駅周辺にショッピングセンターが整備され，1995年以降に和泉中央駅周辺にショッピングセンターと大型専門店が整備され，2015年以降に和泉市郊外に広域型ショッピングセンターや専門店街が続々と開設した結果，和泉市の中心地性指数は一貫して上昇し，和泉府中駅前地区の商業集積は縮小均衡したからであると指摘した．

第7章は，日本が中心市街地活性化法を導入する際にモデルの1つとしたイギリスの都市再生制度に着目し，イギリスの中心市街地ではBIDによるエリアマネジメントへ移行していることを示した．BIDは投票によって実施の有無を決定するが，決定した場合はエリア内の全事業所が負担金を分担しなければならない．BIDは主にソフト事業を担う主体であり，行政サービスとの類似性が高く，警備活動等はそのエリアと内容が重複するケースもみられた．シェフィールド市のSheffield BIDは産官学連携で運営されており，行政サービスと類似性も高く，同時にシェフィールド市の関与も大きかった．BIDを設置した背景には，行政による財源確保が困難になったことが最大の理由であったことを明らかにした．また，日本の商店街組織と比較すると，理事会の設置，事務局の運営，賦課金の比率など共通点があり，一方BIDは中心市街地全域を単一組織で管理するため規模が大きいことが相違点であった．

2　まちづくり会社からみた中心市街地活性化法の総括

本書はまちづくり会社をつうじて中心市街地活性化法制を総括することが目的の1つであった．そこで，序章，第2章で述べた内容をもとに，中心市街地活性化法におけるまちづくり会社の活用の変化について何が明らかになったか確認していきたい．

中心市街地活性化法は，TMO（Town Management Organization）の設立を前提とするが，その際に3割ほどの地区がまちづくり会社を用いた．当初，まちづくり会社は第三セクターとして設立されるが，出資者数が多い点に特徴があった．2006年に改正後も，中心市街地活性化協議会を新たに設置してそのなかに「都市機能の増進を担う組織」の設置を義務づけるなど，まちづくり会社の活用を広げてきた．まちづくり会社は，民間企業による社会企業的な取り組みが増え，株式会社だけでなく多様な出資形態で設立されるケースも増えた．

新中心市街地活性化法下で認定を受けた250の基本計画（2020年10月30日時点）についてまちづくり会社の取り組みを確認している．250計画のうち218計画でまちづくり会社が主体となる事業が存在することを確認した．まちづくり会社を用いる比率は87.2%にのぼる．そして，まちづくり会社が主体となる事業には次のような特徴がみられた．

① 市街地の整備改善，② 都市福利施設の整備，③ 街なか居住の推進，④ 経済活力の向上に事業群を分類すると，④の事業においてまちづくり会社が主体となる事業が多かった．その背景には，商店街組織や自治体，商工会議所・商工会，中心市街地活性化協議会の事業が多く，実施主体は多彩であり，住民が中心となったイベント組織（委員会を含む），公社や民間企業とのコラボレーションなど，多様な連携がおこなわれていたからであると考えられる．ただし，①，②，③でもまちづくり会社が自治体等と連携して主体となるケースがみられた．

また，旧中心市街地活性化法のまちづくり会社は自治体が出資する特定会社のTMOを想定していた．一方，改正法は，公社，財団法人，社団法人，特定非営利活動法人，民間企業などさまざまな出資形態のまちづくり会社が各地で活動している．さらに，事業主体は中心市街地活性化協議会や商店街組織だけでなく，自治体，商工会議所，民間企業，委員会，住民組織など事業の幅とともに関わる主体も広がり，事業計画にも明記されるようになった．さらに，基本計画では事業ごとに主体が異なっており，自治体とまちづくり会社が連携する事業も多数みられる．この点は，旧法の事業計画と変わらない．だが，複数のまちづくり会社が連携して実施する事業が多数みられる点は，TMOを中心に据えていた旧法とは大きく異なる点であった．

まちづくり会社の事例としては，高松丸亀町まちづくり株式会社，株式会社黒壁，有限会社PMO，特定非営利活動法人いたみタウンセンター（現：伊丹まち未来株式会社）の取組について分析してきた．このなかで，TMOとして設立されたのはいたみタウンセンターだけであり，伊丹商工会議所と伊丹市の影響が大きい組織であった．一方，高松丸亀町まちづくり株式会社，株式会社黒壁，有限会社PMOは商店街組織や商業者が出資するまちづくり会社であった．特定非営利活動法人いたみタウンセンターは人件費や事業費など経常的な運営費を確保するべく，伊丹都市開発株式会社に統合された．

また，株式会社黒壁の事例は財務状況の改善を目指すというまちづくり会社が共通に抱える大きな問題を論じた．株式会社黒壁は1988年設立であり，長期に渡って中心市街地の観光集客化をすすめた立役者であったが，財務状況の悪化から再建計画書（黒壁ルネッサンス）を実行することになった．その後，株式会社黒壁は自治体との連携のもとで増資とハード面の整備をおこなって財務状況を改善した．ここまでが第2章での記述であった．

しかし，現在はコロナ禍により観光集客も約半数にとどまり，無利子融資の活用によって営業に支障はないが，2020年度の売上高が前年比44.5%も減少して経常収支も大幅に悪化している．長浜市の観光集客にとってもかつてない危機であるが，株式会社黒壁はクラウドファンディングによるガラス楽器の演奏会を開催し，ECサイトによる販売を強化するなど新たな事業も展開してきた．また，収束後に向けて複合商業施設「湖北くらしスコーレ」など中心市街地活性化事業に関連する新規出店準備もすゝんでおり，これらの投資によって新たな需要喚起につながることが期待されている．

3　コーディネーション概念を用いて流通政策の政策実施過程を分析する視点

中心市街地活性化法制は，多様な主体が連携して事業を推進していくことを想定していた．そのため，企業組織的リーダー像をフォロワーが求めていないし，リーダーだけがキーパーソンではなかったことから，商店街の実務家によって主張されたリーダー論やフォロワーへの作用を解明するリーダーシップ論だけでは不十分であると拙者は考えていた．そこで，コーディネーション概念およびその視角を用いて多様な主体間の連携を分析するための着想を得ようとした．具体的には，ボランティア論で用いられるコーディネーション概念を援用することにした．

コーディネーションとは，第三者的な立場で事業推進の関係調整の機能を果たす者（つなぎ役，コーディネーター）が新たな解決策を模索するためにおこなう「働きかけ」のことをいう．この働きかけの結果，対等な関係を構築した「つながり」が生まれる．なお，事業推進の関係調整は，個人間，個人と組織，組織間，セクター間におよぶことを想定している．このコーディネーション概念は，商店街組織，中心市街地活性化協議会，イベント等の実行委員会など，単一でない多様な主体の連携や協働をキーパーソンの視点から分析するのに有効性を持つと考えたのである．

自治体が策定した中心市街地活性化基本計画は，事業主体を明記しており，単体の場合もあれば複数の組織にまたがる事業もある．これまでの調査から複数の組織にまたがる事業はもちろんだが，単体の事業であってもキーパーソンが複数存在する事例の方が多かったといえる．このような複数のキーパーソンを分析するうえでコーディネーション概念は有効であると考えられる．

ただし，コーディネーション概念を分析に用いる前提条件がある．キーパーソンの所属先や裁量があり，職業や職位や個々人の選好が，コーディネーションの可否や有無に影響を与える．さらに，キーパーソンの働きかけを情報の流れで捉えると，情報の発信と受信，提供と受領があり，その意思がつながりとして表明されない限りコーディネーションの有無を確認できない．つまり，コーディネーションはコーディネーターの裁量と意思に規定される面が非常に大きい．

本書では，中心市街地活性化法の政策実施過程における商店街組織，まちづくり会社，民間企業，中心市街地活性化協議会を事業主体とそれに関連するキーパーソンの所属と裁量の範囲，情報の流れと働きかけからコーディネーションを確認した．換言すれば，課題と解決策を誰が持ち込んだか，また，それを政策実施に結びつけようとしたのは誰か，どのように結びつけたかを可視化できるようにした．そして，第2章の事例研究からキーパーソンのコーディネーションを確認することによって政策実施過程における政策意図の変容の有無が確認できることを示した．以上から，コーディネーション概念を用いた分析の有用性が示されたといえよう．

4　商店街におけるエリアマネジメントの可能性

商店街組織は法人化することでまちづくりの活動を広げてきた．商店街は自然発生的に集積し，互恵的な関係のなかで商売を営んでいる．そして販売促進やインフラ整備を協力してすすめるべく，商店街組織を設立するとその過程で事業協同組合や振興組合など法人化していくことになる．さらに，商店街組織として活動する範疇を超えてコミュニティ・マート構想の実現や近代化・高度化のためにまちづくり会社を設立した．

6章で述べたように，防火建築帯の整備は，商店街まちづくりの嚆矢であり，同時に商店街組織を法人化するなど，持続的な活動の素地になったといえる．その意味で，防火建築帯の整備に関する一連の事業は，都市計画・建築の視点から見たハードとしての中心市街地の形成だけではなく，そこに立地する商業者に対する政策支援として一定の寄与があったことは無視できないだろう．

そして，防火建築帯は設置後60年以上経過し，防災建築街区も50年以上が経過しているように老朽化したビルの修繕や再々開発が地域にとって喫緊の課題となっている．それに向けて地権者と商店街組織，行政，まちづくり会社が勉強会を重ねながら対策を模索している．また，商店街では小売業の事業所数が減少するなど商業環境が大きく変化している．そのため，商店街組織は，商業集積としてターゲティングを再設定し，テナントリーシング，各店舗の MD，新たなサービスの提供を検討しながら計画を修正することも求められている．

商店街のまちづくりは今後どうなるか，どうすべきか，という壮大な指針を表明するつもりはない．ただし，多くの商店街は地域コミュニティを活動の理念に据え，商売とまちづくりを分離せずに模索していくことになるのは想像に難くない．商店街は商品やサービスを提供する場であり，同時に通勤通学路や行事に用いる広場がある共有地である．そのため，商店街組織は，共有地の管理が継続的に必要となる．共有地の管理方法は，コミュニティの活性化を想定したソフトを中心に据え，それを補うためのハード整備という位置づけが相応しいだろう．

商店街のまちづくりに不足している仕組みとしては，事業費や事務運営費を捻出する手段，ビジネスプランを投票によって実施する点，観光集客のイベントやガイド，リノベーションやコンバージョンの活用，芸術家やデザイナーを集住させ，つながりを生み出す場の創造である．その具体的な手段は7章で紹介した BID であると思われる．地域再生法の改正によってすでにエリアマネジメント制度となっており，その管理手法は多彩であり，多くの事例紹介も含めて参考になるだろう．それによって，商店街はコミュニティに依拠したサービスを生み出し，同時に地域の固有性を生かし，多様な主体が連携する場であり続けるのではないだろうか．

5　課題と展望

最後に，本書が残した課題と今後の展望について述べておきたい．

1点目の課題としては，2018年に地域再生法を改正して創設された「地域再生エリアマネジメント負担金制度（BID 制度）」の調査が未着手であった点である．BID 制度は，欧米の Business Improvement District（ビジネス改善地区）

をモデルとして導入された．日本のBID制度は，エリアマネジメント（美観，警備，集客，広告などの取組）をおこなう団体の事業資金を行政が事業所から代理徴収する仕組みである．5年以内の時限的な仕組みであるが，3分の2以上の同意があれば反対する事業所も負担金を逃れられない．近年，商店街組織では，非会員も増え，組織活動の維持が困難になりつつある．さらに，イベントを企画する際に非会員を巻き込むために別組織（イベント会）を設置する例も少なくない．イギリスの商店街も同様で会費制のTCM・CCMから，エリア内全事業所が対象のBIDへと制度が移行してきた．そこで，商店街活動でのフリーライダー防止にBID制度がどの程度有効か検討したい．さらに，BID制度は非商業者の事業所を含むことから，どのような経緯で参加しようとしたか，その際のキーパーソンの役割は何だったか，コーディネーション概念を用いて解明したい．

2点目は，コーディネーション概念をもちいた実証研究とモデルの精緻化である．流通政策の政策実施過程を分析するうえで有用であると述べたが，事例分析は中心市街地活性化法のいくつかの事業に限られている．今後，流通政策の基底法ともいえる独占禁止法で有効に分析できるか検討する必要がある．この場合は，カルテルやトラストなどを働きかけた人物を分析することになるだろうか．また，本書ではキーパーソンの意思でコーディネーションしないという選択を分析する方法をとってこなかったし，それを捉えることが難しいと考えてきた．商業論の一般理論としてコーディネーション概念を拡張する場合にも，売買という結果からコーディネーションを論じることはできる．例えば，価格を設定することがターゲットを絞り込むことになるのか，コーディネーションする／しないという選択をしたことになるか否かなど検討すべきことが膨大であるかもしれない．そのため，コーディネーションの概念は商業論の一般理論としてどの程度の応用可能性があるか深めていきたい．

3点目は，中心市街地活性化法に関連する諸制度についての分析である．中心市街地活性化法は，まちづくり3法の1つとしての位置づけで分析がすすんできた．そのため，都市計画法，大規模小売店舗立地法については多くの研究者も注目してきた．本書でも都市再開発法や都市再生特別措置法なども必要最小限ではあるがフォローしたつもりである．しかし，前述した地域再生法のほか，都市再生特別措置法，地域商店街活性化法など，中心市街地活性化法と関連する取り組みを横断的に分析できたとはいえない．1章で指摘したようにまちづくり会社は，中心市街地活性化法のTMOであった団体が都市再生推進法人に指定されたケースも増えている．さらに，「i-都市再生（PLATEAUによるシミュレーション実験を含む）」や「スーパーシティ構想（内閣府による日本版スマートシティ）」などはエリアマネジメントの事例を含んだモデル事業が示されている．また，VRを作成するにも専門家が必要なくなり，いっそうITやAIと実社会の融合がすすんでいくなかで，都市と商業の変化は，商店街組織やまちづくり会社の目的や役割を変化させるか，もしくは，どう変化するべきかという点についても今後の研究課題としたい．

参考文献

〈邦文献〉

青木 昌彦

2008 『比較制度分析序説――経済システムの進化と多元性――』講談社.

青森市

2007 「青森市中心市街地活性化基本計画（第1期）」.

2012 「認定中心市街地活性化基本計画の最終フォローアップに関する報告」.

2012 「第2期青森市中心市街地活性化基本計画」.

2018 「平成29年度 認定中心市街地活性化基本計画の最終フォローアップに関する報告」.

明石 達夫

2006 「都市計画法等改正の本当の意味」，矢作弘・瀬田史彦編『中心市街地活性化三法改正とまちづくり』学芸出版社.

鯵坂 学

2015 「「都心回帰」による大都市都心の地域社会構造の変動――大阪市および東京都のアッパー・ミドル層に注目して――」『日本都市社会学会年報』33.

2016 「「都心回帰」時代の京都市中京区の学区コミュニティ――明倫学区と城巽学区の調査より――」『社会科学』（同志社大学），45(4).

鯵坂学・中村圭・田中志敬・柴田和子

2011 「「都心回帰」による大阪市の地域社会構造の変動」『評論・社会科学』（同志社大学），98.

アソシエ

2014 「和泉府中地区商店街・地域活性化まちづくり協議会調査報告書」.

足立 基浩

2012 「イギリスの都市再生と資金に関する一考察」『経済理論』367.

阿部 真也編

1995 『現代流通論4 中小小売業と街づくり』大月書店.

綾野 昌幸

2005 「まちづくりにおけるイベントの役割――まち力の形成――」，三谷真・浜田恵三・神戸一生編『都市商業とまちづくり』税務経理協会.

2012 「自分の店がイベント舞台――バル――」，長坂泰之編『100円商店街・バル・まちゼミ――お店が儲かるまちづくり――』学芸出版社.

李 玫静

2010 「NPOとの連携による商店街の公共的機能の強化――東京都中延商店街の事例を中心に――」『横浜国際社会科学研究』14(5).

井竿千鶴・松行美帆子

2016 「市街地再開発事業完了地区における再々開発の現状及び今後のあり方に関する研究」『都市計画報告集』15.

石井 淳蔵

1996 『商人家族と市場社会』有斐閣.

石原 武政

1986 「中小小売商の組織化――その意義と形態――」『中小企業季報』大阪経済大学中小企業・経営研究所.

1989 「流通の多様性に応じる企業間組織」，田村正紀・石原武政編『日本の組織［第八巻］流通と販売の組織』第一法規出版.
2000『商業組織の内部編成』千倉書房.
2006『小売業の外部性とまちづくり』有斐閣.
2011「地域商業政策の系譜」『商学論究』(関西学院大学), 58(2).
2013「地域商業研究への視線」『マーケティングジャーナル』(日本マーケティング学会), 33(1).

石原 武政編
2011『通商産業政策史1980-2000第4巻 商務流通政策』経済産業調査会.
2013『タウンマネージャー「まちの経営」を支える人と仕事』学芸出版社.

石原武政・石井淳蔵
1992『街づくりのマーケティング』日本経済新聞社.

石原武政・加藤司編
2009『シリーズ流通体系〈5〉日本の流通政策』中央経済社.

石淵 順也
2019『買物行動と感情――「人」らしさの復権――』有斐閣.

和泉市
1970『統計いずみ』.
1988『都市活力再生拠点整備事業(和泉府中駅周辺地区再生計画策定)報告書』.
1994『和泉府中駅前市街地再開発事業推進調査等業務報告書』.
1996『和泉府中駅前市街地再開発事業推進調査等業務報告書』.
2001『和泉市中心市街地活性化基本計画(概要版)』.

和泉府中駅前商店街
1975「創立10周年記念和泉府中駅前商店街」.

伊丹市
2008「伊丹市中心市街地活性化基本計画(第1期)」.
2013「認定中心市街地活性化基本計画の最終フォローアップに関する報告」.
2016「伊丹市中心市街地活性化基本計画(第2期)」.
2021「令和2年度 伊丹市中心市街地活性化基本計画の定期フォローアップに関する報告」.

一岡翔太郎・鳴海邦碩・加賀有津子
2008「地域ブランドの価値構造に関する研究――滋賀県長浜市を事例にして――」『日本都市計画学会関西支部研究発表会講演概要集』6.

稲葉 祐之
2004「新規地域産業創造型第三セクターのマネジメント――ネットワークという視点――」『経営研究』55(1).

稲水 伸行
2012「ゴミ箱の中を覗いてみる:ソースコードに隠された暗黙のルール――経営学論講 Cohen, March, Olsen (1972) ――」『赤門マネジメント・レビュー』11(5).

今村 都南雄
1991「第三セクターの概念と国会審議」『「第三セクター」の研究』中央法規.

岩崎 邦彦
2006「消費者のインショッピングの規定要因:東京都の消費者データを用いた実証研究」『地域学研究』36(3).

岩永 忠康
2014「中国における商店街の現状――アンケート調査に基づく中国商店街分析――」長崎県立大学東アジア研究所『東アジア評論』6.

石見 豊
2016 「イングランドの分権改革――シティ・リージョンへの権限移譲の動きを中心に――」『國士舘大學政經論叢』28(2).

上田 誠
2007 「商業政策のフレームワーク――公共サービスを担う政府部門と民間部門の動態――」『流通研究』9(3).
2010 「中心市街地活性化における政策意図の変容」『公共政策研究』10.

宇ノ木 建太
2017 「「コンパクトシティ」の変遷――青森市における議論状況を通じて――」『政策科学』(立命館大学), 24(4).

宇野 史郎
2012 『まちづくりによる地域流通の再生』中央経済社.

姥浦道生・片山健介
2013 「英独における広域計画の廃止・統合による“弱体化”とその影響――日本における広域計画の積極的運用との比較を通じて――」平成25年度国土政策関係研究支援事業研究成果報告書.

江口智彦・金澤成保
2001 「再開発事業が周辺商店街にもたらした事業効果の評価」『佐賀大学理工学部集報』30(2).

遠田 雄志
1994 「改訂・ゴミ箱モデル」『経営志林』(法政大学), 30(4).

大橋 松貴
2017 『観光都市中心部の再構築――滋賀県長浜市の事例研究――』サンライズ出版.

岡絵理子・鳴海邦碩
1999 「大阪市における公的セクター供給の「併存住宅」の形態的類型化に関する研究」『日本建築学会計画系論文集』525.

岡田 徹太郎
2000 「中心市街地活性化法と都市再開発政策の現状――四国地域の事例を中心として――」The Institute of Economic Research, Working Paper Series, No. 33, Kagawa University.

小篠 隆生
2008 「都市・地域と大学の連携による都心再生のための空間計画づくりの取り組み――シェフィールド市とシェフィールド大学を事例として――」『都市計画論文集』(日本都市計画学会), 43(3).

会計検査院
2004 「平成15年度決算検査報告」.
2018 「平成30年度決算検査報告」.

海道 清信
2001 『コンパクトシティ――持続可能な社会の都市像を求めて――』学芸出版社.

垣内恵美子・林岳
2005 「滋賀県長浜市黒壁スクエアにおける観光消費の経済波及効果と政策的インプリケーション」(日本都市計画学会), 40.

樫原 正勝
2002a 「オルダースンのマーケティング理論への経済学の影響」, マーケティング史研究会編『オルダースン理論の再検討』同文館出版.
2002b 「オルダースン理論と動態経済学」, マーケティング史研究会編『オルダースン理論の再検討』同文館出版.

加藤 司編

2003『流通理論の透視力』千倉書房.

加藤 博

2006『挑戦するまち』オフィスJ.

加藤 恵正

1998「英国におけるビジネス・ゾーン展開の現実と評価」『大競争時代の「モノ」づくり拠点』新評論.

金井 壽宏

2005『リーダーシップ入門』日本経済新聞社.

川端 基夫

2002「英国スウォンジーの商業郊外化とシティセンター」『経営学論集』42(3).

グランフロント大阪

2014「エリアマネジメントの新展開に向けて」『建築と社会』日本建築協会.

栗木 契

2012『マーケティング・コンセプトを問い直す――状況の思考による顧客志向――』有斐閣.

黒壁

2012「株式会社黒壁中期経営計画（25期第5回取締役会（H24. 10. 29））」.

2013「再生計画書（取引先金融機関向）」.

経済産業省

2005「産業構造審議会流通部会・中小企業政策審議会商業部会合同会議中間報告～コンパクトでにぎわいあふれるまちづくりを目指して」.

国土交通省

2005「中心市街地再生のためのまちづくりのあり方に関する研究アドバイザリー会議最終報告書」.

2006「社会資本整備審議会報告書」.

小長谷一之・五嶋俊彦・本松豊太・福山直寿

2012『地域活性化戦略』晃洋書房.

小林 重敬編

2015『最新エリアマネジメント――街を運営する民間組織と活動財源――』学芸出版社.

小宮 一高

2010「商業集積の組織特性の再検討――商業集積マーケティング論の構築に向けて――」『流通研究』12(4)，日本商業学会.

佐々木誠造・NPO青森編集会議

2013『まちづくり人づくり意識づくり――佐々木誠造に聞く「都市経営」――』泰斗舎.

佐々木 保幸

1996「小売商業政策の分析視角」，加藤義忠・佐々木保幸・真部和義『小売商業政策の展開』同文館.

2004「中心市街地活性化法の現状と課題」『関西大学商学論集』49(3・4).

佐々木保幸・番場博之編

2013『地域再生と流通まちづくり』白桃書房.

佐藤 郁哉

2002『フィールドワークの技法』新曜社.

佐藤和哉・中井検裕・中西正彦

2007「初期再開発事業地区における再々開発事業の実現可能性に関する研究」『都市計画論文

集』42(3).
佐藤善信監修，高橋広行・徳山美津恵・吉田満梨
2015 『ケースで学ぶケーススタディ』同文舘出版.
三辺 夏雄
1990 「第三セクター論」『ジュリスト増刊行政法の争点（新版)』有斐閣.
嶋津 博忠
1989 「(旭川平和通商店街振興組合）構想から，実現まで10年間のプロセス」田村正紀・石原武政編『日本の組織［第八巻］流通と販売の組織』第一法規出版.
白石洋一・萩田賢司
2006 「飲酒運転に関する道路交通法の改正の効果」『IATSS Review』31(2).
城田 吉孝
2002 「小売経営者の実態と意識調査」『名古屋文理大学紀要』2.
2004 「中小小売経営者（飲食業，サービス業を含む）の現状評価に関する意識調査」『愛知学院大学論叢商学研究』45(1・2).
新建築編集部
2008 『新建築』83(1).
菅原 浩信
2010 「商店街組織とNPOのパートナーシップ」『日本経営診断学会論集』10.
鈴木 英基
1991 『日本近代都市計画史における超過収用制度に関する研究』東京大学博士論文.
鈴木安昭・田村正紀
1980 『商業論』有斐閣.
角谷 嘉則
2007 「商店街のライフサイクルと多様な主体の活動分析」『政策科学』（立命館大学)，15(1).
2008 「商店街のライフサイクルにおける多様な主体の活動と変化のきっかけ——高松市，高知市，新庄市の取り組みを事例として——」『政策科学』（立命館大学)，15(3).
2009 『株式会社黒壁の起源とまちづくりの精神』創成社.
2011 「まちづくりにおける中小小売商の役割——コーディネーションの分析視角——」『流通』29.
2015 「商店街におけるコーディネーションの分析——飲食店の増加とバル街による変化——」『流通』36.
2016 「『函館西部地区バル街』から『伊丹まちなかバル』への情報提供とその経路」『流通研究』19(1).
2019 「BIDによるエリアマネジメントの効果——イギリス・シェフィールド市を事例として——」『桃山学院大学総合研究所紀要』44(3).
2020 「商店街における再々開発の困難性——和泉市の防災建築街区造成事業を事例として——」『桃山学院大学経済経営論集』61(4).
2021 「中心市街地活性化法における政策実施過程とコーディネーションの分析——長浜市の株式会社黒壁を事例として——」『桃山学院大学経済経営論集』62(4).
角谷嘉則・石原武政
2018 「まちづくりの主体と事業を支える仕組み」，石原武政・渡辺達朗編『小売業起点のまちづくり』碩学舎.
角谷嘉則・松田温郎・新島祐基
2020 「商店街における防火建築帯の整備に関する探索的調査——全国10事例の実態調査と老朽化の対応について——」『山口経済学雑誌』68(6).

角谷嘉則・宇ノ木建太・宮浦崇・尾形清一・鵜養幸雄・水口憲人・加茂利男・森道哉編
2013「粟島康夫（富山市都市整備部長）オーラル・ヒストリー」『RPSPP Discussion Paper』立命館大学政策科学会.
総務省
2004「中心市街地の活性化に関する行政評価・監視結果に基づく勧告」.
総務省自治財政局公営企業課
2019「地方公営企業法の概要及び経営改革の推進に係るこれまでの取組」.
田尾 雅夫
1993『モチベーション入門』日本経済新聞社.
高松市
2007「高松市中心市街地活性化基本計画――にぎわい・回遊性のあるまちづくりを目指して――（第1期）」.
2013「認定中心市街地活性化基本計画の最終フォローアップに関する報告」.
2013「第2期高松市中心市街地活性化基本計画――にぎわい・回遊性・豊かな暮らしのあるまちを目指して――」.
2018「認定中心市街地活性化基本計画の最終フォローアップに関する報告」.
2019「高松市中心市街地活性化基本計画：来まい・住みまい・楽しみまい――コンパクト・エコシティ たかまつ―（第3期）――」.
2021「令和2年度 高松市中心市街地活性化基本計画のフォローアップに関する報告」
高松丸亀町商店街振興組合
2006「かめ TIMES」1.
高村 学人
2017a「サンフランシスコ市におけるビジネス改善地区の組織運営とその法的コントロール(上)」『政策科学』(立命館大学), 24(3).
2017b「サンフランシスコ市におけるビジネス改善地区の組織運営とその法的コントロール(下)」『政策科学』(立命館大学), 24(4).
田中 政光
1989「組織化された無秩序と技術革新――モデルの修正と拡張――」『經營學論集』(日本経営学会), 59.
谷村賢治・佐藤尚子
2003「アンケート調査よりみたエコ商店街の現状」『長崎大学総合環境研究』5(2).
田村 晃二
2002「情報縮約・斉合の原理と商業者の社会性」『経営研究』(大阪市立大学), 53(2).
田村 正紀
1980「商業部門の形成と変動」, 鈴木安昭・田村正紀『商業論』有斐閣.
中小企業庁・TMOのあり方懇談会
2003「今後のTMOのあり方について」.
通商産業省編
1998『中心市街地活性化対策の実務』ぎょうせい.
通商産業省商政課編
1989『90年代の流通ビジョン』通商産業調査会.
通商産業省産業政策局・中小企業庁編
1984『80年代の流通産業ビジョン』通商産業調査会.
1995『21世紀に向けた流通ビジョン――我が国流通の現状と課題――』通商産業調査会.
辻 悟一

2001 『イギリスの地域政策』世界思想社.
出家 健治
2008 『商店街活性化と環境ネットワーク論――環境問題と流通（リサイクル）の視点から考える――』晃洋書房.
土居 年樹
2002 『天神さんの商店街』東方出版.
2011 『社会といきる商店街――茶碗やおやじの一人言――』東方出版.
當間 克雄
1994 「技術革新のプロセスとゴミ箱モデル――東レにおけるスエード調人工皮革開発のケースを中心にして――」『香川大学経済論叢』67(1).
徳田剛・妻木進吾・鰺坂学
2009 「大阪市における都心回帰――1980年以降の統計データの分析から――」『評論・社会科学』（同志社大学），88.
都市計画・中心市街地活性化法制研究会編
2006 『概説まちづくり三法の見直し』ぎょうせい.
中井検裕・村木美貴
1998 『英国都市計画とマスタープラン』学芸出版社.
中島 直人
2013 「藤沢駅南部第一防災建築街区造成の都市計画的意義に関する考察」『日本建築学会計画系論文』78.
中西 信介
2014 「中心市街地活性化政策の経緯と今後の課題――中心市街地の活性化に関する法律の一部を改正する法律案――」『立法と調査』（参議院事務局企画調整室），351.
長浜市
2009a 「長浜市中心市街地活性化基本計画（第1期）」.
2009b 「長浜市中心市街地活性化基本計画（概要版）」.
2014 「認定中心市街地活性化基本計画の最終フォローアップに関する報告」.
2014 「第2期長浜市中心市街地活性化基本計画」.
2020 「令和元年度 長浜市中心市街地活性化基本計画の最終フォローアップに関する報告」.
中村 智彦
2005 「人口減少時代における衛星都市の問題と課題――大阪府高槻市を事例に――」『日本福祉大学経済論集』31.
中脇 健児
2013 「まちにつながりをつくる」，石原武政編『タウンマネージャー「まちの経営」を支える人と仕事』学芸出版社.
新島 裕基
2018 『地域商業と外部主体の連携による商業まちづくりに関する研究――コミュニティ・ガバナンスの視点から―― 』専修大学出版局.
新島裕基・濱満久・渡邉孝一郎・松田温郎
2015 「特定商業集積整備法を活用した商業集積の開発および運営の実態――『ア・ミュー』，『アスカ』，『フォンジェ』，『コモタウン』――」『DISCUSSION PAPER SERIES』（山口大学）31.
西川 英彦
2006 「品揃え物概念の再考――無印良品の事例研究――」『一橋ビジネスレビュー』54(1).
西村 拓真

2014 「1950-70年代大阪における都市再開発とRIA ——法制度／職能／共同体の相互規定的な変転から——」『建築雑誌』（日本建築学会）129.

西本 伸顕

2013 『フラノマルシェの奇跡——小さな街に200万人を呼び込んだ商店街オヤジたち——』学芸出版社.

日本商工会議所流通・地域振興部

2003 「平成14年度街づくりの推進に関する総合調査」.

日本政策投資銀行編著

2000 『海外の中心市街地活性化——アメリカ・イギリス・ドイツ18都市のケーススタディ——』ジェトロ.

根田 克彦

2006 「イギリスの小売開発政策の特質とその課題——ノッティンガム市の事例——」『地理学評論』79(13).

2008 「イギリス，シェフィールド市における地域ショッピングセンター開発後の中心商業地とセンターの体系の変化」『人文地理』60(3).

2011 「イギリス，カーディフ市におけるセンター外大型店の計画許可の審査過程」『都市計画報告集』（日本都市計画学会），10.

根本 敏行

1997 「シェフィールド地区ほか」『検証イギリスの都市再生戦略——都市開発公社とエンタープライズゾーン——』風土社.

朴 炫貞

2011 「韓国高等教育政策の分析——『政策の窓』モデルの適用可能性——」『東京大学大学院教育学研究科紀要』51.

函館市

2015 『函館市中心市街地活性化基本計画〈平成27年３月27日変更〉』.

函館市都市建設部都市計画課

2012 『函館市都市計画マスタープラン2011-2030』.

畠山 直

2017 「転機を迎えた商業まちづくり政策——2014年改正中心市街地活性化法に関する検証を通して——」『流通』40.

初田 香成

2007 「戦後における都市不燃化運動の初期の構想の変遷に関する研究：耐火建築促進法成立の背景」『都市計画論集』（日本都市計画学会）42(3).

2011 『都市の戦後——雑踏のなかの都市計画と建築——』東京大学出版会.

濵 満久

2005 「戦前－戦中期における商店街の組織活動」『経営研究』（大阪市立大学），56(2).

早瀬昇・筒井のり子

2009 『市民社会の創造とボランティアコーディネーション』筒井書房.

原田 英生

1999 『ポスト大店法時代のまちづくり——アメリカに学ぶタウン・マネージメント——』日本経済新聞出版.

原 頼利

2003 「マーケティング研究における制度論的視角」『明大商学論叢』86(1).

番場 博之

2003 『零細小売業の存立構造研究』白桃書房.

ビタミンブック編集委員会編
2015 『VITAMIN CITY WE WANT！ 伊丹のまちを元気にした14人の話』.
平松 宏基
2018 「長浜市中心市街地における空地の位置づけと変遷に関する研究」『日本都市計画学会関西支部研究発表会講演概要集』16.
深谷 宏治
2009 『スペイン料理［料理 料理場 料理人］【第５版】』柴田書店.
福川 裕一
2008 「高松丸亀町のコミュニティ再投資会社」『季刊まちづくり』18.
福川裕一・西郷真理子
1995 「民間非営利組織（町づくり会社）による再開発――その必要性と成立条件――」『日本建築学会計画系論文集』467.
福田 敦
2009 「外部組織との連携に向けた商店街の組織戦略」『経済系』241.
2015 「中小小売業の類型化と優良企業に関する考察」『経済系』262.
藤岡 泰寛
2017 「戦災と長期接収を経た都市の復興過程に関する研究：横浜中心部における融資耐火建築群の初期形成」『都市計画論文集』52(3).
牧瀬 稔
2019 「地方自治体におけるコンパクトシティの歴史と現状」『関東学院法学』28(2).
間舘祐太・岡崎篤行・梅宮路子
2011 「中心市街地活性化協議会におけるタウンマネジメントの実態と課題――中心市街地整備推進機構として認定されたNPO法人に着目して――」『都市計画論文集』46(3).
松下 元則
2013 「函館西部地区バル街の概観――歩み・参加者行動・仕組み――」『福井県立大学論集』(41).
松田 温郎
2019 「東海地域における耐火建築促進法および防災建築街区造成法の活用とその実態」『DISCUSSION PAPER SERIES』（山口大学），39.
三隅 二不二
1986 『リーダーシップの科学――指導力の科学的診断法――』講談社.
三谷真・浜田恵三・神戸一生編
2005 『都市商業とまちづくり』税務経理協会.
満薗 勇
2015 『商店街はいま必要なのか「日本型流通」の近現代史』講談社.
南方 建明
2013 『流通政策と小売業の発展』中央経済社.
南亮一・矢作敏行
2017 「『商業近代化計画』を超えて――香川県高松市――」，矢作敏行・川野訓志・三橋重昭編『地域商業の底力を探る――商業近代化からまちづくりへ――』白桃書房.
宮本 憲一
1999 『都市政策の思想と現実』有斐閣.
見吉 英彦
2016 「競争戦略論におけるエフェクチュエーションの可能性に関する考察」『サービス経営学部研究紀要』（西武文理大学），29.

毛利 康秀
2008 「商店主の情報リテラシーに関する実態ならびに商店街の活性化への取り組みに関する事例研究：東京都多摩地域の商店会アンケートの調査事例から」『日本社会情報学会全国大会研究発表論文集』24(0).

森下 二次也
1977 『現代の商業経済論【改訂版】』有斐閣.
1993 『商業経済論の体系と展開』千倉書房.

諸富 徹
2010 『地域再生の新戦略』中央公論新社.

保井 美樹
2015 「イギリスにおけるエリアマネジメントの仕組みと展望」，小林重敬編『最新エリアマネジメント――街を運営する民間組織と活動財源――』学芸出版社.

安倉 良二
2021 『大型店の立地再編と地域商業――出店規制の推移を軸に――』海青社.

保田 芳昭
1988 「現代流通の展望」，保田芳昭・加藤義忠編『現代流通論入門』有斐閣.

柳沢究・海道清信・脇坂圭一・米澤貴紀・角哲・髙井宏之
2019 「中部地方における防災建築街区の実態把握と評価および現況の課題――近現代の建築資源を活かしたまちなか居住の実現に向けて――」『住総研研究論文集・実践研究報告集』45.

柳谷 勝
2011 「名古屋における防火建築帯造成事業の実績」『金城学院大学論集社会科学編』7(2).

矢作 弘
1997 『都市はよみがえるか――地域商業とまちづくり――』岩波書店.

矢作弘・小泉秀樹編
2005 『定常型都市への模索――地方都市の苦闘――』日本経済評論社.

矢作弘・瀬田史彦編
2006 『中心市街地活性化三法改正とまちづくり』学芸出版社.

矢部 拓也
2000 「地方小都市再生の前提条件」『日本都市社会学会年報』18.

矢部拓也・木下斉
2009 「中心市街地活性化法と地区経営事業会社――熊本城東マネジメントによる地区経営の試み――」『徳島大学社会科学研究』22.

山口 信夫
2015 「日本における商業者と地域コミュニティの関係を捉える視点――愛媛県今治市の中心商店街を事例とした探索的研究――」『流通研究』17(2).

山口昌樹・柊紫乃・山本匡毅・小森尚子
2017 「イノベーション創出のための共同研究拠点の形成と機能――英国シェフィールド大学AMRCのケース・スタディを通して――」『山形大学人文学部研究年報』14.

山本 恭逸編
2006 『コンパクトシティ――青森市の挑戦――』ぎょうせい.

湯浅 篤
2013 「病院跡地に民間主導で年70万人を呼ぶ商業施設を開発」，石原武政編『タウンマネージャー「まちの経営」を支える人と仕事』学芸出版社.

横山 斉理

2006a 「商業集積における組織的活動の規定要因についての実証研究」『流通研究』9(1).
2006b 「地域小売商業における商業者と顧客との関係についての実証研究」『流通研究』9(2).
横山 弘
1982 『青森県の都市——機能と構造——』津軽書房.
吉田 哲
2014 「京都中心市街地商店街の個店における高齢の来街者向けベンチの設置意向」『都市計画論文集』49(3).
吉野 忠男
2012 「「来街者アンケート及び消費者モニター調査」結果から析出される現状と課題(2)—— JR吹田駅周辺商店街の調査事例——」『大阪経大論集』63(2).
依藤 光代
2015 『商店街活性化における活動主体の継承プロセスに関する研究』大阪大学.
柳 到亨
2013 『小売商業の事業継承 日韓比較でみる商人家族』白桃書房.
脇坂 隆一
2008 「青森市——コンパクトシティに向けた取り組みと戦略——」『季刊まちづくり』18.
渡邉 孝一郎
2014 「商業者によるまちづくり活動の意義に関する実証研究」『新潟産業大学経済学部紀要』43.
渡辺 深
2014 『転職の社会学——人と仕事のソーシャル・ネットワーク——』ミネルヴァ書房.
2015 「『埋め込み』概念と組織」『組織科学』49(2).
渡辺 達朗
1999 『現代流通政策——流通システムの再編成と政策展開——』中央経済社.
2014 『商業まちづくり政策——日本における展開と政策評価——』有斐閣.
2016 『流通政策入門 市場・政府・社会［第4版］』中央経済社.
2018 「沼津アーケード名店街の建設から再開発までの経緯と展望——防火建築帯としての店舗併用共同住宅からライフスタイルセンターへ——」『専修商学論集』106.
渡部 直樹
1991 「意思決定学派における問題状況について——限られた合理性の概念から組織選択のゴミ箱モデルまで——」『三田商学研究』(慶應義塾大学), 34(5).

〈欧文献〉

Alderson, W.
1957 *Marketing Behavior and Executive Action,* Homewood, Ill.: Richard D. Irwin（石原武政・風呂勉・光澤滋朗・田村正紀訳『マーケティング行動と経営者行為——マーケティング理論への機能主義的接近——』千倉書房, 1984年).
1965 *Dynamic Marketing Behavior,* Homewood, Ill.: Richard D. Irwin（田村正紀・堀田一善・小島健司・池尾恭一訳『マーケティング行動と経営者行為』千倉書房, 1981年）
Burt, R. S.
2001 "Structural holes versus network closure as social capital," in Lin, N., Cook, K. S. and Burt, R. S. eds., *Social Capital Theory and Research,* New York: Aldine De Gruyter（金光淳訳「社会関係資本をもたらすのは構造的隙間かネットワーク閉鎖性か」, 野沢慎司編・監訳『リーディングス ネットワーク論——家族・コミュニティ・社会関係資本——』勁草書房, 2006年).
Chavance, B.

2007 *L'Economie Institutionnelle,* Paris: La Decouverte（宇仁宏幸・中原隆幸・斉藤日出治訳『入門制度経済学』ナカニシヤ出版，2007年）.

Cohen, M. D., March, J. G., and Olsen, P. J.

1972 "A Garbage Can Model of Organizational Choice," *Administrative Science Quarterly,* 17(1)（土屋守章・遠田雄志訳「組織的選択のゴミ箱モデル」『あいまいマネジメント』日刊工業新聞社，1992年）.

Cook, I. R.

2010 "Policing, Partnerships, and Profits: The Operations of Business Improvement Districts and Town Center Management Schemes in England,"*Urban Geography,* 31(4).

Dantzig, G. B. and Saaty, T. L.

1973 *Compact City: A Plan for A Liveable Urban Environment,* San Francisco: W. H. Freeman（森口繁一監訳『コンパクトシティ――豊かな生活空間四次元都市の青写真――』日科技連出版社，1974年）.

De Magalhães, Claudio

2014 "Business Improvement Districts in England and the (private?) governance of urban spaces," *Environment and Planning C: Government and Policy,* 32.

Government

"The Business Improvement Districts (England) Regulations 2004," Office for National statistics.

Granovetter, M. S.

1973 "The Strength of Weak Ties. American Journal of Sociology," 78:1360-1380（大岡栄美訳「弱い紐帯の強さ」野沢慎司編・監訳『リーディングス ネットワーク論――家族・コミュニティ・社会関係資本――』勁草書房，2006年）.

2017 *Society and Economy: Framework and Principles,* Cambridge, Mass.: Belknap Press of Harvard University Press（渡辺深訳『社会と経済――枠組みと原則――』ミネルヴァ書房，2019年）.

Håkansson, J. and Madelen, L.

2015 "Strategic alliances in a town centre: stakeholders' perceived importance of the property owners,"*The International Review of Retail, Distribution and Consumer Research,* 25(2).

Jenks, M., Burton, E. and Williams, K. eds.

1996 *The Compact City: A Sustainable Urban Form ?,* Routledge.

Kingdon, J. W.

1984 *Agendas, Alternatives, and Public Policies,* Ron Newcomer & Associates（笠京子訳『アジェンダ・選択肢・公共政策――政策はどのように決まるのか――』勁草書房，2017年）.

Kotler, P.

1980 *Principles of Marketing,* Prentice Hall（和田充夫・上原征彦訳『マーケティング原理』ダイヤモンド社，1983年）.

Kotler, P. and Lee, N.

2006 *Marketing in Public Sector,* Pearson Education（スカイライトコンサルティング訳『社会が変わるマーケティング――民間企業の知恵を公共サービスに活かす――』英治出版，2007年）.

Kotler, P. and Lee, N. R.

2009 *Up and Out of Poverty The Social Marketing Solution,* Pearson Education, Inc.（塚本

一郎監訳『コトラーソーシャル・マーケティング——貧困に克つ７つの視点と⑩の戦略的取り組み——』丸善，2010年）．

March, J. G. and Olsen, J. P.

1976 *Ambiguity and Choice in Organizational,* Universitetsforlaget（遠田雄志訳『組織におけるあいまいさと決定』有斐閣，1986年）．

Martin, R., Gardiner, B. and Tyler, P.

2014 "The Evolving economic performance of UK cities: city grows patterns 1981-2011," *Future of cities,* working paper, Foresight.

Meadowhall Centre Limited

1988 "The Meadowhall Newsletter," No. 1.

1989 "The Meadowhall Newsletter," No. 2.

Milgrom, P. and Roberts, J.

1992 *Economics, Organization & Management,* Englewood Cliffs, N. J.: Prentice-Hall（奥野正寛・伊藤秀史・今井晴雄・西村理・八木甫訳『組織の経済学』NTT 出版，1997年）．

Newman, P. and Kenworthy, J.

1989 *Cities and Automobile Dependence: a sourcebook,* Gower Technical.

Otsuka, N. and Reeve, A.

2007 "Town Centre Management and Regeneration: The Experience in Four English Cities," *Journal of Urban Design,* 12.

Sarasvathy, S. D.

2008 *Effectuation: Elements of Entrepreneurial Expertise,* Cheltenham: Edward Elgar（加護野忠男監訳，高瀬進・吉田満梨訳『エフェクチュエーション——市場創造の実効理論——』碩学舎，2015年）．

Sheffield BID

2016 "Annual Report 2016".

2017 "Annual Report 2017".

2018 "Compliance Letter".

Sheffield City Council

2013 "Sheffield City Centre Master Plan 2013".

Sheffield City Council & Rotherham Metropolitan Borough Council

2017 "Sheffield & Rotherham Joint Retail &Leisure Study".

〈統計資料〉

経済産業省大臣官房調査統計グループ構造統計室「平成26年商業統計表」

（http://www.meti.go.jp/statistics/tyo/syougyo/result-2/h26/index-kakuho.html, 2015年12月28日閲覧）．

中小企業庁

2016 「平成27年度商店街実態調査報告書」．

索　引

〈タ・ナ行〉

〈ハ　行〉

〈マ　行〉

〈ヤ・ラ行〉

《著者紹介》

角谷嘉則（すみや　よしのり）

1975年　愛知県生まれ
1998年　長崎県立大学経済学部卒業
2006年　立命館大学大学院政策科学研究科博士課程後期課程修了
現　在　桃山学院大学経済学部教授
専　攻　地域経済，まちづくり，流通政策

主要業績
『株式会社黒壁の起源とまちづくりの精神』（創成社，2009年）
『ケースで学ぶまちづくり――協働による活性化への挑戦――』（分担執筆，創成社，2010年）
『小売業起点のまちづくり』（6章・8章分担執筆，碩学舎／中央経済社，2018年）

まちづくりのコーディネーション
――日本の商業と中心市街地活性化法制――

2021年12月15日　初版第1刷発行　　＊定価はカバーに表示してあります

著　者　角谷嘉則©
発行者　萩原淳平
印刷者　江戸孝典

発行所　株式会社　晃洋書房
〒615-0026　京都市右京区西院北矢掛町7番地
電話　075（312）0788番㈹
振替口座　01040-6-32280

装丁　尾崎閑也　　印刷・製本　共同印刷工業㈱
ISBN978-4-7710-3575-1